Wartungsverträge

Inspektion, Wartung und Instandsetzung
technischer Einrichtungen

von

Andreas Fischer
Rechtsanwalt

3., völlig neu bearbeitete und erweiterte Auflage

ERICH SCHMIDT VERLAG

Bibliografische Information der Deutschen Nationalbibliothek
Die Deutsche Nationalbibliothek verzeichnet diese Publikation
in der Deutschen Nationalbibliografie; detaillierte bibliografische
Daten sind im Internet über http://dnb.d-nb.de abrufbar.

Weitere Informationen zu diesem Titel finden Sie im Internet unter
ESV.info/978 3 503 12998 0

1. Auflage 2001
2. Auflage 2003
3. Auflage 2011

ISBN 978 3 503 12998 0

Dieses Papier erfüllt die Frankfurter Forderungen
der Deutschen Nationalbibliothek und der Gesellschaft für das Buch
bezüglich der Alterungsbeständigkeit und entspricht
sowohl den strengen Bestimmungen der US-Norm Ansi/Niso
Z 39.48-1992 als auch der ISO-Norm 9706.

Druck und Bindung: Hubert & Co, Göttingen

Vorwort

Die Instandhaltung technischer Anlagen ist nach wie vor ein „stilles" Geschäft: unsere komplexe Welt benötigt sie, auch als Teil der Wertschöpfungskette, kaum einer aber nimmt sie wahr – es sei denn, die Presse nimmt beispielsweise Notiz von einem schweren Unfall, der auf einen „Wartungsfehler" zurückgeführt wird.

Ähnlich leise ist es immer noch um die rechtlichen Aspekte des Instandhaltungsgeschäfts, soweit es um den Maschinen- und Anlagenbau, elektrotechnische und haustechnische Anlagen geht: wenig Literatur, wenig Rechtsprechung.

Dennoch ist nach acht Jahren eine Neuauflage dieser Veröffentlichung angezeigt: immerhin ist die Grundnorm zur Instandhaltung, die DIN 31051, im Jahre 2003 neu gefasst worden, die Betriebssicherheitsverordnung seit einigen Jahren in Kraft – und mit ihr sind eine Vielzahl sog. Technischer Regeln für Betriebssicherheit (TRBS) veröffentlicht worden. Zu einigen wenigen Spezialfragen hat sich zudem die Rechtsprechung geäußert, zum Teil sind zudem Urteile, die andere Branchen betreffen, auf das Instandhaltungsgeschäft übertragbar. Und selbstverständlich haben sich die rechtlichen Aspekte der im Teil 2 behandelten Themenbereiche – Wettbewerbsrecht, Arbeitsrecht und Mietrecht – weiterentwickelt, so dass die in diesen Bereichen für das Instandhaltungsgeschäft relevanten Aspekte einzuarbeiten waren.

Der Autor ist dem Erich-Schmidt-Verlag für die Geduld bis zur Abgabe des Manuskriptes dieser Auflage zum Dank verpflichtet, ferner Kollegen im Umfeld seiner beruflichen Tätigkeit. Gedankt sei auch dem Arbeitskreis Maschinen- und Elektrotechnik staatlicher und kommunaler Verwaltungen (AMEV), der als Rechteinhaber den Abdruck der Vertragsmuster Wartung 2006 und Instandhaltung 2006 gestattet hat.

Berlin, im Dezember 2010   Andreas Fischer

Inhaltsverzeichnis

Anhang

Hinweis:

Die hier gemachten Formulierungsvorschläge zur Gestaltung von Wartungsverträgen einschließlich des Musters für einen einfachen Wartungsvertrag im Anhang 1 verstehen sich als Vorschläge, die Besonderheiten des Einzelfalls nicht zu berücksichtigen vermögen. Vor einer Übernahme der Vorschläge ohne Prüfung bezogen auf eigene Serviceprodukte und -prozesse sei daher gewarnt.

Auch die mögliche Änderung gesetzlicher Bestimmungen sowie sich wandelnde Rechtsprechung sollten insbesondere bei der Übernahme von Formulierungsvorschlägen beachtet werden.

Abkürzungsverzeichnis

AcP	Archiv für Civilistische Praxis
AG	Amtsgericht
AMEV	Arbeitskreis Maschinen- und Elektrotechnik staatlicher und kommunaler Verwaltungen
AP	Arbeitsrechtliche Praxis, Nachschlagewerk des Bundesarbeitsgerichts
ArbG	Arbeitsgericht
Az	Aktenzeichen
BAG	Bundesarbeitsgericht
BB	Betriebsberater
Beil.	Beilage
BetrKV	Betriebskostenverordnung
BetrSichV	Betriebssicherheitsverordnung
BetrVG	Betriebsverfassungsgesetz
BGB	Bürgerliches Gesetzbuch
BGBl.	Bundesgesetzblatt
BGH	Bundesgerichtshof
BVerwG	Bundesverwaltungsgericht
CR	Computer und Recht
DB	Der Betrieb
DGRI	Deutsche Gesellschaft für Recht und Informatik e. V.
DIN	Deutsche Industrienorm
DWW	Deutsche Wohnungswirtschaft
DZWir	Deutsche Zeitschrift für Wirtschaftsrecht
EStG	Einkommensteuergesetz
EuGH	Europäischer Gerichtshof
EVB	Ergänzende Vertragsbedingungen (der öffentlichen Hand)
EWiR	Entscheidungen zum Wirtschaftsrecht
EzA	Entscheidungen zum Arbeitsrecht
GRUR	Gewerblicher Rechtsschutz und Urheberrecht
GWB	Gesetz gegen Wettbewerbsbeschränkungen
HeizKV	Heizkostenverordnung
HOAI	Honorarordnung für Architekten und Ingenieure
IT	Informationstechnologie
KG	Kammergericht
Komm Abl.	Amtsblatt der Europäischen Kommission
KSchG	Kündigungsschutzgesetz
LAG	Landesarbeitsgericht
LG	Landgericht
MDR	Monatsschrift für Deutsches Recht
NJW	Neue Juristische Wochenschrift
NJW RR	NJW – Rechtsprechungsreport
NZA	Neue Zeitschrift für Arbeitsrecht

NZM	Neue Zeitschrift für Miet- und Wohnungsrecht
OLG	Oberlandesgericht
OLGZ	Rechtsprechung der Oberlandesgerichte in Zivilsachen
PAngV	Preisangabenverordnung
RVG	Gesetz über die Vergütung der Rechtsanwälte und Rechtsanwältinnen
StGB	Strafgesetzbuch
StVO	Straßenverkehrsordnung
UVV	Unfallverhütungsvorschriften
VDI	Verein Deutscher Ingenieure e. V.
VDMA	Verband Deutscher Maschinen- und Anlagenbau e. V.
VersR	Versicherungsrecht - Zeitschrift für Versicherungsrecht, Haftungs- und Schadensrecht
VOB	Vergabe- und Vertragsordnung für Bauleistungen
VVG	Versicherungsvertragsgesetz
WuM	Wohnungswirtschaft und Mietrecht
WuW	Wirtschaft und Wettbewerb, Zeitschrift für deutsches und europäisches Wettbewerbsrecht
WRP	Wettbewerb in Recht und Praxis
WuW	Wirtschaft und Wettbewerb
ZMR	Zeitschrift für Miet- und Raumrecht

Literaturverzeichnis

Bechtold, Rainer, Kartellgesetz, Kommentar, 6. Auflage, München 2010

Beise, Herward, Gewährleistungsprobleme bei Wartungsverträgen, DB 1979, 1214 ff.

Ebel, Hans-Rudolf, Kartellrechtlicher Anspruch auf Abschluss eines EDV-Wartungsvertrages ? CR 1987, 273 ff.

Ehmann, Eugen, Strafbare Fernwartung in der Arztpraxis, CR 1991, 293 ff.

Feil-Leitzen, EVB-IT, Kommentar, Köln 2003

Gaul/Gaul, Aktuelles Arbeitsrecht, Köln, (zitiert: Gaul – *Jahrgang*)

Gärtner, Rudolf, Unterliegen Instandhaltungsverträge der Versicherungsaufsicht ? BB 1965, 852 ff.

Grapenin/Ströbl, Third Party Maintenance: Abschlusszwang und Kopplungsverlangen, CR 2009, 137 ff..

Hahn, Andreas, Instandhaltungsverträge, Frankfurt am Main 1991

Hartmann/Thier, Typologie der Softwarepflegeverträge, CR 1998, 581 ff.

Heymann, Thomas, Gesetzliches Leitbild des Wartungsvertrages, CR 1991, 525 ff.

Hoene, Thomas, Stellungnahme der DGRI zu den Entwürfen für neue EVB-IT, CR 1998 S. 567 ff.

Hören, Thomas, IT-Vertragsrecht, 2007

Holle/Friedhofen, Die Abwälzung von Geldstrafen und Geldbußen auf den Arbeitgeber, NZA 1992, 145 ff.

Hübsch, Michael Arbeitnehmerhaftung bei Versicherbarkeit des Schadensrisikos und bei grober Fahrlässigkeit, BB 1998, 690 ff.

Immenga/Mestmäcker, GWB – Gesetz gegen Wettbewerbsbeschränkungen, Kommentar, 4. Auflage, München 2007 (zitert: Immenga/Mestmäcker-Bearbeiter)

Ingenstau/Korbion, VOB Teile A und B, Kommentar, 17. Auflage Köln 2010

Kaufmann, Mario, Kündigung langfristiger Softwarepflegeverträge oder Abschlusszwang, CR 2005, 841 ff.

Kieserling/Schmitz, Rechtliche und praktische Fragen des Facilitymanagements, DB 2001, 1544 ff.

Krüger, Herbert, Verbrauchsmaterial und Kostenersatz nach BVB-Wartung, CR 1990, S. 179 ff.

Kühnel, Wolfgang, Vollwartungsverträge, BB 1985, 1227 ff.

Küttner, Wolf-Dieter, Personalhandbuch 2010, München 2010 (zitiert: Küttner-Bearbeiter, Stichwort)

Leitzen/Interveen, IT-Beschaffungsverträge der öffentlichen Hand, CR 2001, 493 ff.

Feil, Leitzen, Die EVB-IT nach der Schuldrechtsreform, CR 2002, 407 ff.

Löwe, Hans Peter, Gedanken zur rechtlichen Einordnung von Wartungsverträgen, CR 1987, 219 ff.

Moritz, Hans-Werner, Der Softwarepflegevertrag – Abschlusszwang und Schutz vor Kündigung zur Unzeit, CR 1999, 541 ff.

Münchener Kommentar, Kommentar zum BGB, 5. Auflage, München, (zitiert: Münchener Kommentar-Bearbeiter)

Nägele/Schmidt, Das Dienstfahrzeug, BB 1993, 1797 ff.

Najork, Eike N., Rechtshandbuch Facility Management, 1. Auflage, Heidelberg 2009

Palandt, Bürgerliches Gesetzbuch, Kurzkommentar, 68. Auflage, München 2010, (zitiert: Palandt-Bearbeiter)

Redeker, Helmut, IT-Recht, 4. Auflage, München 2007

Redeker, Helmut, Die Ausübung von Zurückbehaltungsrechten im Wartungs- und Pflegevertrag, CR 1995, 385 ff.

Salamon/Hoppe, Die Maßgabe der fortbestehenden Organisationsstrukturen für den Betriebsübergang nach „Klarenberg", NZA 2010, 989 ff.

Schaub, Günther, Arbeitsrechts-Handbuch, 13. Auflage, München 2010 (zitiert: Schaub-Bearbeiter, Arbeitsrecht-Handbuch)

Schiefer/Worzalla, Betriebsübergang (§ 613a BGB) – Fragen über Fragen, DB 2008, 1566 ff.

Schmidt-Fütterer, Mietrecht, 9. Auflage, 2007 (zitiert: Schmidt/Fütterer-Bearbeiter)

Schneider, Jochen, Handbuch der EDV-Praxis, 4. Auflage, Köln 2009

Schröder, Mario, Der Wartungsvertrag, Vertragsgestaltung der Inspektion – Wartung – Instandsetzung von baulichen Anlagen und Rechtsfolgen, 1. Auflage, Berlin 2005

Seitz, Theodor, Anmerkungen zu OLG Düsseldorf CR 1988, 33 f.

Staudinger, Kommentar zum Bürgerlichen Gesetzbuch, 2. Buch – Recht der Schuldverhältnisse, §§ 631 – 651, 13. Bearbeitung, Berlin 1994, Neubearbeitung 2003, (zitiert: Staudinger-Peters)

Sternel, Friedemann, Mietrecht aktuell, 4. Auflage, Köln 2009

Stoffels, Markus, Laufzeitkontrolle bei Franchiseverträgen, DB 2004, 2871 ff.

Strauß, Jürgen, Langfristige Laufzeitklauseln in vorformulierten Verträgen über technische Anlagen, NJW 1995, 697 ff.

Stückmann, Roland, Wartungsarbeiten an Sonntagen bei vollkontinuierlichem Schichtbetrieb, DB 1998, 1462 ff.

Thamm, Manfred, Zur Unzulässigkeit der Klausel „Fahrtzeiten gelten als Wegezeiten", DB 1985, 375 ff.

Thamm/Detzer, EWiR § 9 AGBG 5/91, Anmerkungen zu der Entscheidung OLG München OLG Z 91, 356 ff.

Thamm/Pilger, AGB-Gesetz, Taschenkommentar des Betriebsberaters, Heidelberg 1998, (zitiert: Thamm/Pilger-Bearbeiter)

Ulbrich/Ullrich, Der technische Service- und Kundendienstvertrag, in: Heidelberger Musterverträge, Heft 101, 3. Auflage 2009

Ullrich/Thamm, Vertragsgestaltung im Inland - Die VDMA-Geschäftsbedingungen, 6. Auflage, Frankfurt 2008

Ullrich/Ulbrich, Das Bevorraten von Ersatzteilen, BB 1995, 371 ff.

Ulmer/Brandner/Hensen, AGB-Recht – Kommentar zu den §§ 305 – 310 BGB und zum Unterlassungsklagengesetz, 10. Auflage, Köln 2006, (zitiert: Ulmer/Brandner/Hensen-Bearbeiter)

Ulmer/Brandner/Hensen, AGB-Gesetz – Kommentar zum Gesetz des Rechts der Allgemeinen Geschäftsbedingungen, 9. Auflage, Köln 2001, (zitiert: Ulmer/Brandner/Hensen – Bearbeiter) - Vorauflage

VDMA-Leitfaden, „Teleservice-Vertrag", 2. Auflage, Frankfurt 2004

Waser, Urs, Der Computerwartungsvertrag, Computer und Recht, Band 10, Zürich 1980

Westphalen, Graf Friedrich v., Die Nutzlosigkeit von Haftungsfreizeichnungs- und Haftungsbegrenzungsklauseln im kaufmännischen Verkehr, DB 1997, 1805 ff.

Westphalen, Graf Friedrich v., Nach der Schuldrechtsreform: Neue Grenzen für Haftungsfreizeichnungs- und Haftungsbegrenzungsklauseln, BB 2002, 209 ff.

Weyers, Hans-Leo, Typendifferenzierung im Werkvertragsrecht, AcP 182, 60 ff.

Wohlgemuth, Michael, Computerwartung – Ausgewählte Rechtsprobleme der Wartung von EDV-Systemen, München 2000

Wolf/Lindacher/Pfeiffer, AGB-Recht, Kommentar, 5. Auflage, München 2009, (zitiert: Wolf/Horn/Pfeiffer-Bearbeiter)

Zahrnt, Friedrich, Vertragsrecht für IT-Fachleute, 5. Auflage, Heidelberg 2002

Zahrnt, Friedrich, Abschlusszwang und Laufzeit beim Softwarepflegevertrag, CR 2000 S. 205 ff.

Einleitung

1.   Service / Kundendienst heute

In unserem Wirtschaftsleben haben Dienstleistungen, die der Pflege von Maschinen, Anlagen und Geräten dienen, in den letzten Jahrzehnten erheblich an Bedeutung gewonnen. Im Maschinen- und Anlagenbau wird der Umsatz für produktbegleitende Dienstleistungen, zu denen auch die Instandhaltung der Erzeugnisse zählt, inzwischen auf ca. 19 % des Gesamtumsatzes der Branche geschätzt[1]. Datenverarbeitungsgeräte[2], Fotokopierer, moderne Telefonanlagen oder haustechnische Anlagen kommen heute kaum ohne Service aus. Die Qualität des Kundendienstes ist bei der Entscheidung über den Kauf neuer Maschinen und Anlagen häufig ebenso wichtig wie deren Leistung oder Preis.

Ursache für diese Entwicklung ist der technische Fortschritt, der Abläufe in Unternehmen und Organisationen unserer Gesellschaft erheblich verändert hat. Diese Entwicklung sowie eine immer weiter fortschreitende Vernetzung der Technik haben zur Folge, dass wir anfälliger gegen deren Versagen geworden sind. Der „abgestürzte" Computer mag noch nicht das Problem sein. Wenn aber die Fertigungsstraße auszufallen droht und dies in kürzester Zeit – just in time ! – zu Problemen in der Produktion führt, die Klimaanlage eines modernen Bürogebäudes ihren Dienst quittiert oder es heißt, „die Verkaufszahlen für den vergangenen Monat können wir zur Zeit nicht nennen, da der Server ausgefallen ist", wird deutlich, wie wichtig es ist, dass moderne Technik reibungslos ihren Dienst tut. Die Beteiligten haben längst erkannt, dass der Betrieb technischer Einrichtungen gesichert werden muss. Hier reichen die Instandhaltungsabteilung, der hauseigene Benutzerservice oder der einzelne, im Störungsfall erteilte Reparaturauftrag in der Regel nicht mehr aus. Eine kontinuierliche vertragliche Bindung an den Hersteller oder an einen kompetenten Dritten, der zur regelmäßigen Pflege verpflichtet ist, gewährleistet dagegen höhere und sicherere Verfügbarkeit.

Es gibt weitere Gründe, die für den Abschluss von Verträgen zur kontinuierlichen Betreuung technischer Einrichtungen sprechen. Die nur sporadisch benötigte Instandhaltungsabteilung mag heute zu teuer sein, während sich Wartungskosten im Rahmen langfristiger Finanzplanung gut berücksichtigen lassen. Der Hersteller einer Maschine hält Kontakt zum Kunden, wenn es um Neuanschaffungen geht. Gerade in einer Zeit, in der Produktzyklen immer kürzer werden, kann dies ein Wettbewerbsvorteil sein. Der Hersteller sichert zudem technischen Vorsprung durch individuelle Dienstleistung, er hat das Ohr am Markt und liegt mit Folgeentwicklungen seiner Produkte im Trend.

Es ließen sich weitere Argumente finden. Festgehalten werden kann jedenfalls, dass sich Dienstleistungen, die der Pflege von Maschinen und Anlagen dienen, heute zu einem großen und interessanten Bereich unseres Wirtschaftslebens entwickelt haben.

---

[1]   VDMA Nachrichten 06-2009, S. 27 ff.
[2]   Siehe z. B. die Hinweise bei Wohlgemuth, Computerwartung, S. 1 ff.

2.   Die Instandhaltung von Maschinen, Anlagen und Geräten

Übertragen Betreiber die Instandhaltung von Maschinen, Anlagen oder Geräten Herstellern oder Dritten, schließen sie Verträge ab, die deren langfristige Betreuung sichern sollen. Für solche Verträge, in der Praxis zumeist Wartungsverträge genannt, werden hier auch die Begriffe Instandhaltungs-, Service- oder Kundendienstverträge verwendet. Darunter sind all jene Verträge zu verstehen, die u. a. als Wartungs-, Service-, Instandhaltungs-, Inspektions-, Vollwartungs-, Vollunterhalts-, Fullservicevertrag etc. bezeichnet werden.

Die rechtlichen Probleme dieser Verträge sowie weitere mit dem Instandhaltungsgeschäft verbundene rechtliche Aspekte werden behandelt. Gegenstand sind dabei in erster Linie Verträge, die die Betreuung technischer Einrichtungen im weitesten Sinne betreffen: Produkte des Maschinenbaus, haustechnische Anlagen und Geräte der Elektrotechnik. Auf die Instandhaltung von Geräten der Informationstechnologie sowie auf die Pflege von Software wird eingegangen, wo dies sinnvoll ist[3]. Nicht behandelt wird das Reparaturgeschäft, auch wenn die Grenzen fließend und Berührungen unumgänglich sind.

3.   Rechtsprechung und Literatur

Wer sich einen Überblick über die rechtlichen Probleme des Instandhaltungsgeschäfts, insbesondere die der Wartungsverträge verschaffen möchte, wird feststellen, dass sich weder Rechtsprechung noch juristische Literatur intensiv mit diesem Thema befasst haben, eine Erkenntnis, die freilich nicht neu ist[4]. Gemessen beispielsweise am privaten Bau- oder am Mietrecht wird im Instandhaltungsgeschäft wenig gestritten. Die Rechtswissenschaft hat dieses Thema ebenfalls eher vernachlässigt. Zwar liegen Dissertationen vor[5], diese bleiben aber der Wissenschaft verhaftet. Am ehesten gelingt noch der Zugang über die Kommentierungen der gesetzlichen Regelungen zur Gestaltung rechtsgeschäftlicher Schuldverhältnisse durch Allgemeine Geschäftsbedingungen (§§ 305 ff. BGB)[6]. Vielfältige Hinweise zu Wartungsverträgen ergeben sich zudem aus der umfangreichen Literatur zu rechtlichen Fragestellungen im IT-Bereich[7].

---

[3]   Moderne Technologie, insbesondere der Einsatz von elektronischen Steuerungen, führt dazu, dass die Betreuung von Software heute auch bei Produkten des Maschinen- und Anlagenbaus Teil des Instandhaltungsgeschäfts ist. Die Grenzen zwischen der Wartung einer Anlage und der Pflege der Software können daher fließend sein.

[4]   Löwe, Gedanken zur rechtlichen Einordnung von Wartungsverträgen, CR 1987, 219, 219; Schneider, Handbuch des EDV-Rechts, K Rz. 3 zu Pflegeverträgen.

[5]   Hahn, Instandhaltungsverträge, Frankfurt 1991; Waser, Der Computerwartungsvertrag, Zürich 1980; Schröder, Der Wartungsvertrag, Vertragsgestaltung der Inspektion – Wartung – Instandsetzung von baulichen Anlagen und Rechtsfolgen, Berlin 2005.

[6]   Vgl. z. B. Ulmer/Brandner/Hensen, ABG-Recht, Anhang § 310 BGB, Stichwort Wartungsverträge; Thamm/Pilger, AGB-Gesetz, Taschenkommentar des Betriebsberaters, § 9 Anhang zu den Stichworten Kundendienstvertrag, Softwarepflegeverträge, Wartungsvertrag; Wolf/Lindacher/Pfeiffer, AGB-Recht, Klauseln W 11 – 30 (Wartungsverträge, Wartungsklauseln).

[7]   Siehe z. B. Schneider, Handbuch des EDV-Rechts, G Hardware-Wartung; Redeker, IT-Recht; Zahrnt, Vertragsrecht für IT-Fachleute, 13. Wartung/Reparatur von Hardware; Wohlgemuth, Computerwartung.

Es gibt Gründe dafür, dass sich zu Instandhaltungsverträgen so wenig Rechtsprechung und juristische Literatur findet. Langfristig abgeschlossene Verträge zur Betreuung technischer Einrichtungen setzen gegenseitiges Vertrauen der Beteiligten voraus, gewissermaßen nach dem Motto „darum prüfe, wer sich langfristig binde". Ist dieses Vertrauen vorhanden, regelt sich vieles ohne Streit. Das Instandhaltungsunternehmen hat dabei das langfristige Geschäft im Auge, der Betreiber einer Anlage will nicht ohne Not eine laufende Verbindung lösen, mit der er bislang zufrieden war. Kommt es doch einmal zu einer Auseinandersetzung, ist der Streitwert – in der Regel die Vergütung des Kundendienstunternehmens – nicht sonderlich hoch[8]. Dies hat zur Folge, dass Rechtsstreitigkeiten selten zu Obergerichten gelangen.

In gleicher Weise schwierig ist es, Literatur oder Rechtsprechung zu weiteren Aspekten des Instandhaltungsgeschäfts zu finden. Dabei gibt es durchaus kartellrechtliche Fragestellungen, arbeitsrechtliche Probleme z. B. bei der Fremdvergabe von Instandhaltungsleistungen oder betriebsinterne Streitigkeiten um die Fahrzeuge, die die Servicetechniker benutzen.

4.   Schwerpunkte

Folgende rechtliche Aspekte, mit denen sich Betreiber technischer Einrichtungen und Unternehmen, die im Instandhaltungsgeschäft tätig sind, immer wieder auseinandersetzen müssen, werden behandelt:

–   Rechtsfragen zu Instandhaltungsverträgen, insbesondere unter Berücksichtigung
    der gesetzlichen Regelungen zur Gestaltung rechtsgeschäftlicher Schuld-
    verhältnisse durch Allgemeine Geschäftsbedingungen (§§ 305 ff. BGB),
–   Wettbewerbsrechtliche Aspekte des Instandhaltungsgeschäfts,
–   Arbeitsrechtliche Fragestellungen u. a. zum Betriebsübergang bei der Fremdver-
    gabe von Serviceleistungen sowie um die Einsatzfahrzeuge der Servicemitarbeiter,
–   Instandhaltungsvergütung bei Mietverhältnissen im Rahmen der
    Betriebskostenabrechnung gegenüber den Mietern.

Es soll ein Überblick über die nach wie vor unzureichend zusammenfassend dargestellten Probleme des Instandhaltungsgeschäfts gegeben werden. Hierdurch sollen Juristen, seien diese Rechtsanwälte, Unternehmensjuristen oder Richter, Antworten auf konkrete Fragen finden. Einzelne Aspekte kann der Leser über die zitierte Rechtsprechung und Literatur weiter vertiefen.

Angesprochen ist aber auch der Praktiker, der mit der Gestaltung von Instandhaltungsverträgen befasst oder für die Organisation des Instandhaltungsgeschäfts verantwortlich ist und die rechtlichen Probleme kennen muss, will er unternehmerische Entscheidungen treffen. Ihm sei aber empfohlen, sich in schwierigen Einzelfällen sowie bei der Gestaltung eigener Verträge weiter gehenden juristischen Rates zu bedienen.

---

[8]   Vgl. z. B. OLG Koblenz CR 1987, 107 (€ 2.137,79); OLG Karlsruhe CR 1987, 232 (€ 3.752,16).

Teil 1:   Der Instandhaltungsvertrag

Zu Verträgen, die Betreiber zur Instandhaltung technischer Einrichtungen mit Herstellern oder Dritten abschließen, stellt sich eine Vielzahl rechtlicher Fragen. Auf solche Fragen gibt das Bürgerliche Gesetzbuch, das BGB, auf den ersten Blick keine Antwort, da es – anders als beispielsweise zum Kauf- oder Mietvertrag – den Wartungs- und Instandhaltungsvertrag als eigenständige, gesetzlich geregelte Vertragsart nicht kennt. In der betrieblichen Praxis ist dies allerdings kein Nachteil. Dies liegt nicht so sehr daran, dass eine eigene gesetzliche Regelung bei der Vielfalt möglicher Leistungen schwer vorstellbar ist[9]. Die unserer Rechtsordnung zugrunde liegende Vertragsfreiheit gibt den Teilnehmern am Rechtsverkehr vielmehr die Möglichkeit, vertragliche Beziehungen so zu gestalten, wie dies für das konkrete Geschäft sinnvoll ist. Dies haben die Beteiligten bezogen auf die Instandhaltung technischer Einrichtungen getan. So gibt es eine Vielzahl von Instandhaltungsverträgen, die von Herstellern oder sonstigen Kundendienstunternehmen verwendet werden und die den technischen, kaufmännischen und rechtlichen Belangen konkret zu betreuender Anlagen Rechnung tragen. Aber auch Betreiber von Anlagen, so u. a. die öffentliche Hand, verfügen über eigene Vertragsmuster, die sie ihren Ausschreibungen zugrunde legen, wenn sie ihre technischen Einrichtungen durch Dienstleister betreut sehen wollen.

In diesem ersten Teil stehen die rechtlichen Aspekte von Wartungsverträgen[10] im Vordergrund. Dabei werden gesetzliche Vorgaben angesprochen, die den Betrieb bestimmter technischer Einrichtungen und Anlagen betreffen, insbesondere die Betriebssicherheitsverordnung, ferner die für die Instandhaltung einschlägigen DIN-Normen in Grundzügen erläutert. Fragen zum Leistungsinhalt sind sodann ein Schwerpunkt der Ausführungen. Daneben werden sonstige rechtliche Aspekte behandelt, die sich für die Beteiligten z. B. zur Vergütung und deren Anpassung während der Laufzeit des Vertrages, zur Laufzeit selbst und zu Kündigungsmöglichkeiten, ferner zur unsachgemäßen, also fehlerhaften Ausführung der Leistung und deren Rechtsfolgen ergeben können. Auch bei Instandhaltungsverträgen muss das Thema Verantwortung und Haftung der Beteiligten, insbesondere der Dienstleister angesprochen werden, wenn sich beispielsweise im Zusammenhang mit einem Maschinenstillstand die Frage stellt, wer für die Folgen aufkommen soll.

Einen weiteren Schwerpunkt bilden rechtliche Betrachtungen zu solchen Instandhaltungsverträgen, die insbesondere Anbieter von Leistungen mehrfach verwenden (sog. Formularverträge), um durch Standardisierung wirtschaftliche Vorteile im Wettbewerb für sich und den Kunden zu erlangen. Dabei soll in erster Linie aufgezeigt werden, wo im Instandhaltungsgeschäft die Gestaltungsgrenzen sind, wenn rechtliche Regeln durch „Kleingedrucktes" dem Vertragspartner vorgegeben werden sollen.

---

[9]   Siehe auch Ulbrich/Ullrich, Der technische Service- und Kundendienstvertrag, in: Heidelberger Musterverträge, 101, S. 2 (Vorbemerkungen).

[10]   Zur Unschärfe des Begriffs „Wartungsvertrag" Ulbrich/Ullrich, Der technische Service- und Kundendienstvertrag, in: Heidelberger Musterverträge, 101, S. 10 Fn. 17; siehe auch S. 23 Fn. 21.

1. Betriebssicherheitsverordnung und Normen zur Instandhaltung

Das Bürgerliche Gesetzbuch, das den Wartungs- bzw. den Instandhaltungsvertrag als eigenständige, gesetzlich geregelte Vertragsart nicht kennt, macht zum Inhalt solcher Verträge keine konkreten Vorgaben. Es bleibt mithin den am Instandhaltungsgeschäft Beteiligten, also Betreibern technischer Einrichtungen sowie Herstellern oder sonstigen Kundendienstunternehmen überlassen, den Inhalt des jeweiligen Vertrages, insbesondere die auszuführenden Leistungen festzulegen. Dabei sollten sie auch gesetzliche Regelungen außerhalb des Bürgerlichen Gesetzbuches im Auge haben, so beispielsweise die Betriebssicherheitsverordnung sowie technische Normen zur Instandhaltung, allen voran die DIN 31051:2003-06.

a. Verkehrssicherungspflichten und die Betriebssicherheitsverordnung

Betreiber von Anlagen haben unabhängig davon, ob sie diese selbst instand halten oder dies vertraglich einem Dritten übertragen, Sicherungspflichten für ihre Anlagen. Insbesondere unter dem Stichwort der Verkehrssicherungspflicht stellt unsere Rechtsordnung klar, dass es eine allgemeine Rechtspflicht gibt, Rücksicht auf die Gefährdung anderer zu nehmen. Jeder, der Gefahrenquellen betreibt, hat dabei die notwendigen Vorkehrungen zu treffen, Dritte zu schützen[11]. Die aus der Verkehrssicherungspflicht erwachsende Schutzpflicht trifft auch Betreiber technischer Einrichtungen. Sie haben ihre Maschinen und Anlagen so zu betreiben, dass Dritte hierdurch nicht gefährdet werden. Dabei sind diejenigen Maßnahmen zu ergreifen, die nach den Sicherheitserwartungen des jeweiligen Verkehrs im Rahmen des wirtschaftlich Zumutbaren geeignet sind, Schädigungen Dritter zu verhindern[12]. Bei dem Betrieb technischer Einrichtungen ist deren Instandhaltung eine der Maßnahmen, mit der der Betreiber Dritte vor Gefahren bewahren kann. Die Instandhaltung muss ordnungsgemäß, insbesondere regelmäßig ausgeführt werden, soll den Betreiber nicht der Vorwurf einer Pflichtverletzung treffen.

Die zu vertretende, in der Regel schuldhafte Verletzung dieser Verkehrssicherungspflicht gewährt dem Geschädigten in unserer Rechtsordnung einen sog. deliktischen Schadensersatzanspruch (§§ 823 ff. BGB)[13]. Spezielle Ausprägung der allgemeinen Verkehrssicherungspflicht sind darüber hinaus auch Gesetze, die gerade den Schutz Dritter bezwecken (sog. Schutzgesetze). Ihre schuldhafte Verletzung führt ebenfalls zum Schadensersatz, in diesem Falle nach § 823 Abs. 2 BGB.

---

[11] Palandt-Sprau, § 823 BGB Rd. 46.
[12] Palandt-Sprau, § 823 BGB Rd. 46.
[13] Hier soll und kann das deliktische Schadensersatzrecht nicht umfassend erläutert werden. Dies gilt insbesondere für das Haftungsregime der §§ 823 ff. BGB einschließlich der in unserer arbeitsteiligen Wirtschaftsordnung wichtigen Enthaftung (rechtlich: Exkulpation) bei Delegation von Tätigkeiten im Rahmen des § 831 BGB bzw. § 823 BGB (siehe S. 22 Fn. 16) sowie die anderslautende Entscheidung des Gesetzgebers bei vertraglicher Haftung (§ 278 BGB).

Für die am Instandhaltungsgeschäft Beteiligten ist als Schutzgesetz die Betriebssicherheitsverordnung (BetrSichV) zu beachten[14]. Neben der Regelung für Arbeitsmittel (Abschnitt 2) formuliert diese Verordnung in ihrem Abschnitt 3 insbesondere Pflichten des Betreibers von überwachungsbedürftigen Anlagen. So werden z. B. in § 12 BetrSichV öffentlich-rechtliche Vorgaben für deren Betrieb gemacht. Dabei wird dem Betreiber die Pflicht auferlegt, eine überwachungsbedürftige Anlage in einem ordnungsgemäßen Zustand zu erhalten, zu überwachen, notwendige Instandsetzung- oder Wartungsarbeiten unverzüglich vorzunehmen und die den Umständen nach erforderlichen Sicherheitsmaßnahmen zu treffen (§ 12 Abs. 3 BetrSichV). Diese Vorgaben wird man als ein Schutzgesetz im Sinne des § 823 Abs. 2 BGB begreifen müssen[15]. Werden diese Pflichten schuldhaft verletzt, ist demnach Schadensersatz zu leisten. Insbesondere diese Rechtsfolge muss im Instandhaltungsgeschäft beachtet werden, da der Betreiber sich durch den Abschluss eines Instandhaltungsvertrages jedenfalls im Rahmen der übertragenen Aufgaben Dritten gegenüber von der Haftung befreien kann, soweit ihn nicht aus fortbestehenden Sorgfaltspflichten ein eigenes Verschulden trifft[16].

Die Betriebssicherheitsverordnung erlegt dem Betreiber überwachungsbedürftiger Anlagen zudem eine Reihe von weiter gehenden Pflichten auf. Genannt werden sollen an dieser Stelle nur:

-   eine Anlage nicht zu betreiben, wenn diese Mängel aufweist, durch die Beschäftigte oder Dritte gefährdet werden können (§ 12 Abs. 5 BetrSichV),
-   erstmalig und wiederkehrend die Anlage prüfen zu lassen (§§ 14, 15 BetrSichV),
-   der zuständigen Stelle Unfall- und Schadensanzeigen zu erstatten (§ 18 BetrSichV).

Für das Instandhaltungsgeschäft haben diese Vorschriften u. a. bei der Gestaltung der vertraglichen Pflichten Bedeutung, insbesondere, soweit bei dem Betreiber Pflichten verbleiben, die als Mitwirkungs- oder geschriebene oder ungeschriebene Nebenpflichten in einem Instandhaltungsvertrag eine Rolle spielen können[17].

Eine weitere Konkretisierung erfährt die Betriebssicherheitsverordnung u. a. durch die Technischen Regeln für Betriebssicherheit (TRBS). Zur Instandhaltung liegt hier bislang insbesondere die TRBS 1112 – Teil 1 zu Explosionsgefährdungen durch und bei Instandhaltungsarbeiten vor.

---

[14] Die genaue Bezeichnung lautet „Verordnung über Sicherheit und Gesundheitsschutz bei der Bereitstellung von Arbeitsmitteln und deren Benutzung bei der Arbeit, über die Sicherheit beim Betrieb überwachungsbedürftiger Anlagen und über die Organisation des betrieblichen Arbeitsschutzes" und zeigt, welches vornehmliche Interesse der Gesetzgeber mit dieser gesetzlichen Regelung vor Augen hatte.

[15] Siehe Palandt-Sprau, § 823 BGB Rd. 64 zum Stichwort GPSG (Geräte- und Produktsicherheitsgesetz), das eine der Grundlagen für den Erlass der Betriebssicherheitsverordnung war.

[16] Vgl. Münchener Kommentar-Wagner § 832 Rd. 294

[17] Siehe S. 65 Fn. 151. In diesem Zusammenhang sei auf die Übergangsvorschrift des § 27 BetrSichV hingewiesen, die im Geltungsbereich dieses Gesetzes in den dort vorgegeben Fristen den in Deutschland allgemein geltenden Grundsatz des Bestandschutzes so modifiziert, dass Betreiber unter bestimmten Voraussetzungen zur Nachrüstung eines Arbeitsmittels oder einer überwachungsbedürftigen Anlage verpflichtet werden können.

b. DIN 31051 – Instandhaltung

Die DIN 31051:2003-06 – Grundlagen der Instandhaltung[18] ist ein weiteres Regelwerk, das die Beteiligten im Instandhaltungsgeschäft kennen sollten. Insbesondere kann sie bei der Festlegung von Leistungsinhalten hilfreich sein, da die Norm Begriffe und Maßnahmen definiert, durch die sich die Instandhaltung technischer Einrichtungen systematisieren lässt. Die DIN 31052 dient ergänzend dazu, Instandhaltungsanleitungen für technische Einrichtungen zu gestalten. In der Praxis bedienen sich Betreiber, Hersteller und Serviceunternehmen der Normen, um für eine konkrete Anlage die jeweiligen Maßnahmen und Tätigkeiten zu beschreiben und festzulegen, die für deren Instandhaltung erforderlich sind und im Zuge eines Instandhaltungsvertrages ausgeführt werden sollen.

Die DIN 31051:2003-06 selbst ist zwar keine Rechtsnorm im eigentlichen Sinne. Dennoch kommt ihr wie anderen Normen im Allgemeinen in unserer Rechtsordnung erhebliche Bedeutung zu. Dies hat seinen Grund u. a. darin, dass sich aus der Verletzung einer Norm ableiten kann, dass eine Leistung mangelhaft ist. Die Rechtsprechung geht jedenfalls davon aus, dass ein Unternehmer, soweit anderes nicht vereinbart ist, im Regelfall stillschweigend die anerkannten Regeln seines Faches beachtet[19].

Die DIN 31051:2003-06 (nachfolgend nur noch: DIN 31051) definiert eine Vielzahl von Begriffen und Maßnahmen, die für die Instandhaltung von sog. Betrachtungseinheiten – gemeint sind Teile von technischen Einrichtungen (Ziffer 4.2.1) – von Bedeutung sind. Die Instandhaltung ist dabei der Oberbegriff und setzt sich aus den Einzelmaßnahmen Inspektion, Wartung, Instandsetzung und Verbesserung[20] zusammen. Bereits diese Systematik und die mit ihr verbundene Hierarchie der maßgeblichen Instandhaltungsbegriffe ermöglicht es, den Inhalt von Wartungs- und Instandhaltungsverträgen zu konkretisieren. In der Praxis hat die Definition der Instandhaltungsmaßnahmen sowie weiterer Begriffe in der DIN 31051 dazu geführt, dass sich für eine Reihe technischer Begriffe, die im Zusammenhang mit der Instandhaltung technischer Einrichtungen eine Rolle spielen, heute ein weitgehend einheitliches Verständnis herausgebildet hat[21]. Viele Vertragsmuster sowie von Kundendienstunternehmen oder Betreibern verwendete Formularverträge orientieren sich daher an den Begrifflichkeiten dieser Norm[22].

---

[18] DIN-Normen können beim Beuth-Verlag, Berlin, bezogen werden. Im europäischen Zusammenhang gilt zudem die DIN EN 13306:2001-09 – Begriffe der Instandhaltung (siehe S. 29 f.).

[19] Palandt-Sprau § 633 BGB Rd. 6a. Im Geltungsbereich der Vertragsordnung für Bauleistungen (VOB/B) werden die allgemein anerkannten Regeln der Technik und damit u. a. auch DIN-Normen in den Mangelbegriff des § 13 Abs. 1 VOB/B einbezogen.

[20] Den Begriff der Verbesserung als eine eigenständige Instandhaltungsmaßnahme auf einer Stufe mit den Begriffen der Inspektion, Wartung und Instandsetzung kannte die Vorgängernorm DIN 31051:1985-01 nicht, auch wenn die Beseitigung von Schwachstellen schon bisher der Instandhaltung zugeordnet wurde (siehe Begriff Nr. 11 der DIN 31051:1985-01).

[21] Siehe zu den begrifflichen Schwierigkeiten in der Vergangenheit Kühnel, Vollwartungsverträge, BB 1985, 1227, 1227. In der Informationstechnologie gilt das sprachliche Verständnis der DIN 31051 nur eingeschränkt (vgl. Schneider, Handbuch des EDV-Rechts, G Rz. 3 ff.). Danach gehören zur Wartung, die in der IT der Obergriff ist, u. a. die vorbeugende Instandhaltung sowie die Instandsetzung.

[22] Siehe als Beispiel nur: Vertragsmuster des Arbeitskreises Maschinen- und Elektrotechnik staatlicher und kommunaler Verwaltungen (AMEV), die auf S. 44 ff. näher erläutert werden.

aa. Instandhaltung

Instandhaltung als Oberbegriff ist die Kombination aller technischen und administrativen Maßnahmen sowie Maßnahmen des Managements während des Lebenszyklus einer Betrachtungseinheit zur Erhaltung des funktionsfähigen Zustandes oder der Rückführung in diesen, so dass diese die geforderte Funktion erfüllt (Ziffer 4.1.1 – Instandhaltung). Die Instandhaltung fasst dabei als Oberbegriff die Maßnahmen Inspektion, Wartung, Instandsetzung sowie Verbesserung zusammen, nicht jedoch die Modifikation (Veränderung) einer Betrachtungseinheit[23].

bb. Inspektion

Inspektion im Sinne der DIN 31051 ist die Feststellung und Beurteilung des Istzustandes einer Betrachtungseinheit. Diese schließt die Bestimmung der Ursachen der Abnutzung und das Ableiten der notwendigen Konsequenzen für die künftige Nutzung ein (Ziffer 4.1.3 – Inspektion). Die Inspektion beschränkt sich damit auf die Prüfung technischer Einrichtungen und die sich daraus ableitende Fehleranalyse sowie die Planung und Entscheidung, welche weiter gehenden Maßnahmen einzuleiten sind. Es werden keine Tätigkeiten ausgeführt, durch die der Zustand einer Maschine oder Anlage bewahrt, verändert oder verbessert wird.

Die Inspektion allein kann den sicheren Betrieb technischer Einrichtungen in der Regel nicht gewährleisten. Sie ist daher nur selten einziger Inhalt von Instandhaltungsverträgen, sondern vielmehr Vorstufe und notwendiger Bestandteil weiter gehender Maßnahmen insbesondere der Wartung und Instandsetzung.

cc. Wartung

Unter Wartung im Sinne der DIN 31051 werden solche Maßnahmen verstanden, durch die der Abbau des Abnutzungsvorrates einer Betrachtungseinheit verzögert wird (Ziffer 4.1.2 – Wartung)[24]. Wartung geschieht in der Praxis überwiegend dadurch, dass die

---

[23] Siehe DIN 31051 – Anhang B – Erläuterungen. Die Trennung zwischen Instandhaltung und Änderung einer Anlage gibt es zwar auch in anderen europäischen Ländern und in den USA. Die Änderung wird dort aber als eine Maßnahme gesehen, die durch die Instandhaltungsorganisation vorgenommen werden kann (Ziffer 8.13 der DIN EN 13306 – siehe zu dieser Norm S. 29 f.). Mit Blick darauf, dass eine Änderung zu der Erneuerung einer Konformitätsbewertung und CE-Kennzeichnung führen kann, ist die Änderung (Modifikation) jedenfalls in der deutschen Norm nicht der Instandhaltung zugeordnet worden (siehe auch § 12 Abs. 2 BetrSichV: Danach muss bei einer wesentlichen Veränderung eine überwachungsbedürftigen Anlage den Anforderungen der Verordnungen nach § 3 Abs. 1 des Geräte- und Produktsicherheitsgesetzes oder – soweit solche Vorschriften keine Anwendung finden – den sonstigen Vorschriften, insbesondere mindestens dem Stand der Technik entsprechen.).

[24] Die Verfasser der DIN 31051 haben bei der Neufassung den Begriffen der Abnutzung und des Abnutzungsvorrates eine höhere Bedeutung zugemessen als zuvor (vgl. Anhang B – Erläuterungen, S. 6). Insbesondere der Begriff der Wartung ist dadurch jedenfalls vom Wortlaut her deutlich verändert worden. Den Begriff des sog. Sollzustandes, der bislang vor allem die Definitionen der Wartung und Instandsetzung prägte, hat man dagegen aufgegeben.

technische Einrichtung gereinigt, geschmiert und geölt, aber auch eingestellt und justiert wird. Bestandteil der Wartung ist dabei vielfach die vorherige Inspektion der Anlage. Soll beispielsweise ein bestimmtes Teil einer Maschine geschmiert werden, muss zunächst dessen gegenwärtiger Zustand festgestellt (inspiziert) werden. Erst dadurch kann beurteilt werden, ob die Schmierung tatsächlich erforderlich ist, um den Abbau des Abnutzungs-vorrates zu verzögern.

Durch Wartungsarbeiten sollen Betriebsfähigkeit technischer Einrichtungen gesichert und Ausfälle vermieden werden. Deshalb wird in der Praxis vielfach auch von vorbeugender Wartung gesprochen. Wartung im Sinne der DIN 31051 ist damit im Grunde der „klassi-sche" Inhalt der meisten Instandhaltungsverträge. Wird in der Praxis von einem War-tungsvertrag gesprochen, ist daher in der Regel ein Vertrag gemeint, durch den der für den Betrieb geforderte Zustand einer Anlage oder Maschine erhalten werden soll. Weiter gehende Maßnahmen wie insbesondere der Austausch nicht mehr funktionsfähiger Bau-teile stellen keine Wartungsmaßnahmen dar. Sie sind vielmehr der Instandsetzung zuzu-ordnen[25].

dd. Instandsetzung

Durch die Instandsetzung im Sinne der DIN 31051 wird eine Betrachtungseinheit wieder in ihren funktionsfähigen Zustand zurückgeführt (vgl. Ziffer 4.1.4 – Instandsetzung). Verbesserungen der Betrachtungseinheit, die nunmehr als eine eigenständige Maßnahme geführt werden, sind hiervon ausdrücklich ausgenommen. Die Praxis versteht unter In-standsetzung solche Maßnahmen, durch die eine Betriebsstörung, ein Schaden oder eine sonstige Abweichung behoben werden soll. Durch die Inspektion wird lediglich der ge-genwärtige (Ist)Zustand festgestellt, durch die Wartung der für den Betrieb geforderte Zustand gesichert. Ziel der Instandsetzung ist dagegen, eine technische Einrichtung wieder in den für den Betrieb geforderten Zustand zu versetzen, wenn es zu einer Abwei-chung von diesem Zustand gekommen ist, die dazu geführt hat, dass ein Bauteil ausgefal-len und dadurch ggf. die gesamte technische Einrichtung nicht mehr oder nur noch einge-schränkt funktionsfähig ist. Dies geschieht nach herkömmlichem Verständnis zumeist durch den Austausch eines ausgefallenen Bauteils oder durch dessen Reparatur[26].

---

[25] Vgl. zu begrifflichen Schwierigkeiten in der Praxis Schröder, Der Wartungsvertrag, S. 31 ff., der formu-liert, dass bei der Instandsetzung der Abnutzungsgrad der Betrachtungseinheit nicht verzögert, sondern durch den Austausch erhöht oder aufgefüllt wird.

[26] Schröder, Der Wartungsvertrag, S. 36 f. unterscheidet zwischen Reparatur und Instandsetzung. Richtig ist, dass die DIN 31051 den Begriff der Reparatur nicht kennt. Die Differenzierung dürfte dennoch nicht dem Verständnis der Praxis entsprechen, die diese Unterscheidung nicht macht. Nicht nur der Begriff der Reparatur in Ziffer 8.8 DIN EN 13306 (siehe hierzu S. 29 f.) weist einen anderen Weg. Auch die von Schröder vorgenommene Differenzierung danach, was Ursache der Maßnahme war, kennt die DIN 31051 nicht. Die Norm stellt lediglich fest, dass der Ausfall einer Betrachtungseinheit dann vor-liegt, wenn diese die geforderte Funktion nicht mehr erfüllt (siehe Ziffer 4.5.3.1), was sodann durch In-standsetzung zu beheben ist. Ob dieser Ausfall durch unabwendbare Ereignisse bzw. nicht bestim-mungsgemäßen Gebrauch (dann Reparatur) oder insbesondere durch Verschleiß (dann Instandsetzung) eingetreten ist, ist nach der Begrifflichkeit der DIN 31051 unerheblich. Die Praxis regelt diese Unter-scheidung über die Festlegung von Leistungsabgrenzungen und -ausschlüssen (siehe S. 54 ff.).

In der Praxis des Instandhaltungsgeschäfts werden Instandsetzungsmaßnahmen an Maschinen, Anlagen oder Geräten vielfach auch ausgeführt, ohne dass es eines gesonderten Auftrages zur Reparatur oder zum Austausch des Bauteils durch den Betreiber bedarf. Verträge mit einem solchen über die Wartung hinausgehenden Leistungsinhalt werden in der Praxis Vollwartungs-, Vollunterhalts- oder Fullserviceverträge etc. genannt[27]. Über die Inspektion und Wartung hinaus gehört zu dem vertraglichen Leistungsumfang dann auch die Verpflichtung, die zu betreuende technische Einrichtung instand zu setzen. Dabei wird die einzelne Instandsetzungsmaßnahme im Regelfall nicht gesondert vergütet, sondern ist mit einer vereinbarten pauschalen Vergütung abgegolten[28]. Instandhaltungsunternehmen übernehmen durch solche Verträge jedenfalls zum Teil eine Verantwortung für den Betrieb der zu betreuenden Anlage. Konkrete Instandsetzungstätigkeiten werden dabei zumeist in den nachfolgend näher beschriebenen Situationen erbracht.

(1)   Vorbeugende Instandsetzung[29]

Aufgrund eines Hinweises des Betreibers auf bestimmte Betriebserscheinungen wie Geräusche, erhöhter Ausschuss oder unregelmäßiger Lauf stellt das Instandhaltungsunternehmen fest, dass ein bestimmtes Bauteil – eine Betrachtungseinheit im Sinne der DIN 31051 – schadhaft ist, ohne dass es bislang zu einem Ausfall der ganzen Anlage gekommen ist. Das Serviceunternehmen tauscht das Bauteil bereits vor dem Ausfall der Anlage, dem eigentlichen Schadensfall, aus oder repariert dieses. Ein solcher Austausch bzw. eine solche Reparatur vor dem Ausfall der Anlage geschieht in gleicher Weise, wenn das Instandhaltungsunternehmen bei den ebenfalls zum Leistungsumfang gehörenden Wartungsarbeiten erkennt, dass ein Bauteil in Kürze schadhaft wird, insbesondere der Ausfall des Bauteils vor der nächsten turnusgemäßen Wartung eintreten kann. Betreiber bemerken in diesem Fall möglicherweise nicht einmal, dass die Wartungsfirma eine Instandsetzungsmaßnahme ergriffen hat[30]. Sie nehmen lediglich wahr (und sind zufrie-

---

[27] Zu Risiken solcher Verträge insbesondere bei ungenauer Formulierung der vertraglichen Pflichten vgl. Kühnel, Vollwartungsverträge, BB 1985, 1227, 1228 f., der zudem darauf hinweist, dass die Verpflichtung zur Vollwartung deutlich höhere Anforderungen an den Anbieter stellt, als dies bei der bloßen Wartung der Fall ist. Dies betrifft nicht nur eine ausgefeilte Logistik zur Ersatzteilversorgung, sondern auch erhöhte Ansprüche an das Personal. Von solchen Vollwartungsverträgen, die zu Instandsetzungsleistungen im Sinne der DIN 31051 verpflichten, müssen sog. Betreiberverträge unterschieden werden, die noch weiter gehende Pflichten begründen (siehe S. 48 ff.).

[28] Siehe S. 78 f. sowie Kühnel, Vollwartungsverträge, BB 1985, 1227, 1229, der meint, von einem Vollwartungsvertrag könne nur gesprochen werden, wenn die Wartungsfirma auch die Kosten der Instandsetzung, also des Austausches oder der Reparatur von Bauteilen, trägt.

[29] Diese Unterscheidung kennt auch die DIN EN 13306 (siehe S. 29 f.), die zwischen „preventive maintenance" und „corrective maintenance" unterscheidet (vgl. Ziffern 7.1 und 7.6 sowie Anhang A), wobei maintenance nicht mit Wartung, sondern mit Instandhaltung übersetzt wird. Diese Betrachtung, die sich an der Zielstellung der Instandhaltung orientiert, und der maßnahmenorientierte Ansatz der DIN 31051 ist eine der wesentlichen Unterschiede zwischen der europäischen DIN EN 13306 und der deutschen DIN 31051 (siehe auch den Hinweis in DIN 31051 – Anhang B – Erläuterungen, S. 11).

[30] In der Regel ist es weder für den Betreiber noch für das Serviceunternehmen befriedigend, wenn es zum Ausfall der Gesamtanlage kommt. Insoweit werden Leistungen, die die Praxis der Instandsetzung zuordnet, bereits vor dem Erreichen der Abnutzungsgrenze und dem damit verbundenen Ausfall einer Betrachtungseinheit erbracht. Gleichwohl betrachten die Beteiligten eine solche Maßnahme als Reparatur bzw. Instandsetzung.

den), dass der von ihnen genutzte Gegenstand dauerhaft und ohne Ausfall in Betrieb ist. Diese Situation ist quasi der Idealzustand eines Instandhaltungsvertrages, bei dem das Serviceunternehmen auch zu der mit einer pauschalen Vergütung abgegoltenen Instandsetzung verpflichtet ist. Der Betreiber zahlt die vereinbarte Vergütung, und das Gerät ist dauerhaft verfügbar. Die andere, missliche Situation ist jedem bekannt: Der Kopierer ist gerade dann defekt, wenn unbedingt noch zwei Kopien benötigt werden.

(2) Instandsetzung nach Schadenseintritt

Tritt dagegen im Betrieb einer technischen Einrichtung ein Schaden oder eine Störung ein, weil ein Bauteil ausgefallen ist, werden Instandsetzungsarbeiten für den Betreiber wahrnehmbar. Die Anlage ist nicht mehr funktionsfähig und der Betreiber auf die Hilfe des Servicepartners angewiesen. Für den Betreiber ist diese Situation weniger befriedigend, da er die technische Einrichtung erst wieder nutzen kann, wenn diese instand gesetzt und in Betrieb genommen worden ist. Hieraus können nicht unerhebliche wirtschaftliche Nachteile entstehen, wenn der Ausfall z. B. Auswirkungen auf den laufenden Produktionsbetrieb eines Unternehmens hat.

ee. Verbesserung

Als Verbesserung versteht die DIN 31051 solche technischen und administrativen Maßnahmen sowie Maßnahmen des Managements, durch die die Funktionssicherheit einer Betrachtungseinheit gesteigert wird. Dabei wird allerdings ihre Funktion nicht geändert (vgl. Ziffer 4.1.5 – Verbesserung). Verbesserungen betreffen insbesondere die Beseitigung von Schwachstellen[31], aber auch andere administrative Maßnahmen[32].

ff. Bedeutung der DIN 31051

Die DIN 31051 macht keine Vorgaben, wie die Instandhaltung für eine konkrete technische Einrichtung ausgeführt werden soll. Sie unterteilt die Instandhaltung lediglich in die Begriffe Inspektion, Wartung, Instandsetzung und Verbesserung. Die Norm nimmt damit eine Aufteilung vor, auf die im Instandhaltungsgeschäft zurückgegriffen werden kann und wird. Dies betrifft insbesondere die Unterscheidung zwischen einfachen Wartungsverträgen und Vollwartungsverträgen, auch wenn sich in der Praxis bisweilen der Unterschied zwischen Wartung und Instandsetzung verwischt. Instandhaltungsverträge enthalten außerdem gelegentlich weitere, nicht in der DIN 31051 erfasste Maßnahmen, wie beispielsweise die Installation neuer Softwareversionen (Upgrades bzw. Updates), die

---

[31] Die Verfasser der DIN 31051:2003-06 hatten im Entwurf noch von Schwachstellenbeseitigung gesprochen. Der nun verwendete Begriff entspricht dem der Verbesserung in der DIN EN 13306 (Ziffer 8.12).

[32] Die Verbesserung ist in der Vorfassung der Norm, der DIN 31051:1985-01 bereits der Instandsetzung zugeordnet worden. Ihr hatte man allerdings keinen eigenständigen, der Inspektion, Wartung und Instandsetzung gleichwertigen Stellenwert zugewiesen (vgl. Bild 2 der DIN 31051:1985-01 sowie DIN 31051:2003-06, Anhang A, Bild A.1 und Anhang B – Erläuterungen).

Einweisung und Schulung des Personals zur Bedienung einer Anlage, deren Reinigung, soweit diese nicht notwendiger Bestandteil der Wartung ist, sowie Beratungs- und Unterstützungsleistungen, die insbesondere bei IT-Anlagen und bei der Pflege von Software Leistungsgegenstand entsprechender Betreuungsverträge sind[33]. Solche weiter gehenden Leistungen werden häufig nach einem Baukastenprinzip auf Wunsch des Auftraggebers Bestandteil eines Instandhaltungsvertrages.

Die DIN 31051 enthält weitere Definitionen, auf die in der täglichen Praxis oder in einem Streitfall zurückgegriffen werden kann. So sind unter anderem die Begriffe Schwachstelle, Abnutzung, Nutzung, Fehler, Funktion, Ausfall, Verfügbarkeit, Ersatzteil, Verschleißteil näher erläutert. Diese Definitionen sollten Betreiber von Anlagen, aber auch Hersteller und Kundendienstunternehmen kennen, wenn sie sich mit der Instandhaltung technischer Einrichtungen und mit Instandhaltungsverträgen befassen[34].

c.   DIN 31052 – Inhalt und Aufbau von Instandhaltungsanleitungen

Die DIN 31052:1981-6 dient Herstellern und Betreibern von Maschinen, Anlagen und Geräten dazu, Instandhaltungsanleitungen zu gestalten. Die Norm baut auf der DIN 31051 zur Instandhaltung auf, indem sie zwischen Wartungs-, Inspektions- und Instandsetzungsanleitung unterscheidet[35].

Konkrete Tätigkeiten, die zur Instandhaltung beispielsweise einer bestimmten Werkzeugmaschine notwendig sind, kann und will die Norm nicht festlegen. Sie macht lediglich Vorschläge, wie der Hersteller der Werkzeugmaschine oder dessen Betreiber eine Instandhaltungsanleitung aufbauen kann. So sieht Ziffer 3.2.1 der Norm vor, die konkret durchzuführenden Maßnahmen in sog. Listen zusammenzufassen. Der Anhang A der Norm enthält Beispiele für die Gestaltung solcher Listen. Gliederungsmerkmale können danach u. a. Baugruppen des jeweiligen Erzeugnisses sein (z. B.: E-Motor oder Getriebe), daran auszuführende Arbeiten (z. B.: Lagertemperatur prüfen oder Öl wechseln), Mess- und Prüfgrößen (z. B.: 60 Grad Celsius) sowie die Häufigkeit, mit der Arbeiten durchzuführen sind.

Die DIN 31052 soll zwar in erster Linie dazu dienen, Instandhaltungsanleitungen zu erstellen, die ein Hersteller seinem Erzeugnis beigibt. Die Norm hat aber auch im Instandhaltungsgeschäft Bedeutung. Insbesondere der Vorschlag zum Aufbau der Listen, in denen die einzelnen Tätigkeiten bezeichnet werden, ist hilfreich, um im Verhältnis zwischen Betreibern und Servicepartner festzulegen, welche Tätigkeiten in welchen zeitli-

---

[33]   Siehe zu möglichen Leistungsinhalten in der Informationstechnologie Wohlgemuth, Computerwartung, S. 7 ff. Im Maschinen- und Anlagenbau sind die Grenzen an dieser Stelle heute fließend, wenn es um Unterstützungsmaßnahmen für moderne Steuerungen geht. Wartungsmaßnahmen stehen dann bisweilen der Betreuung von Software recht nahe.

[34]   In der Vorfassung der aktuellen DIN 31051 waren weitaus mehr Begriffe definiert. Heute ergeben sich viele Begriffe aus der DIN EN 13306 (siehe S. 29 f.), so dass beide Normen nebeneinander stehen und gelesen werden müssen (siehe das Vorwort zur DIN 31051:2003-06).

[35]   Diese Norm hat bislang keine Neuerung erfahren, so dass sie sich hinsichtlich des Verständnisses an den alten Begrifflichkeiten der DIN 31051 orientiert.

chen Abständen konkret auszuführen sind. Entsprechend gestaltete Instandhaltungsanleitungen können damit zum Inhalt von Wartungsverträgen gemacht werden. Dies geschieht in der Praxis vielfach in Form von Leistungsbeschreibungen oder Leistungskatalogen[36]. Solche Anleitungen können aber auch intern den Servicemitarbeitern als Checkliste dienen, die ihnen vorgibt und dokumentiert, welche Tätigkeiten bei der Instandhaltung durchgeführt werden müssen.

d.   Weitere Regelwerke

Mit der Betriebssicherheitsverordnung sowie den beiden Normen DIN 31051 sowie DIN 31052 zur Instandhaltung sowie zum Aufbau von Instandhaltungsanleitungen sind bei weitem nicht alle Regelwerke auf Gesetzes- oder Normebene erwähnt, die für das Instandhaltungsgeschäft von Bedeutung sein können.

Zu nennen ist zunächst insbesondere die DIN EN 13306:2001-09 – Begriffe der Instandhaltung, die in einem dreisprachigen Kontext steht und weit umfassender Begriffe der Instandhaltung definiert als die nationale DIN 31051. Im Instandhaltungsgeschäft erfüllt diese Norm in erster Linie zwei Funktionen. Zum einen legt auch diese Norm Begriffe fest, die für die Instandhaltung und damit auch für Instandhaltungsverträge insbesondere dann direkt gelten, wenn in dem Vertrag die Anwendbarkeit der Norm oder – allgemeiner und in der Praxis verbreiteter – die allgemein anerkannten Regeln der Technik vereinbart worden sind[37], im Zweifel aber auch dann, wenn die Parteien insoweit keine Vereinbarung getroffen haben[38]. In ganz praktischer Hinsicht dient die Norm aber auch als Übersetzungshilfe für Unternehmen, die über nationale Grenzen hinaus im Instandhaltungsgeschäft tätig sind[39].

Auf ein anderes begriffliches Verständnis der DIN EN 13306 sei hier nur hingewiesen. Die deutsche Norm DIN 31051 basiert hinsichtlich ihrer Struktur auf einer in Deutschland entwickelten Instandhaltungsphilosophie, die die einzelnen Maßnahmen der Instandhaltung, also Inspektion, Wartung, Instandsetzung und Verbesserung als Tätigkeiten der Instandhaltung in einen inneren logischen Zusammenhang stellt. Die europäische Norm erläutert dagegen lediglich Begriffe der Instandhaltung, ohne dabei innere Zusammenhänge näher auszuleuchten. Zudem geht sie von dem allgemeinen Verständnis sog. präventiver

---

[36] Instandhaltungsanleitungen in diesem Sinne sind die vom Verband Deutscher Maschinen- und Anlagenbau e. V. (VDMA) herausgegebenen Empfehlungen für die Instandhaltung einer Reihe von technischen Anlagen in Gebäuden, die sog. Einheitsblätter 24176:2007-01 „Inspektion von technischen Anlagen und Ausrüstungen in Gebäuden" sowie 24186 „Leistungsprogramm für die Wartung von technischen Anlagen und Ausrüstungen in Gebäuden" mit ihren Teilen 0 bis 9. Die Einheitsblätter können beim Beuth-Verlag, Berlin, bezogen werden. An diesen Einheitsblättern orientieren sich die sog. Arbeitskarten für die Verträge der öffentlichen Hand (vgl. z. B. Ziffer 2.1 des auf S. 44 f. erläuterten AMEV-Vertragsmusters Wartung 2006 - Anhang 2).

[37] Siehe als nur ein Beispiel Ziffer 3.1 des auf S. 44 f. erläuterten AMEV-Vertragsmusters Wartung 2006 (Anhang 2).

[38] Siehe die Hinweise auf S. 23 Fn. 19 zum Umgang der Rechtsprechung mit dem Begriff der anerkannten Regeln der Technik.

[39] In der Einleitung wird daher auch ausdrücklich davon gesprochen, dass mit der Norm ein „Instandhaltungswörterbuch" geschaffen werden sollte.

und korrektiver Instandhaltung aus und räumt damit dem Begriff des Fehlers einer Anlage einen hohen Stellenwert ein.

Neben der DIN EN 13306 gibt es eine Reihe von Normen und Richtlinien, die sich mit der Instandhaltung und damit im Zusammenhang stehenden Begrifflichkeiten beschäftigen. Diese können und sollen hier nicht im Einzelnen genannt und erläutert werden, da sie zum Teil sehr auf spezifische technische Einrichtungen zugeschnitten sind oder nur bedingt Eingang in die Praxis des Instandhaltungsgeschäftes gefunden haben[40].

Besonders hinzuweisen ist auf die DIN EN 13269:2006-10 – Instandhaltung - Anleitung zur Erstellung von Instandhaltungsverträgen[41], in der Aufbau und Struktur von Instandhaltungsverträgen erläutert werden.

---

[40] Eine recht umfassende Übersicht findet sich im Anhang F der AMEV-Broschüre Wartung 2006.
[41] Diese Norm kann ebenfalls über den Beuth-Verlag, Berlin, bezogen werden. Ob die Norm in der betrieblichen Praxis bei der Gestaltung von Instandhaltungsverträgen zukünftig eine Bedeutung spielen wird, kann gegenwärtig noch nicht beurteilt werden.

2. Die rechtliche Einordnung von Instandhaltungsverträgen

Rechtlich stellt sich die Frage, ob ein Vertrag, der Instandhaltungsleistungen im Sinne der DIN 31051 zum Inhalt hat, einer der im Bürgerlichen Gesetzbuch geregelten Vertragsarten zugeordnet werden kann und was im Rahmen eines solchen Vertrages geschuldet wird. Diese Fragen bedürfen einer Antwort, um insbesondere im Fall einer rechtlichen Auseinandersetzung zwischen den Parteien feststellen zu können, ob die vertragliche Leistung wie geschuldet, insbesondere vollständig und mangelfrei ausgeführt worden ist. Insoweit schließen die gesetzlichen Regeln des BGB die Lücken, die die Vertragsparteien bewusst oder unbewusst gelassen haben, so wenn zum Beispiel zu Fragen des Inhalts und der Verjährung von Mängelansprüchen ein Vertrag keine Regelung enthält. Eine Antwort ist aber auch deshalb von Bedeutung, weil sich Instandhaltungsverträge, die als Formularverträge mehrfach verwendet werden, hinsichtlich ihrer Klauseln an den gesetzlichen Regelungen zur Gestaltung rechtsgeschäftlicher Schuldverhältnisse durch Allgemeine Geschäftsbedingungen (§§ 305 ff. BGB) zu messen haben. Eine solche Prüfung ist nur dann sinnvoll möglich, wenn feststeht, welchem gesetzlichen Leitbild Instandhaltungsverträge folgen. Erst dann kann z. B. festgestellt werden, ob in einem Formularvertrag eine Klausel zur Kündigung, zur Laufzeit oder zu Mängelansprüchen wegen der Abweichung vom wesentlichen Grundgedanken der gesetzlichen Regelung gemäß § 307 Abs. 2 Nr. 1 BGB unwirksam ist. Da zudem an die Stelle einer unwirksamen Klausel gemäß § 306 Abs. 2 BGB die gesetzliche Regelung tritt, ist auch für die Rechtsfolge wichtig, welcher gesetzlich geregelten Vertragsart Instandhaltungsverträge zugeordnet werden können[42].

a. Rechtsprechung und juristische Literatur

In der Rechtsprechung werden Instandhaltungsverträge, bei denen das Serviceunternehmen im Sinne der DIN 31051 zur Wartung und ggf. auch zur Instandsetzung verpflichtet ist, als Werkverträge im Sinne der §§ 631 ff. BGB[43] behandelt. Geschuldet wird dabei als nicht gegenständlicher werkvertraglicher Erfolg der möglichst wenig störanfällige Zustand der zu betreuenden Anlage: Die Anlage ist „... in einem möglichst wenig störanfälligen Zustand zu erhalten"[44], „... die Erhaltung des möglichst wenig störanfälligen Zustandes der Anlage (wird als Erfolg) geschuldet ..."[45], der Anbieter ist „... verpflichtet, die Anlage in einem betriebsfähigen Zustand zu halten, d. h. einerseits alles zu tun, um Störungen zu verhüten und andererseits eingetretene Störungen zu beseitigen"[46]. Auch einfa-

---

[42] Siehe zu den Rechtsfolgen unwirksamer Klauseln S. 38.

[43] Das BGB verwendet heute in § 634a Abs. 1 Nr. 1 BGB den Begriff der Wartung ausdrücklich.

[44] OLG Düsseldorf CR 1988, 31, 32 = NJW RR 1988, 441 f. zu einem Vertrag über die Wartung eines Kopiergerätes, bei dem das betreuende Unternehmen auch die zur Erhaltung eines gebrauchsfähigen Zustandes erforderlichen Reparaturen auszuführen hatte.

[45] OLG Stuttgart BB 1977, 118, 119 zu einem Computerwartungsvertrag, der u. a. auch zu einem mit der Vergütung abgegoltenen Austausch von Verschleißteilen verpflichtete.

[46] OLG München CR 1989, 283, 284 zu einem Wartungsvertrag für eine IT-Anlage, bei dem der arbeitsfähige Zustand einschließlich der Beseitigung von Störungen sowie das Auswechseln nicht mehr verwendungsfähiger Maschinenteile geschuldet war.

che Wartungsverträge ohne Instandsetzungsverpflichtung werden von der Rechtsprechung dem Werkvertragsrecht zugeordnet[47]. Dies gilt nach Auffassung des Bundesgerichtshofs im Grundsatz auch für die Wartung bzw. Pflege von Software[48].

Werkvertraglicher Erfolg von Instandhaltungsverträgen ist es dagegen nicht, den störungsfreien Betrieb einer technischen Einrichtung als solchen zu schulden[49]. Der möglichst störungsfreie Zustand wird zudem auch nur insoweit geschuldet, als dieser durch sorgfältige und regelmäßige Wartung herbeigeführt werden kann[50]. Was dabei „möglichst störungsfreier Betrieb" ist, hängt in erster Linie von den konkreten Leistungen ab, zu denen das Instandhaltungsunternehmen vertraglich verpflichtet ist. Handelt es sich um einen einfachen Wartungsvertrag ohne die Verpflichtung, die zu betreuende Anlage im Fall einer Störung instand zu setzen, ist der Maßstab für die Frage, ob der werkvertraglich geschuldete Erfolg eingetreten ist oder nicht, ein anderer als bei einem Vollwartungsvertrag, der auch zur Instandsetzung im Sinne der DIN 31051 verpflichtet.

Die juristische Literatur geht überwiegend ebenfalls davon aus, dass Instandhaltungsverträge, die insbesondere Wartungs- und Instandsetzungsleistungen zum Inhalt haben, Werkverträge im Sinne der §§ 631 ff. BGB sind[51] und folgt, wenn auch zum Teil mit anderer Begründung, dem von der Rechtsprechung entwickelten Verständnis. Dabei wird auf die oben zitierten Entscheidungen verwiesen[52]. Für einfache Wartungsverträge, die nicht zur Instandsetzung verpflichten, soll nach einem mittlerweile doch älteren Teil der Literatur dagegen Dienstvertragsrecht im Sinne der §§ 611 ff. BGB gelten[53].

Wird nicht die Betriebsbereitschaft einer technischen Einrichtung, sondern nur der möglichst störungsfreie Betrieb geschuldet, hilft ein so konkretisierter Leistungserfolg im Sinne der §§ 631 ff. BGB auf den ersten Blick nicht weiter, um konkrete rechtliche Fragen zu beantworten. Es hat sich in der Praxis juristischer Auseinandersetzungen aber ge-

---

[47] OLG München OLG Z 91, 356, 357 = CR 1992, 401 ff. zu einem „Kundendienst-Abonnenten-Vertrag" für Öl- und Gasbrenner mit einem jährlichen Pauschalpreis von ca. € 140 netto, der als Dauerschuldverhältnis mit stark werkvertragsrechtlicher Ausprägung bezeichnet wird.

[48] BGH DB 2010, 1062, 1064 (umfassend zu Verträgen insbesondere von Internetdienstleistungen).

[49] OLG München CR 1989, 283, 284: „... der störungsfreie Zustand als solcher (ist) nicht geschuldet ...".

[50] OLG München CR 1989, 283 (Leitsatz 3).

[51] Staudinger-Peters, Vorbem zu §§ 631 ff. BGB Rd. 33; Thamm/Detzer, EWiR § 9 AGBG 5/91 zur Entscheidung OLG München OLG Z 91, 356 ff.; vgl. zu Softwarepflegeverträgen Hartmann/Thier, Typologie der Softwarepflegeverträge CR 1998, 581, 584, 585; differenzierend Palandt-Sprau, Einf v § 631 BGB Rd. 30 mit Verweis auf OLG Düsseldorf NJW RR 1988, 441 f. = CR 1988, 31 ff. (Werkvertrag) sowie BGH NJW RR 1997, 942 f. (Dienstvertrag – siehe zu dieser Entscheidung auch S. 34 Fn. 58); Ulmer/Brandner/Hensen-Christensen, Anhang § 310 BGB - Wartungsverträge, Rd. 1025; Feil/Leitzen, Kap. 5 Rz. 1; Schröder, Der Wartungsvertrag, S. 40 f., insbesondere S. 52 ff.; a. A. für die Wartung von Computern Wohlgemuth, Computerwartung, S. 50 ff., insbesondere S. 65 f. (Dienstvertrag).

[52] Weyers, Typendifferenzierung im Werkvertragsrecht AcP 182, 60, 68; Löwe, Gedanken zur rechtlichen Einordnung von Wartungsverträgen, CR 1987, 219, 220; Heymann, Gesetzliches Leitbild des Wartungsvertrages, CR 1991, 525 ff.; Schneider, Handbuch des EDV-Rechts, G Rz. 25 ff. und Redeker, IT-Recht Rd. 648 ff. sind bei Hardware-Wartungsverträgen für eine differenzierte Betrachtung.

[53] Siehe z. B. Kühnel, Vollwartungsverträge, BB 1985, 1227, 1231, wonach Wartungsverträge gemischte Verträge eigener Art mit mehr dienst- als werkvertraglichen Elementen sind.

zeigt, dass sich mit dieser Definition vertretbare Ergebnisse erzielen lassen. Die zu ent-scheidenden Sachverhalte sind jedenfalls durchaus sachgerecht gelöst worden[54].

b.   Anmerkungen zur rechtlichen Einordnung von Instandhaltungsverträgen

In Rechtsprechung und Literatur wird zwar heute überwiegend angenommen, dass In-standhaltungsverträge in aller Regel Werkverträge im Sinne der §§ 631 ff. BGB sind, bei denen als Erfolg der möglichst störungsfreie Betrieb des Vertragsgegenstandes geschul-det wird. Auch hat der Gesetzgeber die einmalige Wartung in § 634a Abs. 1 Nr. 1 BGB ausdrücklich dem Werkvertrag zugeordnet[55]. Die damit abgeschlossene Diskussion über die Einordnung von Instandhaltungsverträgen in die gesetzliche Systematik gibt dennoch auch heute noch wertvolle Hinweise zum grundlegenden rechtlichen Verständnis dieser Vertragsart.

Bei dieser Diskussion ist zu beachten, dass wegen der Vielfalt möglicher Leistungsinhalte nicht gefragt werden darf, ob Wartungs- bzw. Kundendienstverträge generell werk- oder dienstvertraglichen Charakter haben. Vielmehr muss der jeweilige Vertrag betrachtet wer-den[56]. Es kann daher im Einzelfall möglich sein, dass ein konkreter Vertrag aufgrund sei-ner Besonderheiten gerade nicht ein Werkvertrag, sondern ein Dienstvertrag oder ein Ver-trag eigener Art ist.

Wenn Rechtsprechung und Literatur heute ganz überwiegend die Auffassung vertreten, dass Instandhaltungsverträge dem Werkvertragsrecht zuzurechnen sind, gehen sie von ei-nem Leistungsbild aus, das sich an den Begriffen der Wartung und Instandsetzung im Sin-ne der DIN 31051 orientiert, also Tätigkeiten umfasst, durch die die Funktionsfähigkeit einer technischen Einrichtung gesichert oder wiederhergestellt werden soll. Diese Betrach-tungsweise liegt auch den nachfolgenden Überlegungen zugrunde.

aa.   Dienstvertragsrecht

Bei Instandhaltungsverträgen in dem so verstandenen Sinne ergibt sich aus dem begriffli-chen Verständnis von Wartung und Instandsetzung, dass über das bloße Wirken hinaus, das ein wesentliches Merkmal des Dienstvertrages ist[57], ein Erfolg im Sinne des Werkver-tragsrechts geschuldet wird. Dies steht bei Vollwartungsverträgen, die zu einer ggf. vor-beugenden Reparatur der zu betreuenden technischen Einrichtung verpflichten, außer Zweifel. Es muss aber auch für Instandhaltungsverträge gelten, die lediglich zu einfachen Wartungsarbeiten verpflichten. Anders als z. B. bei der bloßen Reinigung eines Gebäudes stehen bei Wartungsarbeiten nicht die einzelnen Tätigkeiten wie das Kontrollieren, Ein-stellen oder Schmieren im Vordergrund. Vielmehr geht es darum, dass durch diese Tätig-keiten die Betriebsfähigkeit der technischen Einrichtung gesichert werden soll, indem ins-

---

[54]   Siehe z. B. zum Begriff des Mangels bei Vollwartungsverträgen S. 117 ff.
[55]   Ob der Gesetzgeber mit ein Aufnahme des Begriffs der Wartung alle Wartungs- und Pflegeleistungen insbesondere solche mit einer festen Laufzeit im Auge hatte, mag bezweifelt werden (so auch Feil/Leitzen, EVB-IT, Kap. 7 Rz. 1).
[56]   So auch OLG Stuttgart BB 1977, 118, 119.
[57]   Palandt-Sprau, Einf v § 631 BGB Rd. 8.

besondere der Abbau des Abnutzungsvorrates der Anlage verzögert wird. Hierdurch sollen eine möglichst hohe Verfügbarkeit sichergestellt und Ausfälle vermieden werden. Damit ordnen sich die einzelnen Tätigkeiten einem Zweck unter, der sich in Wartungsverträgen auch manifestiert. Die einzelne Tätigkeit, die jede für sich genommen dem Leistungsbild eines Dienstvertrages entsprechen mag, verliert dadurch in einer Weise an Bedeutung, dass der übergeordnete Zweck, die möglichst hohe Betriebssicherheit und Verfügbarkeit, maßgeblich für die Frage ist, welcher gesetzlich geregelten Vertragsart auch einfache Wartungsverträge zuzuordnen sind[58].

bb.   Versicherungsvertragsrecht

Es mag auf den ersten Blick überraschen, Instandhaltungsverträge dem Versicherungsvertragsrecht zuordnen zu wollen[59]. Eine gewisse Nähe ergibt sich jedoch daraus, dass Instandhaltungsverträge in der Regel für eine gewisse Dauer abgeschlossen werden und den möglichst störungsfreien Betrieb einer technischen Einrichtung sicherzustellen haben, also vor Risiken wie Störungen oder Schäden schützen sollen, denen das für das Versicherungsgeschäft typische Merkmal der Ungewissheit anhaftet[60]. Durch vorbeugende Wartung sollen die Betreiber vor dem Eintritt solcher Störungen oder Schäden bewahrt werden, so dass sich die Wartungsvergütung auch als Prämie für den Nichteintritt des Schadens verstehen ließe. Noch deutlicher wird dies bei Vollwartungsverträgen, bei denen Instandhaltungsunternehmen verpflichtet sind, die Anlagen ohne zusätzliche Vergütung auch instand zu setzen. Eine Störung – dies wäre gewissermaßen der Versicherungsfall – ist zu beheben, ein ggf. schadhaftes Bauteil auszutauschen. Als Gegenleistung dafür ist die vereinbarte pauschale Vergütung zu entrichten, die unabhängig davon zu zahlen ist, ob Störungen auftreten und in welchem Umfang Bauteile ausgetauscht werden müssen.

Wollte man Instandhaltungsverträge als Versicherungsverträge qualifizieren, wäre eine der Rechtsfolgen die Anwendung des Versicherungsvertragsgesetzes (VVG). Das Geschäft würde der Versicherungsaufsicht unterliegen, eine sicherlich nicht gewollte Folge[61].

Der typische Instandhaltungsvertrag kann nicht als ein Versicherungsvertrag verstanden werden. Es stehen bei Instandhaltungsverträgen in erster Linie Tätigkeiten im Vordergrund, die im weitesten Sinne handwerklichen Charakter haben und dem Versicherungsgeschäft fremd sind. Wenn der Auftraggeber im Rahmen eines Vollwartungsvertrages eine

---

[58]   Es gibt allerdings auch Instandhaltungsverträge, die sich in ihren Leistungspflichten zwar an der DIN 31051 orientieren, aber in den Leistungen nicht so verdichtet sind, dass in dem hier genannten Sinne ein Erfolg geschuldet wird. Der BGH hat einen Vertrag, bei dem das Instandhaltungsunternehmen zu Serviceleistungen an verschiedenartigen Einrichtungen wie Telefonanlagen, Feuerlöschern sowie Stechuhren verpflichtet war, als Dienstleistungsvertrag eingeordnet: BGH NJW RR 1997, 942, 943.

[59]   Siehe z. B. die Überlegungen bei Gärtner, Unterliegen Instandhaltungsverträge der Versicherungsaufsicht ? BB 1965, 852 ff., der die selbst gestellte Frage allerdings zu Recht verneint.

[60]   Vgl. Kühnel, Vollwartungsverträge, BB 1985, 1227, 1228, der davon spricht, dass insbesondere Vollwartungsverträge deutliche Züge der Voraussetzungen eines Versicherungsvertrages tragen.

[61]   In der Entscheidung BVerwG NJW RR 1988, 343 ff. geht das Gericht von einem Versicherungsgeschäft aus, weil das Geschäftsmodell des Anbieters von sog. Wartungsgarantieverträgen in erster Linie die Übernahme von Reparaturkosten zum Inhalt hatte, der sich eine einmalige Inspektion des Videorecorders unterordnete. Wartungs- und Reparaturtätigkeiten wurden dagegen nicht ausgeführt. Das Bundesverwaltungsgericht bestätigte daher die Untersagungsverfügung der Bundesaufsicht für das Versicherungswesen.

Leistung erhält, die er nicht gesondert vergüten muss, sondern für die er eine Pauschale zahlt, wird zwar insoweit das Instandhaltungs- und das damit verbundene Kostenrisiko von dem Kundendienstunternehmen teilweise übernommen. Die Tätigkeiten und damit auch die vertragliche Leistung selbst bleiben aber handwerklicher Natur.

cc.   Mietvertragsrecht

In der juristischen Literatur wurde auch die Meinung vertreten, auf Instandhaltungsverträge sollen im Falle mangelhafter Erfüllung die entsprechenden mietrechtlichen Vorschriften Anwendung finden[62]. Anknüpfungspunkt dieser Überlegungen war die Vorschrift des § 536 BGB a. F., jetzt: § 535 Abs. 1 S. 2 BGB. Danach ist der Vermieter u. a. verpflichtet, die Mietsache während der Mietzeit in einem zum vertragsgemäßen Gebrauch geeigneten Zustand zu erhalten. Der Vermieter muss die Mietsache dem Mieter nicht nur überlassen, sondern diese eben auch instand halten. Berücksichtigt man zudem, dass Miet- wie Instandhaltungsverträge Dauerschuldverhältnisse sind, zeigt sich eine gewisse Ähnlichkeit.

Übersehen wird dabei jedoch der tatsächliche Schwerpunkt von Mietverhältnissen. Dieser liegt in der Überlassung einer Sache. Der Mieter zahlt den Mietzins für die Möglichkeit, die Sache zu nutzen. Dies ist bei Instandhaltungsverträgen anders. Schwerpunkt ist hier eine handwerkliche Leistung im weitesten Sinne, nämlich eine technische Einrichtung instand zu halten. Für diese Tätigkeit wird die Vergütung geschuldet. Instandhaltungsverträge sind damit tätigkeitsbezogene Verträge. Demgegenüber dient bei Mietverträgen die Verpflichtung zur Instandhaltung dazu, das Leistungsäquivalent zwischen der Überlassung der Sache und dem Mietzins während der Dauer der Mietzeit zu gewährleisten[63].

Insbesondere die Rechtsfolgen bei Mängeln zeigen, dass Instandhaltungsverträge nicht den Regeln des Mietrechts folgen können. Der Mieter hat bei einem Mangel der Mietsache, der die Tauglichkeit zum vertragsgemäßen Gebrauch nicht nur unerheblich mindert, einen sofortigen Anspruch auf Mietminderung gemäß § 536 Abs. 1 S. 2 BGB, bis der vertraglich geschuldete Zustand wieder hergestellt ist, ohne dass dem Vermieter zuvor eine Frist eingeräumt werden muss, den Mangel abzustellen. Im Werkvertragsrecht dagegen hat der Betreiber einer Anlage als Auftraggeber im Falle mangelhafter Instandhaltung zunächst einen Anspruch auf Nacherfüllung gemäß §§ 634 Nr. 1, 635 BGB. Diese Verpflichtung des Werkunternehmers ist dabei zugleich auch ein Recht, das zunächst mangelhafte Werk in den vertraglich geschuldeten Zustand zu bringen. Werkunternehmer und damit auch Instandhaltungsunternehmen, die ihren Ertrag aus Tätigkeit erzielen, sollen nicht sofort einen Teil ihrer Vergütung durch Minderung verlieren, sondern die Möglichkeit haben, sich diese durch erfolgreiche Nachbesserung zu erhalten. Durch die Anwendung des § 536 Abs. 1 S. 2 BGB würde ihnen dieses Recht genommen[64]. Dies ist nicht interessengerecht. Das Wartungsunternehmen erwirtschaftet anders als der Vermieter seinen Ertrag nicht aus

---

[62]   Löwe, Gedanken zur rechtlichen Einordnung von Wartungsverträgen, CR 1987, 219 ff., will bezogen auf die sich aus der Erhaltungsverpflichtung ergebenden Rechtsfolgen Mietvertragsrecht anwenden; ebenso Seitz, Anmerkungen zu OLG Düsseldorf CR 1988, 33, 34.

[63]   Für eine unmittelbare oder jedenfalls analoge Anwendung mietrechtlicher Vorschriften bei Lizenz- und/oder Leasingverträgen und damit verbundener Softwarepflegeverträge sind Hartmann/Thier, Typologie der Softwarepflegeverträge, CR 1998, 581, 584. Bei Mietverträgen über technische Einrichtungen gilt ohnehin die Erhaltungspflicht des § 535 Abs. 1 S. 2 BGB, so dass es grundsätzlich keines Wartungsvertrages mehr bedarf, soweit dieser nicht zusätzliche Leistungen zum Inhalt hat.

[64]   Siehe auch Heymann, Gesetzliches Leitbild des Wartungsvertrages, CR 1991, 525 ff.

der Überlassung von Sachen, sondern aus (handwerklicher) Tätigkeit an Sachen. Die Möglichkeit der Nacherfüllung darf ihm nicht genommen werden. Minderung kann erst nach dem Verstreichen einer Frist zur Nacherfüllung verlangt werden (§ 638 BGB), Schadensersatzansprüche gibt es nur unter den Voraussetzungen der §§ 636, 280, 281 BGB und setzen voraus, dass das Instandhaltungsunternehmen den Mangel zu vertreten hat.

dd. Werkvertragsrecht

Weder die Vorschriften des Versicherungs- noch die des Mietrechts passen zu Instandhaltungsverträgen. Vielmehr werden die Regeln des Werkvertragsrechts Instandhaltungsverträgen am ehesten gerecht. Dies ergibt sich bereits aus dem tatsächlichen Verständnis der Begriffe Wartung und Instandsetzung im Sinne der DIN 31051. Mit der Sicherung der Betriebsfähigkeit durch Wartungstätigkeiten (Verzögerung des Abnutzungsvorrates) sowie der Instandsetzung (Rückführung in einen funktionsfähigen Zustand) soll ein Erfolg im werkvertraglichen Sinne erzielt werden. Auch die Rechtsfolgen bei nicht vertragsgemäß erbrachter Leistung führen zu interessengerechten Ergebnissen, da sie dem Instandhaltungsunternehmen zunächst die Möglichkeit zur Nacherfüllung geben[65] und der Betreiber unter den in den §§ 634 ff. BGB genannten Voraussetzungen weiter gehende Rechte einschließlich des Rechts zur Selbstvornahme hat.

Es mag im Werkvertragsrecht zwar einzelne Regelungen geben, die nicht ohne weiteres mit der Interessenlage von Instandhaltungsverträgen in Einklang zu bringen sind. So kann der geschuldete Erfolg, also der möglichst störungsfreie Betrieb einer Anlage, als solcher nicht abgenommen werden[66]. Dennoch sind Leistungsteile, z. B. konkrete Instandsetzungstätigkeiten im Sinne des § 640 BGB abnahmefähig oder können im Sinne von § 646 BGB vollendet werden. Führen im Einzelfall werkvertragliche Regelungen deshalb nicht zu befriedigenden Ergebnissen, weil Instandhaltungsverträge Dauerschuldverhältnisse sind, können durch analoge Anwendung derjenigen Vorschriften des Dienstvertrages, die dessen Charakter als Dauerschuldverhältnis berücksichtigen, interessengerechte Lösungen erzielt werden[67]. Dies betrifft insbesondere das freie Kündigungsrecht im Sinne von § 649 BGB, das wegen des Charakters von Instandhaltungsverträgen als Dauerschuldverhältnisse ausgeschlossen bleibt und durch die §§ 620 ff. BGB ersetzt wird[68], soweit nicht in dem jeweiligen Vertrag selbst eine abschließende Regelung enthalten ist.

Auch wenn auf Instandhaltungsverträge in erster Linie Werkvertragsrecht Anwendung findet, können in Einzelfällen die Regeln des Dienstvertrags- und des Kaufrechts nicht gänzlich unberücksichtigt bleiben. Dies gilt insbesondere dann, wenn der konkrete Instandhaltungsvertrag neben (handwerklicher) Tätigkeit weitere Leistungen zum Inhalt hat, insbesondere solche, die nicht mehr Maßnahmen im Sinne der DIN 31051 (Instandhaltung) sind. Dies sind z. B. bei einer Software Upgrades oder Updates oder die Unterstützung und Beratung während des Betriebs einer Anlage, wenn diese Leistungen Inhalt eines Pflegevertrages sind. In solchen Fällen lassen sich angemessene Lösungen durch Orientierung am Sinn und Zweck des konkreten Vertrages erzielen.

---

[65] Die Möglichkeit der Nacherfüllung steht dem Instandhaltungsunternehmen nach der Schuldrechtsreform auch bei Anwendung dienstvertraglicher Regeln zu (§§ 281 ff. BGB).
[66] OLG München CR 1989, 283, 284.
[67] Siehe Hartmann/Thier, Typologie der Softwarepflegeverträge, CR 1998, 581, 585, die von einem Dauerwerkvertrag sprechen; siehe ferner Schröder, Der Wartungsvertrag, S. 65 ff., insbesondere S. 72 ff.
[68] Siehe hierzu S. 103.

3.   Instandhaltungsverträge und Allgemeine Geschäftsbedingungen

a.   Formularverträge und Vertragsmuster

Die Instandhaltung von Maschinen, Anlagen und Geräten ist heute ein weitgehend standardisiertes Geschäft. Hersteller oder kompetente Dritte betreuen in der Regel eine Vielzahl von Anlagen. In Wartungsanweisungen lässt sich dokumentieren, was der Servicetechniker an einer technischen Einrichtung zu überprüfen, was er zu warten hat und wann Teile auszutauschen sind. Dem entsprechend sind die Verträge sowohl von Herstellern und Instandhaltungsunternehmen als auch von Betreibern technischer Einrichtungen häufig standardisiert und werden mehrfach verwendet. Es handelt sich in diesen Fällen um sog. Formularverträge. Solche Formularverträge sind Allgemeinen Geschäftsbedingungen gleichzusetzen. Sie unterliegen damit den gesetzlichen Regelungen zur Gestaltung rechtsgeschäftlicher Schuldverhältnisse durch Allgemeine Geschäftsbedingungen (§§ 305 ff. BGB), die eine missbräuchliche Verwendung von Allgemeinen Geschäftsbedingungen unterbinden sollen.

Die Vorschriften zur Gestaltung rechtsgeschäftlicher Schuldverhältnisse durch Allgemeine Geschäftsbedingungen gelten aber nicht nur für Formularverträge, die von Herstellern, Kundendienstunternehmen oder Betreibern dem anderen Vertragspartner vorgegeben werden. Sie finden auch Anwendung auf sog. Vertragsmuster, die z. B. in Formularhandbüchern[69] oder von Wirtschaftsverbänden empfohlen werden, sobald diese Muster im Rechtsverkehr verwendet werden[70].

b.   Die Kontrolle durch die Vorschriften zur Gestaltung rechtsgeschäftlicher Schuldverhältnisse durch Allgemeine Geschäftsbedingungen (§§ 305 ff. BGB)

Die Vorschriften der §§ 305 ff. BGB stellen einen sehr strengen Kontrollmaßstab dar. Dieser führt schneller zur Unwirksamkeit von Vertragsbedingungen, als dies nach den allgemeinen Vorschriften des Bürgerlichen Gesetzbuches der Fall ist. Insbesondere die §§ 308, 309 BGB enthalten eine Vielzahl sog. Klauselverbote. Verstößt eine Regelung in Allgemeinen Geschäftsbedingungen gegen ein solches Klauselverbot, ist diese bei der Verwendung gegenüber Verbrauchern in Sinne von § 13 BGB unwirksam. In vielen Fällen gilt dies aber auch im geschäftlichen Verkehr zwischen Unternehmern[71]. Ergänzt werden diese Verbote durch die Generalvorschrift des § 307 BGB. Danach sind auch solche Bestimmungen in Allgemeinen Geschäftsbedingungen unwirksam, durch die von Rechtsvorschriften abweichende oder ergänzende Regelungen vereinbart werden, wenn diese den Vertragspartner des Klauselverwenders entgegen den Geboten von Treu und Glauben unangemessen benachteiligen (§ 307 Abs. 1 S. 1, Abs. 3 S. 1 BGB). Dies ist insbesondere dann der Fall, wenn eine Klausel mit dem wesentlichen Grundgedanken der gesetzlichen

---

[69]   Siehe z. B. Ulbrich/Ullrich, Der technische Service- und Kundendienstvertrag, in: Heidelberger Musterverträge, 101.
[70]   Siehe Ulmer/Brandner/Hensen-Ulmer, § 305 BGB Rd. 67.
[71]   Zur Geltung der §§ 308, 309 gegenüber Unternehmern im Sinne des § 14 BGB siehe S. 40.

Regelung, von der diese abweicht, nicht zu vereinbaren ist (§ 307 Abs. 2 Nr. 1 BGB). Unabhängig davon kann sich eine unangemessene Benachteiligung auch daraus ergeben, dass die Bestimmung nicht klar und verständlich ist (sog. Transparenzgebot des § 307 Abs. 1 S. 2 BGB).

Nach den allgemeinen Vorschriften des Bürgerlichen Gesetzbuches sind Vertragsbestimmungen demgegenüber in der Regel nur dann unwirksam, wenn diese gegen ein gesetzliches Verbot verstoßen (§ 134 BGB), sittenwidrig im Sinne des § 138 BGB sind[72] oder nicht transparent sind (§ 307 Abs. 3 S. 2, Abs. 1 S. 2 BGB). Daneben können sich Vertragspartner im Einzelfall auf eine vertragliche Regelung nicht berufen, wenn diese nicht dem Gebot von Treu und Glauben im Sinne von § 242 BGB entspricht.

c.   Die Rechtsfolgen bei Unwirksamkeit einzelner Klauseln

Verstößt eine Klausel in Allgemeinen Geschäftsbedingungen gegen eine der Vorschriften der §§ 307 bis 309 BGB, ist diese konkrete Klausel unwirksam. Der Vertrag im Übrigen bleibt dagegen wirksam (§ 306 Abs. 1 BGB). Der Inhalt des Vertrages richtet sich bezogen auf die unwirksame Klausel gemäß § 306 Abs. 2 BGB nach den gesetzlichen Vorschriften. Durch diese Regelung wird derjenige geschützt, gegenüber dem die unwirksame Klausel verwendet worden ist. Der Verwender muss sich dagegen bis zur Grenze der Unzumutbarkeit (§ 306 Abs. 3 BGB) an dem Vertrag festhalten lassen, auch wenn dieser nun einen anderen, für ihn ungünstigeren Inhalt hat. Auch hinsichtlich dieser Rechtsfolge weichen die §§ 305 ff. BGB von der allgemeinen Regelung im Bürgerlichen Gesetzbuch ab, nach der bei Nichtigkeit eines Teils eines Rechtsgeschäftes gemäß § 139 BGB grundsätzlich das ganze Geschäft nichtig ist.

Betreiber technischer Einrichtungen sowie Serviceunternehmen, die gleichlautende Verträge mehrfach verwenden, sollten u. a. wegen dieser Rechtsfolge bei der Gestaltung ihrer Vertragsmuster die Vorschriften der §§ 305 ff. BGB sorgfältig beachten. Dies gilt aber nicht nur bei Verwendung eigener Vertragsmuster, sondern auch für Vertragsmuster, die von Dritten, beispielsweise von Verbänden oder gewerblichen Anbietern empfohlen und mehrfach verwendet werden. Zudem haben Verbraucherschutzverbände sowie weitere Einrichtungen nach den Vorschriften des Unterlassungsklagegesetzes (UKlaG) gewissermaßen kollektive Rechte und können verlangen, das Klauseln, die insbesondere gegen

---

[72] Sittenwidrig ist zum Beispiel ein Vertrag über die Lizenzierung und Wartung einer Software, bei dem der Kunde bei jeder Programmänderung die Software neu erwerben muss, um seine Geschäftsdaten nicht zu verlieren (AG Hanau NJW-CoR 1998, 434). Bei Instandhaltungsverträgen, die in der Praxis häufig über Jahre hinweg gelten, kommt es für die Sittenwidrigkeit auf die Umstände bei Vertragsabschluss an. Geraten insbesondere Leistung und Gegenleistung während der Vertragslaufzeit außer Verhältnis, weil sich beispielsweise die Marktverhältnisse geändert haben, kann Sittenwidrigkeit oder Wucher im Sinne des § 138 BGB nur angenommen werden, wenn dies bereits bei Vertragsabschluss in dem Vertrag angelegt war und auch die weiteren, insbesondere subjektiven Tatbestandsvoraussetzungen vorliegen. Dies ist bei Verträgen, die eine Möglichkeit zur Kündigung enthalten, regelmäßig nicht der Fall. In den engen Grenzen des § 313 BGB ist nach den Grundsätzen der Störung der Geschäftsgrundlage allenfalls eine Anpassung des Vertrages denkbar, wenn der Betreiber nicht ohne weiteres das Instandhaltungsunternehmen wechseln kann, weil Dritte die Anlage nicht warten können.

die Verbote der §§ 307 bis 309 BGB verstoßen, nicht weiter verwendet werden (Unterlassungs- und Widerrufsanspruch des § 1 UKlaG). Ein solcher Unterlassungsanspruch hat dabei für ein Unternehmen in der Regel einen weiter gehenden Eingriff in seine Verträge und Geschäftsprozesse zur Folge als die gerichtlich in einem Einzelfall als unwirksam verworfene Klausel.

d.   Individualverträge zur Instandhaltung (§ 305 Abs. 1 S. 3 BGB)

Formularverträge und Allgemeine Geschäftsbedingungen eignen sich nicht für alle Fallgestaltungen, bei denen es um die Instandhaltung technischer Einrichtungen geht. So lassen z. B. die Betreuung von Maschinen und Anlagen, die nach besonderen Kundenwünschen einzeln oder in einer Kleinstserie hergestellt worden sind, die umfangreiche Instandhaltung größerer Gebäude oder Gebäudeeinheiten, die Betreuung eines vielschichtigen IT-Umfeldes oder eine so komplexe Leistung wie die Wartung von Flugzeugen eine vertragliche Standardisierung kaum zu. Notwendig ist in solchen Fällen, den Vertrag, der die Instandhaltung regeln soll, zwischen Betreiber und Kundendienstunternehmen konkret auszuhandeln, um den Interessen beider Seiten in ausreichendem Maße Rechnung tragen zu können. Solche im Einzelnen ausgehandelten Verträge sind gemäß § 305 Abs. 1 S. 3 BGB dem Geltungsbereich der §§ 305 ff. BGB entzogen. Maßstab für die Wirksamkeit dieser Verträge sowie einzelner Vertragsbestimmungen bleiben die allgemeinen gesetzlichen Regeln des Bürgerlichen Gesetzbuches, insbesondere die §§ 134, 138, 242 BGB sowie das Transparenzgebot des § 307 Abs. 3 S. 2, Abs. 1 S. 2 BGB[73].

e.   Individuelle Vertragsabreden (§ 305b BGB)

Parteien treffen in Verträgen häufig ergänzende Abreden, obwohl der Formularvertrag zu dem konkreten Aspekt eine Regelung enthält. Solche individuellen Vertragsabreden haben gemäß § 305b BGB Vorrang vor den entsprechenden Regelungen des standardisierten Vertrages. Insbesondere die Klauselverbote der §§ 307 bis 309 BGB gelten für Individualabreden nicht.

Voraussetzung hierfür ist allerdings, dass es sich bei der entsprechenden Vereinbarung tatsächlich um eine im Einzelnen ausgehandelte Abrede im Sinne des § 305b BGB handelt. Verwender von Allgemeinen Geschäftsbedingungen und Formularverträgen versuchen gelegentlich, sich durch die konkrete Gestaltung dem Geltungsbereich der Vorschriften der §§ 305 ff. BGB zu entziehen. So werden z. B. in Verträgen vergeblich Erklärungen vorformuliert, nach denen die Vertragsbestimmungen im Einzelnen ausgehandelt sein sollen und den Wünschen des Vertragspartners entsprechen[74]. Auch bewusst in

---

[73]   Siehe zur Problematik richterlicher Inhaltskontrolle bei standardisierten Klauseln in Individualverträgen Ulmer/Brandner/Hensen-Ulmer, § 305 BGB Rd. 80 ff. Das Transparenzgebot findet auch dann Anwendung, wenn es um Bestimmungen in Verträgen geht, durch die nicht von Rechtsvorschriften abgewichen wird oder die Rechtsvorschriften ergänzen, also auch bei Klauseln, die z. B. das an sich kontrollfreie Preis-Leistungsverhältnis betreffen (vgl. Palandt-Grüneberg, § 307 BGB Rd. 55, 56).

[74]   Ulmer/Brandner/Hensen-Ulmer, § 305 BGB Rd. 49, 65.

Formularverträgen enthaltene Lücken, die noch auszufüllen sind, oder sonstige Gestaltungsmöglichkeiten lassen einzelne Vertragsbestimmungen nicht ohne weiteres zu Individualabreden werden[75]. Hier gelingt es Verwendern von Allgemeinen Geschäftsbedingungen nur selten, durch den äußeren Schein den Geltungsbereich der Vorschriften zur Gestaltung rechtsgeschäftlicher Schuldverhältnisse durch Allgemeine Geschäftsbedingungen zu umgehen. Die Rechtsprechung kommt vielmehr zumeist zu dem Ergebnis, dass diese Vorschriften anzuwenden sind und die jeweilige vertragliche Bestimmung anhand der §§ 307 bis 309 BGB überprüft werden kann[76].

f.   Geltung der §§ 305 ff. BGB im unternehmerischen Verkehr

Die Vorschriften zur Gestaltung rechtsgeschäftlicher Schuldverhältnisse durch Allgemeine Geschäftsbedingungen sind in erster Linie Schutzvorschriften für Verbraucher. Im Geschäftsverkehr gegenüber Unternehmern im Sinne des § 14 BGB gelten diese nur eingeschränkt. Insbesondere die Klauselverbote der §§ 308, 309 BGB finden gegenüber Unternehmern einschließlich selbstständig beruflich Tätigen[77] sowie juristischen Personen des öffentlichen Rechts oder einem öffentlich-rechtlichen Sondervermögen keine Anwendung (§ 310 Abs. 1 BGB). Diesen gegenüber verwendete Klauseln können vielmehr nur gemäß § 307 BGB unwirksam sein. In diesem Zusammenhang indizieren die §§ 308, 309 BGB zwar die Unwirksamkeit einer im unternehmerischen Verkehr verwendeten Klausel. Andererseits müssen die im Handelsverkehr geltenden Gewohnheiten und Gebräuche angemessen berücksichtigt werden (§ 310 Abs. 1 S. 2 BGB). Ein Verstoß gegen eines der Klauselverbote der §§ 308, 309 BGB führt somit im unternehmerischen Verkehr nicht sofort zur Unwirksamkeit einer Klausel.

Da Instandhaltungsverträge vorwiegend im unternehmerischen Geschäftsverkehr verwendet werden, hat diese nur eingeschränkte Geltung der §§ 308, 309 BGB in der Instandhaltung erhebliche Bedeutung. Dies gilt für Erzeugnisse des Maschinenbaus und der Elektrotechnik. Aber auch Geräte der Informationstechnologie sowie haustechnische Anlagen finden vorwiegend bei Vertragspartnern im Sinne des § 310 Abs. 1 S. 1 BGB Verwendung. Volle Geltung erlangen die §§ 305 ff. BGB im Instandhaltungsgeschäft daher praktisch nur bei haustechnischen Anlagen privater Gebäudeeigentümer[78]. Zu beachten ist dabei, dass Wohnungseigentümergemeinschaften durch die Rechtsprechung und ihr

---

[75]   Siehe zu Einzelfragen Ulmer/Brandner/Hensen-Ulmer, § 305 BGB Rd. 52 ff.

[76]   Siehe zur Vereinbarung von Laufzeiten S. 104 f.

[77]   Selbstständige sind nach dem Gesetz Unternehmer im Sinne des § 14 BGB, wenn das konkrete Geschäft ihre selbstständige berufliche Tätigkeit betrifft.

[78]   Diese gelten in der Regel selbst dann als Verbraucher, wenn sie ihr Grundeigentum als eigenes Vermögen verwalten und hierfür Leistungen nachfragen (vgl. Palandt-Ellenberger, § 14 BGB Rd. 2 mit entsprechender Differenzierung, wenn die Verwaltung quasi einen Geschäftsbetrieb erfordert). Für Instandhaltungsverträge kann gegenüber Verbrauchern im Sinne des § 13 BGB im Einzelfall die Vorschrift des § 310 Abs. 3 BGB von Bedeutung sein, durch die bei Verträgen zwischen Unternehmern und Verbrauchern (sog. Verbraucherverträge) weitere Regeln zu beachten sind. Insbesondere finden die §§ 305c Abs. 2, 306, 307 bis 309 BGB auch dann Anwendung, wenn vorformulierte Vertragsbedingungen, auf die der Verbraucher keinen Einfluss nehmen konnte, nur einmalig Verwendung finden.

folgend durch eine Novellierung des Wohnungseigentumsgesetzes (WEG) ähnlich der BGB-Gesellschaft heute quasi eine eigene Rechtspersönlichkeit haben[79].

g. Die Schuldrechtsreform 2002 und sog. Altverträge

Instandhaltungsverträge, die vor dem zum 01. Januar 2002 in Kraft getretenen neuen Schuldrecht abgeschlossen worden sind, unterliegen nach der Übergangsfrist von einem Jahr mittlerweile dem aktuellen Recht (Art. 229 § 5 S. 2 EGBGB). Für das Instandhaltungsgeschäft bedeutet dies insbesondere, dass sich Instandhaltungsunternehmen hinsichtlich ihrer Formularverträge heute bei Altverträgen nicht mehr auf eine ggf. für sie günstigere Regelung des bis dahin geltenden AGB-Gesetzes berufen können.

h. Änderung von Allgemeinen Geschäftsbedingungen

Die mitunter lange Laufzeit von Instandhaltungsverträgen bringt das praktische Problem mit sich, ob und wie der Verwender eines Formularvertrages Änderungen im ‚Kleingedruckten' vornehmen kann, wenn dies zum Beispiel wegen gesetzlicher Neuerungen oder aktueller Rechtsprechung angezeigt erscheint. Auch wenn bloßem Schweigen in aller Regel keine Erklärungswirkung zukommt, nimmt die Rechtsprechung und die überwiegende Meinung in der Literatur aber an, dass in der widerspruchslosen Fortsetzung des Vertragsverhältnisses eine konkludente Zustimmung angenommen werden kann, wenn der Klauselverwender in einem Anschreiben, beispielsweise anlässlich der jährlichen Rechnungsstellung auf die konkret vorgenommen Änderung in seinen Allgemeinen Geschäftsbedingungen hinweist[80].

Es erscheint gerade im Instandhaltungsgeschäft aber empfehlenswert, eventuellen Schwierigkeiten zuvorzukommen und in den Allgemeinen Geschäftsbedingungen eine Regelung aufzunehmen, die es dem Verwender erlaubt, seine Geschäftsbedingungen zu ändern, wenn dies angezeigt ist. Ein solcher Änderungsvorbehalt hat allerdings ein Widerspruchsrecht des Kunden zu enthalten. Die jeweilige Änderung muss zudem nach Anlass und Umfang hinreichend konkretisiert sein und in der Sache selbst einen triftigen Grund wie zum Beispiel eine Änderung der Gesetzeslage oder der höchstrichterlichen Rechtsprechung haben[81].

---

[79] Dieser Rechtsentwicklung folgend ist in der Rechtsprechung der Wohnungseigentümergemeinschaft die Verbrauchereigenschaft bereits abgesprochen worden (LG Rostock vom 16. Februar 2007, Az 4 O 322/06 mit allerdings zweifelhafter Begründung).

[80] Vgl. zu den Einzelheiten Münchener Kommentar-Basedow, § 305 BGB Rd. 77 ff.; in der Praxis ist dies Bankkunden bekannt, wenn sie ihre Kontoauszüge erhalten.

[81] Siehe näheres in Münchener Kommentar-Basedow, § 305 BGB Rd. 79; der Begriff des triftigen Grundes findet sich der Richtlinie 93/13/EWG der Europäischen Gemeinschaft im Anhang – Klauseln gemäß Artikel 3 Absatz 3 Nr. 1j); siehe zur Änderung von Allgemeinen Geschäftsbedingungen von Banken und Sparkassen auch Wolf/Lindacher/Pfeiffer-Pamp, Klausel B 9, 10.

4.   Vertragsmuster für die Instandhaltung technischer Einrichtungen

In der Praxis des Instandhaltungsgeschäfts orientieren sich die Beteiligten bei der Gestaltung ihrer Instandhaltungsverträge häufig an dem Sprachgebrauch der DIN 31051. Zudem gibt es Arbeitsanweisungen, die die konkret auszuführenden Tätigkeiten der DIN 31052 (Instandhaltungsanleitungen) oder anderer Empfehlungen entsprechend oder zumindest an diese angelehnt beschreiben. Auch Vertragsmuster und Empfehlungen, die im Rechtsverkehr verbreitet sind, folgen häufig dem begrifflichen Verständnis der DIN-Normen.

a.   Maschinen- und Anlagenbau

Der Verband Deutscher Maschinen- und Anlagenbau e. V. (VDMA) gibt einen Leitfaden für die Investitionsgüterindustrie heraus, der Vertragsmuster für das Instandhaltungsgeschäft enthält[82], so einen „Wartungs- und Instandhaltungsvertrag für den kaufmännischen Geschäftsverkehr", einen Fullservicevertrag für Baumaschinen sowie Hinweise und Erläuterungen für die Abfassung von Serviceverträgen abwassertechnischer Anlagen.

aa.   Wartungs- und Instandhaltungsvertrag für den kaufmännischen Geschäftsverkehr

Das Vertragsmuster für einen einfachen Wartungs- und Instandhaltungsvertrag soll ausschließlich im kaufmännischen Geschäftsverkehr verwendet werden[83]. Eine inhaltliche Kontrolle im Sinne der gesetzlichen Regelungen zur Gestaltung rechtsgeschäftlicher Schuldverhältnisse durch Allgemeine Geschäftsbedingungen (§§ 305 ff. BGB) findet daher bei mehrfacher Verwendung nur eingeschränkt statt. Insbesondere die §§ 308, 309 BGB gelten nicht unmittelbar (§ 310 Abs. 1 BGB)[84].

Zu den vertraglichen Leistungen ist in dem Vertragsmuster vorgegeben, dass der Auftragnehmer die Instandhaltung der in dem Vertrag zu bezeichnenden Maschine(n) oder Anlage(n) übernimmt. Die Instandhaltung im Sinne dieses Vertragsmusters umfasst die Inspektion und Wartung sowie kleinere Instandsetzungs- und Reparaturarbeiten. Bezogen auf die Inspektion und die Wartung ist das Muster so gestaltet, dass die Parteien in einem Leistungsverzeichnis festlegen können, welche konkreten Leistungen auszuführen sind. Dieses Leistungsverzeichnis soll Bestandteil des Vertrages sein. Enthält das Leistungsverzeichnis zu den konkret auszuführenden Tätigkeiten keine Angaben oder liegt ein solches nicht vor, ist nachrangig bestimmt, welche Tätigkeiten auszuführen sind. Dies sind das Beseitigen von Verunreinigungen, die die Betriebssicherheit der Maschine(n) oder

---

[82] Die Instandhaltung als produktbegleitende Dienstleistung, VDMA Verlag GmbH, 2008 (www.vdma-verlag.com). Ein weiterer Mustervertrag für technische Anlagen ist in den Heidelberger Musterverträgen, 2009, Heft 101, veröffentlicht: Ulbrich/Ullrich, Der technische Service- und Kundendienstvertrag. Diese Veröffentlichung enthält zudem einzelne Klauseln für das Reparaturgeschäft.

[83] Für das Auslandgeschäft empfiehlt der VDMA das dreisprachige Muster ORGALIME „Allgemeine Bedingungen für Wartungsverträge", Stand 2000, das ebenfalls bei dem VDMA-Verlag (www.vdma-verlag.com) bezogen werden kann.

[84] Siehe S. 40.

Anlage(n) beeinträchtigen können, das Ölen und Justieren mechanisch bewegter Teile, soweit dies erforderlich ist, das Bereitstellen zur Instandhaltung benötigter Messgeräte und Werkzeuge sowie das Unterweisen des Personals des Kunden in die Bedienung der Maschine oder Anlage, soweit diese von dem Auftragnehmer geliefert wurde, die Unterweisung erforderlich und bei der Instandhaltung ohne wesentlichen Zeitaufwand möglich ist.

Das Vertragsmuster enthält zwei Empfehlungen, wie die Parteien kleinere Instandsetzungsarbeiten und Reparaturen regeln können. So können sie festlegen, bis zu welchem Zeit- und Sachaufwand kleinere Schäden zusammen mit Wartungsarbeiten auszuführen sind. Alternativ können die Parteien aber auch vereinbaren, dass bestimmte, durch natürliche Abnutzung unbrauchbar gewordene Teile kostenfrei ersetzt werden müssen. Für umfangreichere Instandsetzungsarbeiten soll allerdings ein gesonderter Vertrag abgeschlossen werden.

Mit Ausnahme der Unterweisung des Personals entsprechen die Leistungen des Vertrages Instandhaltungsmaßnahmen im Sinne der DIN 31051. Der Schwerpunkt liegt dabei auf Wartungs- und Inspektionstätigkeiten im Sinne der Ziffern 4.1.2 und 4.1.3 der DIN-Norm, während größere Instandsetzungsarbeiten ausdrücklich ausgenommen sind. Verbesserungen im Sinne der DIN 31051 sind nicht Gegenstand dieses Vertrages.

Das Muster hält zu den sonstigen Aspekten, die bei der Instandhaltung regelmäßig einer Vereinbarung bedürfen, in übersichtlicher Form interessengerechte Lösungen bereit und gibt Betreibern, Herstellern und Kundendienstunternehmen, die keinen eigenen Vertrag haben oder diesen überarbeiten wollen, Hilfestellung und Anregung. Dabei berücksichtigt es insbesondere die problematische und schwer zu durchschauende Rechtsprechung zu Mängelansprüchen und zur Haftung[85]. Soll das Muster nicht gegenüber Unternehmern im Sinne des § 14 BGB verwendet werden, ist zu beachten, dass der VDMA dieses Vertragsmuster nur für den kaufmännischen Geschäftsverkehr empfiehlt. Daher kann eine Regelung des Musters bei Verwendung gegenüber Vertragspartnern, die nicht unternehmerisch im Sinne der §§ 14, 310 Abs. 1 BGB tätig sind, sondern Verbraucher gemäß § 13 BGB, nach §§ 307 bis 309 BGB unwirksam sein. Dies muss bei der Gestaltung eines eigenen Vertragsformulars, das sich an dem Vertragsmuster des VDMA orientieren soll, beachtet werden.

bb. Fullservicevertrag

Das Vertragsmuster für einen Fullservicevertrag, das von dem Bundesverband der Baumaschinen-, Baugeräte- und Industriemaschinen-Firmen e. V. (bbi) als Konditionenempfehlung erarbeitet worden und auch in dem Leitfaden des VDMA enthalten ist, hat einen ähnlichen Aufbau wie der Wartungs- und Instandhaltungsvertrag des VDMA. Das Muster verweist allerdings in § 2 Nr. 1 zwingend auf eine technische Leistungsbeschreibung als Anlage des Vertrages, die von den Parteien selbst zu erstellen ist. Hauptleistungen sind, soweit in der technischen Leistungsbeschreibung nicht anderes vereinbart ist, eine jährliche UVV-Prüfung, die herstellerseitig vorgeschriebenen Inspektionen sowie Reparaturar-

---

[85] Siehe S. 114 ff. (Mängelansprüche) und S. 134 ff. (Haftung)

beiten mit den erforderlichen Ersatzteilen. Dieses Vertragsmuster enthält zudem wegen der umfassenderen Leistungspflichten, die mit Reparaturen auch Instandsetzungen im Sinne der Ziffer 4.1.4 der DIN 31051 zum Inhalt haben, konkret formulierte Leistungsausschlüsse und Mitwirkungspflichten des Auftraggebers.

b.   Vertragsmuster der öffentlichen Hand (AMEV-Vertragsmuster)

Die öffentliche Hand verfügt über eine Reihe von Vertragsmustern, die sie bei der Instandhaltung ihrer technischen Einrichtungen durch Dritte einsetzt. Es handelt sich in erster Linie um die Muster Wartung 2006 sowie Instandhaltung 2006 des Arbeitskreises Maschinen- und Elektrotechnik staatlicher und kommunaler Verwaltungen (AMEV). Diese gelten für technische Anlagen und Einrichtungen in öffentlichen Gebäuden, nicht jedoch für Fernsprech- und Gefahrenmeldeanlagen, Aufzugsanlagen[86] und IT-Anlagen[87], für die die öffentliche Hand jeweils eigene Vertragsmuster bereithält. Die Vertragsmuster sind mit den jeweiligen Unternehmensverbänden abgestimmt. Muss im Einzelfall eine Klausel aus diesen Vertragsmustern an den gesetzlichen Regelungen zur Gestaltung rechtsgeschäftlicher Schuldverhältnisse durch Allgemeine Geschäftsbedingungen (§§ 305 ff. BGB) gemessen werden, ist zu beachten, dass die jeweilige staatliche Stelle Verwender im Sinne des § 305 Abs. 1 BGB ist. Da die Instandhaltungsunternehmen als jeweilige Vertragspartner Unternehmer im Sinne der §§ 14, 310 Abs. 1 BGB sind, finden wie bei den Vertragsmustern des VDMA die Klauselverbote der §§ 308, 309 BGB nur eingeschränkt Anwendung (§ 310 Abs. 1 BGB)

Beiden Mustern liegt von ihrem Verständnis her die DIN 31051 (Instandhaltung) zugrunde. Insbesondere wird auf diese verwiesen bzw. die Begriffe der Instandhaltungsmaßnahmen verwendet. Dabei nimmt die genaue Bezeichnung des Musters Instandhaltung 2006 in seinem Wortlaut auf die Instandhaltungsmaßnahmen im Sinne der DIN 31051 ausdrücklich Bezug: „Vertragsmuster für Instandhaltung (Wartung, Inspektion, Instandsetzung) von technischen Anlagen und Einrichtungen in öffentlichen Gebäuden".

aa.   Wartung 2006

In dem Muster Wartung 2006[88] ist in Ziffer 1 zum Leistungsinhalt bestimmt, dass die vertraglichen Leistungspflichten Inspektionen und Wartungen sowie kleinere Instandsetzungsarbeiten umfassen. Ziffer 2.1 regelt zu dem konkreten Leistungsumfang, dass dieser

---

[86]   Weitere Vertragsmuster der öffentlichen Hand sind u. a.: „Vertragsmuster für Inspektion, Instandsetzung sowie andere Leistungen für Telekommunikationsanlagen und Einrichtungen in öffentlichen Gebäuden" (TK Service 2003), „Vertragsmuster für Instandhaltung von Gefahrenmeldeanlagen (Brand, Einbruch, Überfall und Geländeüberwachung) in öffentlichen Gebäuden" (Instand GMA 2005) sowie „Vertragsmuster für Instandhaltung sowie andere Leistungen für Aufzugsanlagen in öffentlichen Gebäuden (Aufzug-Service 2006). Alle Vertragsmuster sowie die erläuternden Broschüren des AMEV stehen als download unter der Adresse www.amev-online.de unter AMEV-Broschüren bzw. AMEV-Vertragsmuster zur Verfügung.

[87]   Siehe hierzu nachfolgend die Ausführungen zu EVB IT-Instandhaltung und EVB IT Pflege S (S. 46 ff.).

[88]   Vgl. Anhang 2.

sich aus einer Arbeitskarte ergibt, die als Anhang 2 Bestandteil des Vertrages ist[89]. Wie bereits in den VDMA-Musterverträgen hat dies seinen Grund darin, dass Instandhaltungsleistungen zu den denkbaren technischen Einrichtungen, die Vertragsgegenstand sein können, zu verschieden sind, um diese in dem Muster konkret genug und abschließend beschreiben zu können. In den Arbeitskarten wird daher für die verschiedenen Anlagen und Einrichtungen festgelegt, welche Tätigkeiten im Einzelnen auszuführen sind. Die Arbeitskarten verwenden als Grundlage u. a. das VDMA-Einheitsblatt 24186[90], soweit dieses für die konkrete technische Einrichtung Vorgaben macht. Dabei ist versucht worden, die Ziffernfolge des VDMA-Einheitsblattes jeweils beizubehalten.

In den Ziffern 2.2 bis 2.4 des Vertragsmusters ist darüber hinaus vorgegeben, dass der Auftragnehmer verpflichtet ist,

–   solche Instandsetzungen im Zusammenhang mit Wartungsarbeiten durchzuführen, die nicht bereits in der Arbeitskarte erfasst sind, aber zur Wiederherstellung des Sollzustandes der Anlage oder technischen Einrichtung unerlässlich sind, nicht ohnehin in der Arbeitskarte erfasst sind und den normalerweise zu erwartenden Zeitaufwand für die Wartung nicht erhöhen (Ziffer 2.2),
–   in angemessener Frist auf Anforderung auch andere Instandsetzungsarbeiten auszuführen. In diesem Fall ist allerdings ein gesonderter Vertrag abzuschließen und damit eine zusätzliche Vergütung zu vereinbaren (Ziffer 2.3).
–   Störungen nach Aufforderung zu beseitigen, die die Sicherheit oder den Betrieb der Anlage oder der technischen Einrichtung gefährden. Auch hierfür erhält der Auftragnehmer eine zusätzliche Vergütung (vgl. Ziffern 2.4, 5.1 sowie 5.2).

In dem Vertragsmuster sind über den Leistungsinhalt hinaus weitere Regelungen enthalten, so z. B. Pflichten des Auftraggebers, Vorgaben zur Vergütung, zur Laufzeit sowie zur Gewährleistung und Haftung.

bb. Instandhaltung 2006

Das Vertragsmuster Instandhaltung 2006[91] umfasst hinsichtlich seines Leistungsumfangs die Maßnahmen Wartung, Inspektion und Instandsetzung im Sinne der DIN 31051. Das Muster entspricht damit Verträgen, die in der Praxis als Vollwartungs- oder Vollunterhaltsverträge bezeichnet werden. In Ziffer 1 ist daher ausdrücklich geregelt, dass der Auftragnehmer die Instandhaltung gemäß der DIN-Norm 31051 übernimmt. Verbesserungen im Sinne der Ziffer 4.1.5 der DIN 31051 sind allerdings ausdrücklich ausgenommen. Ziffer 2 erläutert, welche Leistungen im Rahmen der Wartung, Inspektion und Instandsetzung zu erbringen sind. Die einzelnen Tätigkeiten werden dabei weiter konkretisiert. So umfasst die Wartung regelmäßige Maßnahmen zur Erhaltung des einwandfreien Zu-

---

[89]   Die Arbeitskarten für verschiedene technische Einrichtungen können wie der Vertrag selbst als download unter der Adresse www.amev-online.de unter AMEV-Broschüren bzw. AMEV-Vertragsmuster abgerufen werden.
[90]   Siehe Broschüre Wartung 2006 Teil A – Allgemeine Hinweise Ziffer 2.5, S. 9.
[91]   Vgl. Anhang 3.

standes und der Funktion der Anlage(n) nach einer Arbeitsanweisung des Auftraggebers einschließlich der Beseitigung betriebsbedingter Verunreinigungen (Ziffer 2.1.1). Im Rahmen der Inspektion ist die Anlage regelmäßig auf ihren einwandfreien Zustand hin zu überprüfen (Ziffer 2.1.2). Dies schließt die Prüfung auf Unfall- und Betriebssicherheit nach Arbeitsanweisungen des Auftraggebers ein. Soweit DIN-, VDE- sowie Unfallverhütungsvorschriften für die technische Einrichtung Anwendung finden, sind diese gleichfalls zu berücksichtigen. Die Instandsetzung umfasst die Beseitigung von Störungen und Mängeln, das Liefern erforderlicher Ersatzteile sowie das Erneuern oder Ausbessern aller abgenutzten oder schadhaften Anlagenteile (Ziffer 2.1.3). Der Auftragnehmer hat darüber hinaus die Pflicht, gesetzlich vorgeschriebene Prüfungen vorzubereiten und durchzuführen sowie ein Instandsetzungsbuch zu führen (Ziffer 2.2).

Mit einer pauschal festgelegten Vergütung sind die beschriebenen Tätigkeiten und die Kosten für Messgeräte, Werkzeuge sowie Schmier- und Reinigungsmittel abgegolten (Ziffer 3.3), soweit Hilfsstoffe und Hilfsmittel nicht vom Auftraggeber bereitgestellt werden (Ziffern 5.1.1 und 8.2). Nicht in der Vergütung enthalten sind neben der Verbesserung die Grundüberholung der Anlage, notwendige Anpassungen oder Änderungen aufgrund neuer oder geänderter Vorschriften, Lieferung und Einbau zusätzlicher Einrichtungen und Teile, Schönheitsreparaturen sowie Beseitigung von Schäden, die durch äußere Gewalt, unvorhersehbare Einwirkungen oder unsachgemäße Bedienung verursacht worden sind. Solche Schäden muss der Auftragnehmer nach entsprechender Auftragserteilung zwar ebenfalls beseitigen, erhält dafür aber eine gesonderte Vergütung (Ziffern 2.3.1 bis 2.3.5 sowie Ziffer 5.1.2).

c. Vertragsmuster und Ergänzende Vertragsbedingungen für die Informationstechnologie (EVB-IT)

Ebenfalls für die öffentliche Hand gibt es im Bereich der Informationstechnologie Vertragsmuster einschließlich dazu gehörender sog. Ergänzender Vertragsbedingungen für die Beschaffung von IT-Leistungen (EVB-IT) aller Art[92]. Hierzu gehören u. a. ein Muster für die Instandhaltung von Hardware (Vertragsformular EVB-IT Instandhaltung) mit den Ergänzenden Vertragsbedingungen EVB-IT Instandhaltung sowie ein Muster für die Pflege von Standardsoftware (Vertragsformular EVB-IT Pflegevertrag S einschließlich der Ergänzenden Vertragsbedingungen EVB-IT Pflege S)[93]. Zu diesen Mustern finden sich in der juristischen Literatur eine Reihe von Auseinandersetzungen und Anmerkungen[94].

---

[92] Die Vertragsbedingungen der öffentlichen Hand, die bei der Beschaffung von IT-Leistungen verwendet werden sollen, sind 2002/2003 neu gefasst worden und haben die bis dahin geltenden Besonderen Vertragsbedingungen (BVB) abgelöst.

[93] Die Vertragsmuster der EVB-IT sind auf der Seite des Regierungsbeauftragten der Bundesregierung für Informationstechnologie unter www.cio.bund.de abrufbar.

[94] Siehe u. a. Leitzen/Interveen, IT-Beschaffungsverträge der öffentlichen Hand, CR 2001, 493 ff.; Feil/Leitzen, Die EVB-IT nach der Schuldrechtsreform, CR 2002, 407 ff.; allgemein Feil/Leitzen, EVB-IT, Kommentar.

aa. EVB-IT Instandhaltung

Der EVB-IT Instandhaltungsvertrag für die Instandhaltung von IT-Hardware verweist vergleichbar wie bei den bisher beschriebenen Mustern auf eine konkrete Leistungsbeschreibung, die sich aus Anlagen des Vertrages ergibt (Ziffer 6 des Vertragsmusters). Diese gilt allerdings lediglich ergänzend zu den sich aus dem Vertrag sowie den aus Ziffer 1 der Ergänzenden Vertragsbedingungen (EVB) festgelegten Leistungspflichten. Zweck der Instandhaltung ist es, die Betriebsbereitschaft der in dem Vertrag näher bezeichneten Hardware aufrechtzuerhalten und wiederherzustellen (Ziffer 1.1 EVB-IT Instandhaltung)[95]. Im Übrigen sind weitere vertragsnotwendige Aspekte geregelt, so u. a. die Vergütung, deren Anpassung, die Leistungsdauer und Kündigungsmöglichkeiten. Sehr umfangreich sind die Regelungen zu Leistungsstörungen (Ziffern 7, 8 EVB-IT Instandhaltung) und zur Haftung (Ziffer 9 EVB-IT Instandhaltung). Ferner enthalten die EVB-IT Instandhaltung zur Klarstellung für beide Parteien eine Reihe von Begriffsbestimmungen, die sich hinsichtlich der Instandhaltungsbegriffe Inspektion, Wartung und Instandsetzung noch an der DIN 31051 in der Fassung 1985-1 orientieren. Weitere Bestandteile der EVB-IT Instandhaltung sind Muster für Störungsmeldungen und für Serviceberichte.

bb. EVB-IT Pflege S

Gerade Software bedarf heute regelmäßiger Betreuung. Neben dem Instandhaltungsvertrag und den EVB-IT Instandhaltung gibt es daher den EVB-IT Pflegevertrag S für Standardsoftware sowie die Ergänzenden Vertragsbedingungen EVB-IT Pflege S zur Betreuung von Standardsoftware. Bei Software sind allerdings gegenüber Anlagen und technischen Einrichtungen, aber auch gegenüber IT-Hardware Besonderheiten zu beachten. Anders als bei Maschinen, Geräten oder Anlagen handelt es sich bei Software um ein nicht verkörpertes Werk. Hieraus ergeben sich für die Instandhaltung andere Leistungsinhalte und Pflichtenschwerpunkte und damit auch andere rechtliche Fragestellungen. Insbesondere unterliegt Software nicht einer natürlichen Abnutzung, so dass Wartungsarbeiten im Sinne der DIN 31051, also Maßnahmen zur Verzögerung des Abbaus des Abnutzungsvorrates, nicht anfallen[96]. Es wird vielmehr eine andere Leistung geschuldet, als dies bei technischen Einrichtungen der Fall ist. Klassische Wartungsarbeiten wie das Schmieren, Ölen, Einstellen der technischen Einrichtung oder das Austauschen eines schadhaften oder verschlissenen Teils einer Maschine sind nicht Gegenstand von Softwarepflegeverträgen.

---

[95] Auch wenn in der Informationstechnologie vielfach andere Begrifflichkeiten gelten (siehe S. 23 Fn. 21), wird die Terminologie der DIN 31051, insbesondere die Unterscheidung zwischen Inspektion, Wartung und Instandsetzung in den Begriffsbestimmungen der EVB-IT Instandhaltung ausdrücklich erwähnt. Dass im Bereich der Softwarepflege andere Leistungsinhalte und damit auch andere Begrifflichkeiten gelten, machen Ziffer 3 des EVB-IT Pflegevertrag S sowie die Begriffsdefinitionen der Ergänzenden Vertragsbedingungen für die Pflege von Standardsoftware anschaulich.

[96] Grundlegend BGH Z 102, 135 ff.; siehe ferner die Beispiele bei Schneider, Handbuch des EDV-Rechts, K Rz. 6 sowie Wohlgemuth, Computerwartung, S. 22 ff. (Lieferung neuer Programmversionen und Programmanpassungen).

Eine weitere Besonderheit von Software ist, dass das Produkt selbst nie oder nur ausnahmsweise fehlerfrei ist[97]. Softwarepflegeverträge haben daher typischerweise die Verpflichtung, solche anfänglichen Fehler in der Software zu beseitigen[98]. Zusätzlich gehört
zum Leistungsumfang der Softwarepflege vielfach, die jeweils neuen Softwareversionen
(Upgrades bzw. Updates) bereitzustellen. Hierfür gilt bei Standardsoftware Kaufrecht, bei
Individualsoftware Werkvertragsrecht[99].

Bei der Pflege von Software können die Leistungspflichten wegen der Besonderheiten
der jeweiligen Software sehr verschieden sein. Wichtig ist daher, dass geregelt ist, was
der Auftragnehmer konkret schuldet. So gibt es bei der Softwarepflege auch Verträge, bei
denen beispielsweise lediglich die telefonische Beratung über eine sog. Hotline geschuldet wird, während die Beseitigung von Mängeln an der Software zusätzlich vergütet werden muss[100] oder kein Anspruch besteht, eine Programmerneuerung ohne zusätzliche
Vergütung verlangen zu können[101].

Die EVB-IT Pflege tragen den Besonderheiten der Software Rechnung. So ist nicht nur
die temporäre Behebung bzw. Überbrückung eines Mangels in der Software ohne Eingriff in den Quellcode (sog. Patch bzw. Umgehung), sondern auch das Bereitstellen von
neuen Softwareversionen (Releasewechsel bzw. Upgrade) Leistungsinhalt der Pflege, die
mit einer monatlichen Pauschale vergütet wird. Im Übrigen ist wegen der Besonderheiten, die sich aus den unterschiedlichen Softwareprodukten ergeben, der Leistungsinhalt
individuell regelbar. Dies betrifft z. B. die Anpassung vorhandener Software an ein neues
Betriebssystem einschließlich der dazugehörenden Dokumentation.

d.   Exkurs: Betreibermodelle, Facility Management, Contracting

Für komplexe Einrichtungen des Anlagenbaus sowie für Bürogebäude oder sonstige gewerblich genutzte Immobilien wie zum Beispiel Einkaufzentren etc. haben sich Vertrags-
formen entwickelt, bei denen sich Anbieter zum Betrieb von technischen Einrichtungen
oder Gebäuden verpflichten. Hierbei handelt es sich um eigenständige Vertragsarten. Mit
dem hier behandelten Instandhaltungsgeschäft stehen diese nur insoweit in Zusammenhang, als Instandhaltungsunternehmen mit Anbietern solcher umfassenden Leistungen
Instandhaltungsverträge für die von diesen betriebenen technischen Einrichtungen abschließen, weil der Anbieter in seinem Betreibermodell die mit übernommene Instandhal-
tungspflicht nicht selbst ausführen möchte oder kann.

---

[97] Siehe Schneider, Handbuch des EDV-Rechts, A Rz. 39, 40, der prägnanter von einer gewissen anfängli-
      chen Fehlerrate bei Software spricht.
[98] Hering, Erfolgsorientierte Softwarewartung: Gewährleistung und Haftung, CR 1991, 398, 400.
[99] Wohlgemuth, Computerwartung, S. 94 f.
[100] So Hering, Erfolgsorientierte Softwarewartung: Gewährleistung und Haftung, CR 1991, 398, 398.
[101] So z. B. in dem Fall des LG Köln CR 1986, 773 (nur Leitsatz); anders Hering, Erfolgsorientierte Soft-
      warewartung: Gewährleistung und Haftung, CR 1991, 398, 398, der die Lieferung einer Programm-
      erneuerung zu den Grundpflichten eines Softwarepflegevertrages zählt. Schneider spricht davon, dass sich
      bislang noch kein einheitliches Leistungsbild herausgebildet hat (Schneider, Handbuch des EDV-
      Rechts, K Rz. 4). Im Zweifel wird es hier auf den konkreten Vertrag und die im Vertrag beschriebenen
      Leistungspflichten ankommen.

aa. Betreibermodelle

Unter Betreibermodellen werden Vertragsarten verstanden, bei denen ein Anbieter in die Rolle eines umfassenden Dienstleisters wechselt. Er übernimmt neben der Instandhaltung einer technischen Einrichtung weitere Pflichten, wie z. B. den Vertragsgegenstand in Betrieb zu nehmen, zu überwachen sowie Störungen jeglicher Art zu beheben. Angelehnt sind diese Begriffe an die DIN-Norm 32541, die das Bedienen sowie Betätigen von Maschinen und Anlagen beschreibt. Ferner kann der Anbieter verpflichtet sein, Dokumentationen zu erstellen, den Vertragsgegenstand während der Laufzeit des Vertrages zu optimieren oder diesen zu entsorgen, nachdem er außer Betrieb gesetzt worden ist.

Wirtschaftlicher Hintergrund solcher Betreibermodelle sind neben sich weiter entwickelnder Technik, die teures eigenes Personal erfordert, der Wunsch des Kunden, Kosten zu senken sowie das Verständnis, eine bestimmte technische Einrichtung lediglich nutzen zu wollen, um damit ein bestimmtes Arbeitsergebnis zu erzielen. Dazu muss diese nicht zwingend Bestandteil des Anlagevermögens sein, der Kunde kann oder will sich nicht selbst um sämtliche Fragen im Zusammenhang mit deren Betrieb kümmern.

Bei derartigen Betreibermodellen stehen andere rechtliche Fragen im Vordergrund als im Instandhaltungsgeschäft[102]. Auch im Instandhaltungsgeschäft gibt es allerdings Fälle, bei denen das Serviceunternehmen über die eigentliche Instandhaltung hinaus vertraglich weitere Pflichten übernimmt und so zum Teil in die Rolle eines Betreibers hineinwächst. Als Beispiel kann die Befreiung von Personen aus Aufzügen genannt werden. Diese Pflicht des Betreibers einer Aufzugsanlage ergibt sich aus § 12 Abs. 4 BetrSichV. Sie wird heute vielfach dem Servicepartner übertragen, der für die Instandhaltung des Aufzugs verantwortlich ist. Per Fernüberwachung und eventueller Befreiung einer eingeschlossenen Person wird diese Pflicht für den Betreiber sicherstellt.

bb. Facility Management

Das Facility Management ist ähnlich den Betreiberverträgen für Anlagen eine ganzheitliche Dienstleistung und befasst sich in der Regel mit gebäudebezogenen Leistungen[103]. Es steht also ein Verständnis im Vordergrund, bei dem der Facility Manager umfassend für eine betriebliche Infrastruktur, in der Regel die eines Gebäudes, verantwortlich ist[104]. Systematisch wird dabei zwischen technischem und infrastrukturellem Gebäudemanagement unterschieden. Der Facility Manager erbringt dabei die vertraglich geschuldeten Leistungen zum Teil selbst oder vergibt diese an Dritte. Dies kann z. B. die Reinigung des Gebäudes sein, aber auch die Wartung und Instandsetzung haustechnischer Anlagen

---

[102] Hilfreich ist hier die Broschüre des VDMA zum Betreibervertrag, Stand 2005, die über den VDMA Verlag GmbH (www.vdma-verlag.com) bezogen werden kann.

[103] Kieserling/Schmitz, Rechtliche und praktische Fragen des Facility Managements, DB 2001, 1544 ff.; Najork, Rechtshandbuch Facility-Management; ferner die Broschüre Facility Management der Rechtsanwaltskanzlei Heiermann Franke Knipp, 2009.

[104] Siehe u. a.: DIN EN 15211-1 (Facility Management – Teil 1: Begriffe) sowie die weiteren Teile dieser Norm; die German Facility Management Association (GEFMA) gibt einen Mustervertrag zum Gebäudemanagement einschließlich eines Standardleistungsverzeichnisses Facility Services heraus.

als Teil des technischen Gebäudemanagements. Unternehmen des Facility Managements sind damit zwangsläufig häufig Vertragspartner von Instandhaltungsunternehmen.

cc. Contracting

Eine weitere Variante, Betreiberpflichten an einen Servicepartner zu delegieren, ist das sog. Contracting, das insbesondere im Bereich der Belieferung von Gebäuden mit Energie (Wärme, Kälte, Strom, Dampf etc.) eine wirtschaftliche Rolle spielt. Der Servicepartner (Contractor) hat hier in erster Linie die Pflicht, den Grundstückseigentümer mit einem Medium z. B. mit Wärme zu versorgen und die hierfür erforderlichen Anlagen zu betreiben. Die Parteien schließen in der Regel hierzu einen langfristigen Vertrag ab, der den Contractor verpflichtet, z. B. eine neue Heizungsanlage einzubauen und zu betreiben. Der Contractor trägt dabei wie ein Betreiber die Instandhaltungslast der Anlage, die er ggf. wiederum einem Dritten überträgt, und stellt als wirtschaftliches Ergebnis dem Auftraggeber das Produkt der Anlage, häufig eben die vereinbarte Energie zur Verfügung.

Zum Contracting haben sich verschiedene Modelle herausgebildet, so das Energieliefercontracting, auch Anlagencontracting genannt, das Finanzierungscontracting und das Betriebsführungscontracting[105].

---

[105] Zum Contracting: Martin Hack, Energie-Contracting, Recht und Praxis, 2. Auflage, die für Dezember 2010 angekündigt ist.

5. Instandhaltungsleistung, Leistungsabgrenzung und Mitwirkungspflichten

Im Instandhaltungsgeschäft gibt es zu den Leistungspflichten von Instandhaltungsverträgen und deren Abgrenzung eine Reihe rechtlicher Aspekte, die von den Beteiligten zu beachten sind. Von Bedeutung sind in der Praxis ferner Mitwirkungs- und Nebenpflichten. Diese vielfältigen und auch wechselseitigen Pflichten, die beide Parteien treffen, lassen Instandhaltungsverträge in die Nähe solcher Verträge rücken, bei denen rechtlich von Kooperationspflichten gesprochen wird[106]. Solche kooperative Pflichten sind von den Parteien bei der Ausführung eines Instandhaltungsvertrages daher immer im Auge zu behalten, wollen sie durch ihr Verhalten Rechtsnachteile vermeiden[107].

a. Die konkreten Leistungspflichten

Die DIN 31051 gibt in technischer Hinsicht lediglich abstrakt vor, welche Maßnahmen zur Instandhaltung technischer Einrichtungen zu zählen sind. Die konkreten Leistungspflichten eines Instandhaltungsvertrages werden dagegen von dem Betreiber und/oder dem Instandhaltungsunternehmen festgelegt. Sie greifen dabei entweder auf Muster zurück, die in der Praxis verbreitet sind, oder bestimmen selbst unter Berücksichtigung der Besonderheiten der konkreten technischen Einrichtung den Leistungsinhalt sowie weitere Regelungen des Vertrages. Verwenden die Beteiligten dabei vorformulierte Verträge oder Allgemeine Geschäftsbedingungen, sind bei deren Gestaltung die gesetzlichen Regelungen zur Gestaltung rechtsgeschäftlicher Schuldverhältnisse durch Allgemeine Geschäftsbedingungen (§§ 305 ff. BGB) zu beachten[108].

Um in einem Vertrag die Instandhaltungstätigkeiten zu konkretisieren, greift die Praxis häufig auf vorhandene Leistungsbeschreibungen zurück, so z. B. auf das VDMA-Einheitsblatt 24186 bei haustechnischen Anlagen[109] oder Arbeitskarten im Sinne des AMEV-Vertrages Wartung 2006[110] bei Verträgen der öffentlichen Hand. Diese Leistungsbeschreibungen werden Inhalt von Instandhaltungsverträgen und regeln damit, welche Tätigkeiten das Instandhaltungsunternehmen im Konkreten an der zu betreuenden technischen Einrichtung auszuführen hat.

Das Instandhaltungsunternehmen muss zudem Instandhaltungsanweisungen des Herstellers einer Anlage beachten. Wenn in einem Wartungsvertrag keine anderweitige Regelung getroffen worden ist, bestimmen solche Anweisungen den Leistungsinhalt des Vertrages mit. Berücksichtigt das Instandhaltungsunternehmen eine solche Herstelleranweisung nicht, verletzt es eine vertragliche Pflicht und macht sich ggf. sogar schadensersatz-

---

[106] Siehe insoweit als Beispiel zum VOB-Vertrag BGH BauR 2000, 409 ff.
[107] Siehe die Beispiele auf S. 65 Fn. 151 sowie S. 66 Fn. 153.
[108] Siehe S. 37 ff.
[109] Siehe S. 29 Fn. 36.
[110] Siehe S. 44 f.

pflichtig. Hier nimmt die Rechtsprechung sogar eine Informationsbeschaffungspflicht des Wartungsunternehmens an[111].

Gibt es für eine Maschine oder Anlage keine solche Leistungsbeschreibung oder passt diese Leistungsbeschreibung im konkreten Fall nicht, legen Betreiber und/oder Instandhaltungsunternehmen den Leistungsinhalt – ggf. unter Beachtung der DIN 31052 (Inhalt und Aufbau von Instandhaltungsanleitungen) – selbst fest. Dabei handelt es sich um eine Aufgabe, die technischen, kaufmännischen sowie juristischen Sachverstand verlangt und bei der der Sprachgebrauch der DIN 31051 sowie sonstige branchenübliche Gepflogenheiten beachtet werden sollten.

In Wartungsverträgen für einfache technische Einrichtungen, für deren Instandhaltung eine Anleitung im Sinne der DIN 31052 nicht erforderlich ist, kann der nachfolgende nicht abschließende Formulierungsvorschlag genügen, um den Leistungsinhalt des Vertrages zu konkretisieren:

> 1. Der Auftragnehmer reinigt den Vertragsgegenstand von betriebsbedingten Verschmutzungen, die dessen sicheren Betrieb beeinträchtigen können.
> 2. Der Auftragnehmer überprüft die mechanisch bewegten Teile des Vertragsgegenstandes auf seine Funktionsfähigkeit und stellt sie nach, wenn dies erforderlich ist.
> 3. Der Auftragnehmer schmiert den Vertragsgegenstand in den vom Hersteller empfohlenen Zeitabständen, es sei denn, der konkrete Betrieb des Vertragsgegenstandes erfordert einen anderen Zeitabstand.
> 4. Der Auftragnehmer ... usw.

Soll das Instandhaltungsunternehmen verpflichtet werden, auch Instandsetzungsarbeiten auszuführen, die mit der Vergütung abgegolten sind (Vollwartungsvertrag), ist bei der Formulierung der Leistungspflichten besondere Sorgfalt geboten[112]. Ein Vorschlag für einfache Anlagen, der an die jeweiligen Gegebenheiten anzupassen ist, kann so lauten:

> Der Auftragnehmer erneuert rechtzeitig sämtliche Verschleißteile des Vertragsgegenstandes sowie sonstige Teile, die dessen Betrieb gewährleisten. Ferner beseitigt der Auftragnehmer sämtliche Störungen an allen Teilen des Vertragsgegenstandes, repariert diesen und tauscht die erforderlichen Ersatzteile im Schadensfall aus.

---

[111] Siehe BGH VII ZR 164/08: bei einer einmaligen Instandhaltung hatte das beauftragte Unternehmen Schrauben nicht ausgewechselt, sondern lediglich wieder angezogen. Folge war ein Maschinenschaden im Werte von ca. EUR 120.000,00, der nach Ausgleich durch den Versicherer des Auftraggebers im Wege des Regresses geltend gemacht worden ist. Der BGH verurteilte das Instandhaltungsunternehmen zum Schadensersatz, weil es sich die Herstelleranweisung nicht beschafft hatte.

[112] Siehe auch Kühnel, Vollwartungsverträge BB 1985, 1227, 1228. Siehe ferner die Anforderungen an den Leistungsinhalt und dessen Grenzen in dem Fullservice-Vertragsmuster des VDMA (siehe S. 43 f.). Zu Einzelheiten bei der Leistungsabgrenzung siehe nachfolgend S. 54 ff.

Als nicht ausreichend können sich im Einzelfall solche Bestimmungen oder Beschreibungen erweisen, die nur allgemein auf die Maßnahmen im Sinne der DIN 31051 Bezug nehmen[113]. Welche Tätigkeiten das Instandhaltungsunternehmen in einem solchen Fall schuldet, ist durch eine derart allgemein gehaltene Formulierung nur ungenügend beschrieben[114]. Bei einer ggf. gerichtlichen Auseinandersetzung wird im Zweifel nach Branchengewohnheiten sowie dem Preisleistungsverhältnis[115] beurteilt, ob das Instandhaltungsunternehmen seine Leistung vertragsgemäß ausgeführt hat oder nicht. Sind solche allgemein gehaltenen Beschreibungen oder Verweise auf die DIN 31051 Gegenstand Allgemeiner Geschäftsbedingungen oder von Formularverträgen, muss der Verwender zudem Unklarheiten als Verletzung des Transparenzgebotes (§ 307 Abs. 1 S. 2 BGB) gegen sich gelten lassen[116]. Dies kann im Einzelfall dazu führen, dass ein Instandhaltungsunternehmen als Verwender verpflichtet ist, auch solche Wartungstätigkeiten oder Instandsetzungsleistungen auszuführen, die es nicht geplant und damit nicht kalkuliert hat. Bei einem Vertrag, der für eine längere Laufzeit abgeschlossen worden ist, kann dies für das Instandhaltungsunternehmen nicht kalkulierte, erhebliche Mehrkosten bedeuten. Geht eine solche Verpflichtung über den Einzelfall hinaus und betrifft eine Vielzahl von Verträgen, mag dies unter Umständen für das Instandhaltungsunternehmen ein nicht unerhebliches Geschäftsrisiko sein. Stellt dagegen der Betreiber Formularverträge oder Allgemeine Geschäftsbedingungen zur Instandhaltung, gehen die Unklarheiten zu seinen Lasten. Er muss in diesem Fall Leistungen möglicherweise selbst ausführen oder sie gegen eine gesonderte Vergütung zusätzlich beauftragen, obwohl dies bei Abschluss des Vertrages nicht beabsichtigt war.

b.   Bezeichnung und Standort des Vertragsgegenstandes

Die technische Einrichtung, an der die vertraglichen Instandhaltungsleistungen ausgeführt werden, verbleibt während der Instandhaltungsarbeiten in der Regel bei dem Betreiber[117]. Welche technische Einrichtung instand zu halten ist, ergibt sich dabei zumeist aus den Umständen. Verfügt der Betreiber nur über eine Maschine eines bestimmten Herstellers oder hat ein Gebäude z. B. nur eine Heizungsanlage, so ist der Gegenstand der Instandhaltung eindeutig. Ist die Anlage in einer größeren Industrie- oder Gebäudeanlage belegen oder sind mehrere Anlagen an verschiedenen Standorten instand zu halten, werden sie in dem Vertrag in der Regel nach dem Standort und ggf. der Fabrikationsnummer

---

[113] Dies gilt umso mehr, als die DIN 31051 um die Maßnahme der Verbesserung erweitert worden ist (siehe S. 27). Auch in dem AMEV-Vertragsmuster Instandhaltung 2006 sind zur Instandsetzung in Ziffer 2.1.3 einzelne Tätigkeiten näher definiert (Anhang 3).

[114] Vergleichbar den Begrifflichkeiten im Baurecht mag bei einem bloßen Bezug auf die DIN 31051 von einer funktionalen Beschreibung der Leistung gesprochen werden, die lediglich die Zielstellung des Vertrages vorgibt und dadurch zu einer ggf. unangemessenen Risikoverlagerung auf das Instandhaltungsunternehmen führen kann.

[115] Kühnel, Vollwartungsverträge BB 1985, 1227, 1228.

[116] Palandt-Grüneberg, § 307 BGB Rd. 54, 55.

[117] Bei Personal-Computern (PCs) gibt es zudem vielfach die sog. Bring-in-Wartung oder Call-in-Wartung, bei der der Betreiber ein Gerät zum Servicepartner, insbesondere dem Händler bringt (siehe hierzu Schneider, Handbuch des EDV-Rechts, G Rz. 52, 57).

bezeichnet[118] und bestimmen damit den Ort der Leistungserbringung im Sinne des § 269 BGB. Eine solche Festlegung und Bezeichnung vermeidet Streit darüber, an welchem Gegenstand die Instandhaltungsleistungen auszuführen sind. Zugleich wird sichergestellt, dass nach einer örtlichen Veränderung einer Anlage der jeweilige Vertragspartner einen Anspruch haben kann, den Instandhaltungsvertrag entsprechend anzupassen. Der Vertragsgegenstand ist zwar auch nach einer Veränderung des Standortes weiterhin instand zu halten, soweit dies dem Instandhaltungsunternehmen tatsächlich möglich und zumutbar ist. Im Einzelfall kann eine Veränderung des Standortes jedoch dazu führen, dass das Instandhaltungsunternehmen oder der Betreiber einen Anspruch darauf hat, dass die Vergütung an die neuen Umstände angepasst wird. Dies ist beispielsweise der Fall, wenn sich durch längere oder kürzere Anfahrtszeiten oder durch veränderte Umgebungsbedingungen der Aufwand für die Instandhaltung verändert und dadurch die Kalkulationsgrundlage für die zeitliche Erfüllung und die Vergütung nicht mehr zusammenpassen[119].

c.   Leistungsabgrenzungen und Leistungsausschlüsse

Die DIN 31051, die begrifflich die Maßnahmen zur Instandhaltung festlegt, unterscheidet zwischen Inspektion, Wartung, Instandsetzung und Verbesserung[120]. Ob im Einzelfall allerdings eine konkrete Wartungs- oder Instandsetzungsmaßnahme von dem Betreiber der technischen Einrichtung oder einem Dritten, beispielweise einem Instandhaltungsunternehmen ausgeführt wird, bestimmt die DIN-Norm nicht. Sie gibt – und soll dies auch nicht – ferner keine Auskunft darüber, wer beispielsweise einen Schaden verursacht und welche Folgen dies für die Beteiligten eines Instandhaltungsvertrages hat. Überträgt der Betreiber die Instandhaltung einer technischen Einrichtung einem Instandhaltungsunternehmen, wird daher insbesondere in Vollwartungsverträgen regelmäßig vereinbart, wann bestimmte Instandhaltungstätigkeiten nicht mehr zum Leistungsumfang gehören, der mit der pauschalen Vergütung abgegolten ist. Für die Ausführung solcher vertraglich ausgeschlossener Tätigkeiten bedarf es dann einer gesonderten vertraglichen Vereinbarung, soll das Instandhaltungsunternehmen auch solche Leistungen ausführen.

aa.   Unsachgemäßer Gebrauch, Fehlbedienung, äußere Gewalt

Unsachgemäßer Gebrauch, Fehlbedienung durch den Betreiber oder äußere Gewalt wie z. B. Vandalismus machen in der Praxis immer wieder Wartungs- sowie Instandsetzungsarbeiten an dem Vertragsgegenstand erforderlich. Der ursprüngliche Zustand kann beispielsweise nur wiederhergestellt werden, indem die Anlage neu eingestellt oder ein be-

---

[118] Vgl. z. B. den Wartungs- und Instandhaltungsvertrag des VDMA (siehe S. 42 ff.). Gemäß Ziffer 1 des AMEV-Vertragsmusters Wartung 2006 wird dem Vertrag als Anlage eine Bestandsliste beigefügt, die über Art, Standort, Baujahr sowie technische Daten der technischen Anlage(n) und Einrichtung(en) so genau und umfassend Auskunft geben soll, dass der Leistungsgegenstand eindeutig beurteilt werden kann (siehe Anhang 2).

[119] In der IT sind Standortveränderungen eher denkbar als bei Maschinen und Anlagen: siehe daher die Regelung zur Umsetzung in Ziffer 3 der Ergänzenden Vertragsbedingungen EVB-IT Instandhaltung.

[120] Siehe S. 23 ff.

schädigtes Bauteil ausgetauscht wird. Im Sinne der DIN 31051 gehören diese Arbeiten zwar zur Instandhaltung. In Instandhaltungsverträgen ist aber regelmäßig vereinbart, dass Tätigkeiten, die insbesondere auf die eingangs genannten Ursachen zurückzuführen sind, nicht zu dem vereinbarten Leistungsumfang gehören[121]. Die Verpflichtung, den Vertragsgegenstand nach Maßgabe der vereinbarten Leistungsinhalte instand zu halten, besteht vielmehr nur in dem Umfang, in dem der Betreiber diesen ordnungsgemäß bedient und sich in sonstiger Weise, z. B. durch Beachtung von Betriebsbedingungen vertragstreu verhält. Insbesondere bei Vollwartungsverträgen, die zu mit der pauschalen Vergütung abgegoltener Reparatur und zum Austausch von Verschleißteilen verpflichten, ist ein solcher Leistungsausschluss daher wichtig und notwendig.

In einem Vertrag ließe sich ein solcher Leistungsausschluss beispielsweise so formulieren:

> Zum Leistungsumfang des Auftragnehmers gehören nicht solche Maßnahmen der Instandhaltung, die auf unsachgemäße Benutzung, äußere Gewalt wie Vandalismus oder Fehlbedienung oder sonstige nicht vorhersehbare Einwirkungen zurückzuführen sind, ferner nicht auf die Verbesserung des Vertragsgegenstandes und die Beseitigung von Schwachstellen.

Enthalten Vollwartungsverträge in solchen Fällen keine weiter gehende Regelung, können Instandhaltungsunternehmen rechtlich nicht verpflichtet werden, den vertraglichen Gegenstand wieder instand zu setzen, und zwar auch nicht gegen gesondert vereinbarte Vergütung[122]. Aus diesem Grunde regeln Verträge häufig ergänzend, dass das Instandhaltungsunternehmen verpflichtet ist, auch diese von dem Leistungsausschluss betroffenen Instandhaltungsmaßnahmen gegen gesondert zu vereinbarende Vergütung auszuführen. Der Betreiber kann dann gegen eine solche zusätzliche Vergütung die Instandhaltung der technischen Einrichtung verlangen, soweit dies dem Instandhaltungsunternehmen möglich ist[123]. In einem Vertrag lässt sich dies ergänzend u. a. so regeln:

> Der Auftragnehmer ist in diesen Fällen verpflichtet, die erforderlichen Instandhaltungsmaßnahmen auszuführen, wenn der Auftraggeber ihm einen gesonderten Auftrag erteilt und sein Betrieb hierauf eingerichtet ist. Der Auftragnehmer soll dem Auftraggeber zuvor ein Angebot vorlegen, aus dem sich der Umfang der Leistung sowie dessen Vergütung ergibt, wenn dies erforderlich ist oder von dem Auftraggeber verlangt wird.

---

[121] Vgl. z. B. Ziffer 2.3.5 des AMEV-Vertragsmusters Instandhaltung 2006: Die Beseitigung von Schäden, die durch äußere Gewalt, unvorhersehbare Einwirkungen oder unsachgemäße Bedienung verursacht worden sind, gehört nicht zu den Leistungen, die mit der vereinbarten Vergütung abgegolten sind (Anhang 3); ferner § 3 Nr. 5, 6 des Fullservicevertrages für Bau- und Baustoffmaschinen (siehe S. 43 f.).

[122] Auf einem anderen Blatt steht selbstverständlich, dass Serviceunternehmen hieran zumeist schon deswegen ein Interesse haben, weil eine Reparatur oder der Einbau eines Ersatzteils zusätzliches Geschäft bedeutet. Zur möglichen kartellrechtlichen Verpflichtung gemäß § 20 GWB siehe S. 150 ff.

[123] Die Ziffer 2.3.5 des AMEV-Vertragsmusters Instandhaltung 2006 verpflichtet den Auftragnehmer, nach besonderer Auftragserteilung auch solche Arbeiten auszuführen, die nicht zu dem Leistungsumfang gehören, der mit der vereinbarten pauschalen Vergütung abgegolten ist (Anhang 3).

Ist ein Instandhaltungsunternehmen ausnahmsweise auch bei Störungen oder Schäden, die auf unsachgemäßen Gebrauch, Vandalismus, Fehlbedienung oder äußere Gewalt zurückgehen, zur Instandhaltung verpflichtet, ohne hierfür eine gesonderte Vergütung zu erhalten, übernimmt es weitere typische Risiken des Anlagenbetreibers[124]. Diese sind schwer zu kalkulieren, so dass bei deren Übernahme besondere Vorsicht geboten ist.

bb.   Änderung gesetzlicher oder sonstiger Vorschriften

Zu einer Vielzahl technischer Einrichtungen gibt es gesetzliche Regelungen für deren Inverkehrbringen[125]. Den Betrieb von Arbeitsmitteln und überwachungsbedürftigen Anlagen regelt zudem die Betriebssicherheitsverordnung[126] mit ihren sog. TRBS (Technische Regeln für Betriebssicherheit). Auch andere Vorschriften können Regelungen enthalten, die für den Betrieb von Anlagen von Bedeutung sind[127]. Haben solche Vorschriften Einfluss auf Inhalt und Umfang der Instandhaltung der technischen Einrichtung, kann dies Auswirkungen auf die konkreten Instandhaltungstätigkeiten haben, wenn sich eine solche gesetzliche Regelung oder eine sonstige Vorschrift ändert. Dies ist beispielsweise der Fall, wenn nach einer Gesetzesänderung der nachträgliche Einbau einer zusätzlichen Sicherungseinrichtung verbindlich ist, die ebenfalls überprüft und ggf. eingestellt werden muss. Denkbar sind auch Änderungen von Vorschriften, die nicht die Anlage selbst betreffen, den Betreiber aber verpflichten, zusätzliche Prüfungen oder sonstige Maßnahmen durchzuführen.

Bei überwachungsbedürftigen Anlagen können Empfehlungen, die der Betreiber nach einer z. B. von einem Dritten durchgeführten sicherheitstechnischen Bewertung nach § 15 Abs. 1 S. 2 BetrSichV umsetzt, zu einer Änderung der Anlage führen, die Auswirkung auf den Instandhaltungsaufwand hat[128]. Gleiches kann für Folgerungen aus Gefährdungsbeurteilungen nach § 3 BetrSichV gelten.

Haben die Parteien dem Vertrag eine konkrete Leistungsbeschreibung zugrunde gelegt und keine weitere Regelung getroffen, ist das Instandhaltungsunternehmen nicht ohne weiteres verpflichtet, im Falle der Änderung einer gesetzlichen oder sonstigen Vorschrift sich hieraus ergebende zusätzliche oder geänderte Instandhaltungstätigkeiten ebenfalls

---

[124] Ein Instandhaltungsvertrag rückt damit näher an Betriebsführungs- oder Betreiberverträge heran; siehe zu Betreibermodellen S. 48 ff.

[125] Siehe z. B. 9. und 12. VO zum Geräte- und Produktsicherheitsgesetz, mit denen die Maschinenrichtlinie sowie die Aufzugsrichtlinie der Europäischen Gemeinschaft in nationales Recht umgesetzt worden sind.

[126] Siehe S. 21.

[127] Siehe z. B. Ziffer 2.2 des AMEV-Vertragsmusters Instandhaltung 2006, in der u. a. auf die hier genannten Gesetze, aber auch auf DIN-Normen und VDE- sowie Unfallverhütungsvorschriften hingewiesen wird (Anhang 3).

[128] Die Änderung einer überwachungsbedürftigen Anlage, die auf eine Auflage oder Empfehlung einer sicherheitstechnischen Bewertung zurückgeht, ist nicht Gegenstand der Leistungspflicht eines Instandhaltungsvertrages. Soweit erforderlich, empfiehlt sich dies bei den Leistungsgrenzen ggf. ebenfalls zu regeln („Gegenstand der Leistungen des Auftragnehmers sind nicht Änderungen des Vertragsgegenstandes, die auf die Auflage oder Empfehlung zugelassener Überwachungsstellen gemäß § 15 BetrSichV oder einer arbeitssicherheitstechnischen Gefährdungsbeurteilung gemäß § 3 BetrSichV zurückzuführen sind.").

auszuführen. Die Auslegung des insoweit lückenhaften Vertrages kann aber unter Berücksichtigung des geschuldeten Erfolges, nämlich den möglichst störungsfreien Betrieb der Anlage zu gewährleisten, dazu führen, dass das Instandhaltungsunternehmen diese Tätigkeit auszuführen hat, wenn es technisch und personell hierzu in der Lage ist. Eine solche Auslegung führt allerdings in der Regel zugleich dazu, dass auch die Vergütung aufwandsgerecht anzupassen ist.

Enthält ein Instandhaltungsvertrag zum Leistungsinhalt dagegen nur einen allgemein gehaltenen Hinweis auf die DIN 31051, ist das Instandhaltungsunternehmen bereits wegen dieses nur allgemeinen Hinweises verpflichtet, die zusätzliche Tätigkeit auszuführen, wenn dies branchenüblich ist und der Inspektion bzw. Wartung zugeordnet werden kann oder eine Instandsetzungsmaßnahme erforderlich ist. Auch hier kann sich allerdings ein Anspruch ergeben, die Vergütung entsprechend dem Aufwand anzupassen. Anders als bei einem Instandhaltungsvertrag mit konkreter Leistungsbeschreibung ergibt sich dieser Anspruch auf Anpassung der Vergütung nicht durch die Auslegung des lückenhaften Vertrages. Vielmehr kann dem Auftragnehmer nach den Grundsätzen der Störung der Geschäftsgrundlage ggf. nicht mehr zugemutet werden, an dem Vertrag ohne Anpassung der Vergütung festgehalten zu werden (§ 313 BGB). Über diesen Weg einen geänderten Vergütungsanspruch zu erzielen, dürfte allerdings in der betrieblichen Praxis für den Auftragnehmer schwierig sein.

Die Parteien können Streitigkeiten durch eine Regelung in dem Vertrag vermeiden, die klargestellt, was bei einer Änderung gesetzlicher oder sonstiger Bestimmungen gilt[129]:

> Ändern sich gesetzliche oder sonstige Vorschriften oder werden neue Vorschriften eingeführt, die für die Errichtung, den Betrieb oder die Instandhaltung des Vertragsgegenstandes gelten und wirkt sich dies auf den Leistungsumfang des Vertrages aus, ist der Auftragnehmer auf Verlangen des Auftraggebers verpflichtet, seine Leistung entsprechend anzupassen, soweit er hierzu technisch und personell in der Lage ist.[130].
>
> Die Parteien haben eine neue Vergütung zu vereinbaren, soweit sich aus den zuvor genannten Gründen der Aufwand des Auftragnehmers für die Instandhaltung ändert. Erzielen die Parteien hierüber innerhalb von drei Monaten keine Einigung, ist jede Vertragspartei berechtigt, den Vertrag mit einer Frist von drei Monaten zu kündigen.[131].

---

[129] Vgl. Ziffer 2.3.2 des AMEV-Vertragsmusters Instandhaltung 2006. Geregelt ist hier allerdings nur, dass Anpassungen oder Änderungen der Anlage aufgrund neuer oder geänderter Vorschriften nicht Gegenstand des Vertrages sind (Anhang 3).

[130] Ggf. kann ein Vertrag auch bestimmen, dass – gegen gesonderte Vergütung – Änderungen des Vertragsgegenstandes, die von zugelassenen Überwachungsstellen empfohlen oder von Aufsichtsbehörden angeordnet werden, auszuführen sind.

[131] Alternativ denkbar wäre hier eine Regelung, die der Vorschrift des § 315 BGB oder des § 317 BGB entspricht und die die Möglichkeit zulässt, die Vergütung durch eine der Parteien bzw. einen Dritten nach billigem Ermessen zu bestimmen. Ob dies im Instandhaltungsgeschäft, das Vertrauen und Kooperation voraussetzt, allerdings sinnvoll ist, sei dahingestellt.

cc. Verschleißteile und Verbrauchsmaterial

Instandhaltungsunternehmen, die über die Wartung hinaus auch zur Instandsetzung im Sinne der DIN 31051 verpflichtet sind, müssen schadhafte und verschlissene[132] Teile austauschen, ohne dass der Betreiber eine gesonderte Vergütung zu zahlen hat, soweit kein vertraglich vereinbarter oder sonstiger Leistungsausschluss in Frage kommt. Eine solche Verpflichtung besteht insbesondere bei Vollwartungsverträgen[133]. Wartungsverträge, bei denen im Sinne der DIN 31051 lediglich Maßnahmen zur Verzögerung des Abbaus des Abnutzungsvorrates der Anlage (Wartung) geschuldet werden, verpflichten Instandhaltungsunternehmen dagegen nicht zum kostenfreien Austausch von Ersatz- und Verschleißteilen. Hier bedarf es eines gesonderten Auftrages zur Reparatur des Vertragsgegenstandes[134].

In der Praxis bereitet es gelegentlich Schwierigkeiten, Verschleißteile von solchen Materialien abzugrenzen, die sich verbrauchen, um als Bestandteil in das Arbeitsergebnis einer Anlage aufzugehen oder durch gezielte mechanische Bearbeitung dem Arbeitsergebnis zu dienen (Verbrauchsmaterialen). Solche Verbrauchsmaterialien wie z. B. Papier, Druckerpatronen, Farbbänder, bei Werkzeugmaschinen auch Werkzeuge wie Bohrer etc. sind nicht Gegenstand der Instandhaltung im Sinne der DIN 31051. Sie müssen dem Betrieb der Anlage zugerechnet werden und gehören nicht zu den Teilen, die auch bei Vollwartungsverträgen ohne zusätzliche Vergütung mitzuliefern bzw. auszutauschen sind.

Ob ein bestimmtes Teil im Rahmen eines Vollwartungsvertrages kostenfrei ausgetauscht werden muss oder nicht, kann wirtschaftliche Folgen haben. Rechnet ein Instandhaltungsunternehmen das Teil dem Verbrauchsmaterial zu, obwohl es sich um ein ohne zusätzliche Vergütung auszutauschendes Verschleißteil handelt, wird dem Instandhaltungsvertrag die Kalkulationsgrundlage entzogen. Auf der anderen Seite kann auch der Betreiber betroffen sein, wenn er bestimmte Materialien doch gesondert vergüten muss und dies vorher nicht berücksichtigt hat.

Die Grenze zwischen kostenfrei austauschpflichtigen Verschleißteilen und nicht zu ersetzenden Verbrauchsmaterialien kann im Einzelfall fließend sein und zu Auslegungsschwierigkeiten und Streit führen. Der technische Fortschritt führt zudem immer wieder zu neuen Bewertungen, die es erschweren, allgemeingültige Aussagen zu treffen, die für einen längeren Zeitraum Geltung beanspruchen können[135]. So führt z. B. der Einsatz von Lasertechnik im Werkzeugmaschinenbau oder bei Druckern dazu, dass die Entwicklung immer mehr zu verschleißfreier Tätigkeit geht.

---

[132] Vgl. hierzu BGH VIII ZR 43/05 = BB 2006, 68 ff. Normaler Verschleiß ist danach bei dem Kauf eines Gegenstandes oder einer Anlage anerkanntermaßen kein Mangel, im Rahmen eines Vollwartungsvertrages aber Gegenstand der Leistungspflicht des Instandhaltungsunternehmens (vgl. zur Kollision mit Gewährleitungsansprüchen aus dem Liefergeschäft S. 132 f.).

[133] Siehe S. 24 f.

[134] Vgl. z. B. Ziffer 2.3 des AMEV-Vertragsmusters Wartung 2006, bei dem allerdings gemäß Ziffern 2.2 und 5.1 der Austausch von Ersatzteilen bis zu einem Listenpreis von € 25,00 mit der Vergütung abgegolten ist (Anhang 2).

[135] Krüger, Verbrauchsmaterial und Kostenersatz nach BVB-Wartung, CR 1990, 179, 180.

Fehlt es an einer ausdrücklichen vertraglichen Regelung, muss durch Auslegung des Vertrages ermittelt werden, ob es sich im konkreten Fall um ein Verschleißteil oder um Verbrauchsmaterial handelt. Führt die Auslegung des Vertrages nicht weiter, gilt bei Formularverträgen sowie Allgemeinen Geschäftsbedingungen zur Instandhaltung, dass Unklarheiten im Rahmen des Transparenzgebotes des § 307 Abs. 1 S. 2 BGB zulasten des Verwenders gehen[136]. Ist dies das Instandhaltungsunternehmen, muss es das fragliche Teil ohne einen Anspruch auf gesonderte Vergütung mitliefern und einbauen. Ist dagegen der Betreiber Verwender im Sinne der §§ 305 ff. BGB, muss er das Teil zusätzlich vergüten, soweit das Instandhaltungsunternehmen überhaupt zur Lieferung verpflichtet ist. Unterliegt der Vertrag nicht dem Geltungsbereich der §§ 305 ff. BGB, muss das Instandhaltungsunternehmen als Instandsetzungsverpflichteter darlegen und beweisen, dass das fragliche Teil nicht zum Leistungsumfang des Vollwartungsvertrages gehört[137].

Herkömmliche Auslegungsregeln, insbesondere solche, die sich an allgemeiner oder fachsprachlicher Bedeutung orientieren, führen ebenso wie der Verweis auf geltende Normen nicht weiter[138]. Zwar unterschied die DIN 31051 in der Fassung 1985-1 zwischen den Begriffen Verschleißteil und Verbrauchsteil[139]. Die Norm bestimmte jedoch nur, dass ein Verbrauchsteil ein Bauteil einer technischen Einrichtung ist, dessen eigenständige Instandsetzung in der Regel nicht wirtschaftlich ist und deshalb als Ersatzteil zur Instandhaltung bereitzuhalten ist. Ein Verschleißteil im Sinne der Norm war demgegenüber ein Teil, bei dem natürlicher Verschleiß auftritt und das vom Konzept der Anlage her ohnehin zum Austausch vorgesehen ist. Verschleiß- und Verbrauchsteile im Sinne der DIN 31051 in der Fassung 1985-1 waren daher der Instandsetzung zuzurechnen und bei Vollwartungsverträgen kostenfrei auszutauschen, wenn der Vertrag ansonsten keine anderweitige Regelung enthielt. Sie haben mit der Abgrenzung zwischen Verschleißteil und Verbrauchsmaterial im hier verstandenen Sinne nichts zu tun.

Zu einer interessengerechten Lösung gelangt eine Betrachtung, die sich am Sinn und Zweck von Verschleißteilen und Verbrauchsmaterialien sowie an der Interessenlage der Parteien orientiert. Verbrauchsmaterialen stehen in einem engen Zusammenhang mit dem Arbeitsergebnis einer Anlage oder Maschine und gehen regelmäßig darin auf. Technische Einrichtungen sind daher auch ohne Verbrauchsmaterialen funktionsfähig. Fehlt Verbrauchsmaterial, vermag die – intakte – Anlage lediglich keine Arbeitsergebnisse zu erzeugen. Oder anders formuliert: ein Verschleißteil aus einer Anlage weggedacht (oder verschlissen), macht diese funktionsunfähig. Die Anlage muss instand gesetzt werden. Dies ist bei Verbrauchsmaterial nicht der Fall. Ein Laserdrucker ist auch ohne Druckertinte und Papier funktionsfähig, er nimmt Druckaufträge aus dem Rechner entgegen und könnte beispielsweise die Mechanik zum Papiereinzug in Bewegung setzen. Fehlt das Papier, wird der Druckvorgang lediglich nicht ausgeführt oder abgebrochen. Ist jedoch das Teil, das den Papiereinzug vollziehen soll, gebrochen oder greift dieses nach langem Gebrauch nicht mehr richtig, ist der Drucker funktionsunfähig. Auch bei vorhandenem Papier und Druckertinte erzielt er keine befriedigenden Arbeitsergebnisse und muss im Sinne der DIN 31051 instand gesetzt werden.

---

[136] Siehe Palandt-Heinrichs, § 307 BGB Rd. 54, 55.
[137] So auch Krüger, Verbrauchsmaterial und Kostenersatz nach BVB-Wartung, CR 1990, 179, 181.
[138] Krüger, Verbrauchsmaterial und Kostenersatz nach BVB-Wartung, CR 1990, 179, 180.
[139] DIN 31051:1985-01, Ziffer 2 Begriffe und Maßnahmen sowie Ziffern 12.1.1 und 12.4. Die gegenwärtig gültige Norm enthält keine Definition des Verbrauchsteils mehr.

Wenn es im konkreten Fall auf eine solche Abgrenzung tatsächlich ankommt, empfiehlt sich für die Parteien insbesondere von Vollwartungsverträgen im Einzelnen zu regeln, welche Teile das Instandhaltungsunternehmen kostenfrei austauschen muss und was zu Verbrauchsmaterialien zu zählen ist. Zu Verbrauchsmaterialien ließe sich zudem ausdrücklich regeln, dass diese gegen gesonderte Vergütung mitgeliefert werden oder der Betreiber diese selbst beschafft. Hierbei reicht es, wenn nur die Verbrauchsmaterialien ausdrücklich und abschließend genannt werden, da alle sonstigen Teile im Rahmen des Vollwartungsvertrages kostenfrei auszuwechseln sind, sofern nicht andere Leistungsausschlüsse in Betracht kommen.

Als Beispiel ließe sich in einem Vollwartungsvertrag formulieren:

> Der Auftragnehmer ist nicht/nur gegen gesonderte Vergütung verpflichtet, Verbrauchsmaterialien bereitzustellen. Verbrauchsmaterialien sind in abschließender Aufzählung: ...

dd. Weitere Leistungsausschlüsse

Instandhaltungsverträge enthalten vielfach weitere Leistungsausschlüsse und grenzen sonstige Vertragspflichten voneinander ab, die sich aus den Besonderheiten der jeweiligen Anlage und deren konkreten Betriebsbedingungen ergeben. Dies betrifft u. a. die nachfolgenden, nicht abschließend aufgezählten Aspekte, die je nach Art der technischen Einrichtung bei dem Abschluss eines Vertrages beachtet werden müssen:

–   Ausschluss von Schäden oder Störungen, die auf Witterungseinflüsse wie z. B. Blitzschäden oder auf Überspannungsschäden zurückgehen,

–   Ausschluss wegen übermäßiger Beanspruchung,

–   keine Verpflichtung zu einer Grund- bzw. Generalüberholung oder zu Schönheitsreparaturen[140],

–   keine Verpflichtung, eine Anlage zu modernisieren oder so zu erweitern, dass im Sinne der DIN 31051 ihr Ursprungszustand verändert wird,

–   Ausschluss von Instandhaltungsmaßnahmen, die auf Gebäudeveränderungen wie beispielsweise Senkungen zurückgehen und die Funktionsfähigkeit einer gebäudetechnischen Anlage beeinträchtigen können,

–   Verantwortlichkeit für Datenübertragung, insbesondere bei Leistungen, die mit Hilfe von telekommunikativen Mitteln erbracht werden[141].

---

[140] Vgl. Ziffer 2.3.1 sowie 2.3.4 des AMEV-Vertragsmusters Instandhaltung 2006 (Anhang 3).

[141] Weitere Beispiele für den DV-Bereich finden sich bei Schneider, Handbuch des EDV-Rechts, G Rz. 46, 49, der zu den dort genannten Beispielen allerdings in der Regel annimmt, dass sich der Leistungsausschluss nur darauf bezieht, dass die Leistungen gesondert zu vergüten sind. Zu Besonderheiten beim Teleservice siehe S. 142 ff.

d.   Vollwartungsverträge und der Lifecycle von Ersatzteilen

In der betrieblichen Praxis des Instandhaltungsgeschäfts ergeben sich gelegentlich Schwierigkeiten bei bereits lange geltenden Instandhaltungsverträgen, wenn ein verschlissenes oder schadhaftes Teil der technischen Einrichtung wegen des Alters der Anlage und deren Ersatzteile für das Instandhaltungsunternehmen im Markt nicht mehr beschaffbar ist. Betreiber hegen in diesem Fall gelegentlich die Erwartung, durch den Vollwartungsvertrag auch gegen diesen Umstand ‚versichert' zu sein und verlangen von dem Vertragspartner eine Lösung, die im Zweifel auf eine Änderung der Anlage hinausläuft. Das Instandhaltungsunternehmen mag dagegen ein Interesse daran haben, den Vertragsgegenstand gegen entsprechendes Entgelt zu erneuern oder diesen dem aktuellen Stand der Technik anzupassen oder zumindest an diesen heranzuführen.

Rechtlich ist das Instandhaltungsunternehmen von der Verpflichtung zur Leistung frei, wenn das für die Reparatur notwendige Ersatzteil als marktbezogene Vorratsschuld des Vertragsgegenstandes nicht mehr beschaffbar ist (§ 275 BGB)[142]. Auf der anderen Seite wird der Betreiber von seiner Pflicht, die Vergütung zu entrichten, anteilig frei (§§ 275 Abs. 4, 326 Abs. 1, S. 1, 2. Halbsatz, 441 Abs. 3 BGB). Außerdem steht ihm das Recht zur Kündigung des Vertrages zu, wenn er an der (verbleibenden) Teilleistung kein Interesse mehr hat (§§ 275 Abs. 4, 326 Abs. 5, 323 Abs. 5 S. 1 BGB).

Etwas anderes gilt, wenn das Instandhaltungsunternehmen selbst Hersteller der Anlage ist und bezogen auf ein eigenes Original-Ersatzteil die unternehmerische Entscheidung getroffen hat, Anlagen eines bestimmten Bautyps nicht mehr mit Ersatzteilen zu unterstützen. Hier wird man dem Betreiber zubilligen müssen, dass das Instandhaltungsunternehmen ‚eine Lösung parat hält', die es verpflichtet, den Vertragsgegenstand weiterhin im Rahmen des Vollwartungsvertrages zu betreuen, notfalls durch Einbau einer technisch höherwertigen Nachfolgelösung. Grund ist, dass das Instandhaltungsunternehmen es in der Hand hat, sein Geschäft so zu steuern, dass diese Fallkonstellation nicht eintritt, in dem es zum Beispiel ältere Vollwartungsverträge vorsorglich kündigt oder die eigene Lagerhaltung so organisiert, dass die Versorgung mit eigenen Ersatzteilen weiterhin sichergestellt werden kann. Rechtlich wäre auch in diesem Fall zunächst Unmöglichkeit gegeben. Das Schaffen einer adäquaten Ersatzlösung ließe sich ggf. im Wege des Schadensersatzanspruches gemäß § 280 BGB begründen, da es das Serviceunternehmen in seiner Organisation schuldhaft unterlassen hat, das Ersatzteil vorzuhalten. Der Vollwartungsvertrag könnte dann fortgesetzt werden, da das Kündigungsrecht aus §§ 275 Abs. 4, 326 Abs. 5, 323 Abs. 5 S. 1 BGB nicht zum Tragen käme.

Der Betreiber kann ferner Schadensersatz unter den Voraussetzungen der §§ 275 Abs. 4, 280 BGB verlangen, wenn das Instandhaltungsunternehmen die Unmöglichkeit der Beschaffung des Ersatzteils zu vertreten hat. Dies mag beispielsweise dann der Fall sein,

---

[142] Man wird die für sog. marktbezogene Gattungsschulden umfassende Beschaffungspflicht (vgl. Palandt-Heinrichs, § 243 BGB Rd. 3 sowie § 276 BGB Rd. 30, 31) dahin gehend auslegen müssen, dass das Serviceunternehmen frei von dieser Pflicht ist, wenn es eine eigene angemessene Lagerhaltung betreibt und das Teil über den Hersteller der Ersatzteile oder über Händler nicht mehr verfügbar ist. Insoweit besteht keine Verpflichtung bis ‚in das letzte Ersatzteillager der Welt' auf die Suche zu gehen (Unmöglichkeit jedenfalls nach § 275 Abs. 2 BGB). Ist ohne das nicht mehr beschaffbare Ersatzteil technisch eine Umgehungslösung denkbar, die den Abnutzungsvorrat im Sinne der DIN 31015 noch nicht erschöpft, muss diese in jedem Fall ausführt werden, wenn der Auftraggeber es verlangt.

wenn es das Ersatzteil im Rahmen ordnungsgemäßer Lagerhaltung nach wie vor hätte vorhalten können, nachdem der Lieferant dem Instandhaltungsunternehmen die Abkündigung des konkreten Ersatzteils angekündigt und zugleich angeboten hat, dieses zu Lagerzwecken nochmals in ausreichender Anzahl bestellen zu können[143].

In Frage kommt ein Anspruch aus § 280 BGB aber auch als ein direkter Schadensersatzanspruch, wenn das Instandhaltungsunternehmen das konkrete Ersatzteil zwar nicht im Rahmen ordnungsgemäßer Lagerhaltung hätte vorhalten müssen, den Betreiber aber von der Abkündigung seines Lieferanten hätte unterrichten können und dieser Nebenpflicht nicht nachgekommen ist. Wäre der Betreiber nämlich von seinem Instandhaltungsunternehmen entsprechend informiert worden, hätte er selbst eine entsprechende Dispositionsentscheidung für seine Anlage treffen und das Ersatzteil auf Lager nehmen können[144].

In der betrieblichen Praxis werden die Parteien jedenfalls dann, wenn sie daran interessiert sind, das Vertragsverhältnis fortzusetzen, häufig eine einvernehmliche Lösung erzielen. Eine solche mag so aussehen, dass der Vertragsgegenstand technisch erneuert wird und das Instandhaltungsunternehmen gewissermaßen den hypothetische Vergütungsanteil abzieht, den es hätte aufwenden müssen, wenn es das Ersatzteil, wäre es noch vorhanden, lediglich ausgetauscht hätte.

e.   Mitwirkungspflichten des Betreibers

Die Instandhaltung einer technischen Einrichtung setzt regelmäßig Mitwirkungshandlungen des Betreibers voraus, damit das Instandhaltungsunternehmen seinen vertraglichen Pflichten nachkommen kann. Solche Mitwirkungspflichten sowie die Rechtsfolgen bei ihrer Verletzung sind je nach zu betreuender Anlage und Inhalt des Instandhaltungsvertrages verschieden. Mitwirkungspflichten sowie ggf. regelungsbedürftige Kostenfragen werden in Verträgen häufig ausdrücklich vereinbart, ergeben sich aber auch ohne Vereinbarung vielfach aus der Natur des Vertrages. Sie können zudem im Zweifel durch Auslegung unter Berücksichtigung der Branchengepflogenheiten ermittelt werden, wenn es an einer ausdrücklichen Regelung im Vertrag fehlt.

aa.   Der Inhalt von Mitwirkungspflichten

Mitwirkungspflichten von Betreibern können sein:

– zeitnahe Mitteilung von Störungen oder Veränderungen am Vertragsgegenstand,
– genaue Beschreibung eines aufgetretenen Fehlers oder einer Störung, um eine zügige Instandsetzung einzuleiten, insbesondere das richtige Ersatzteil sofort dem Servicetechniker mitgeben zu können,

---

[143] Bei solchen Sachverhalten dürfte der Beweis für den Betreiber allerdings schwer zu führen sein.
[144] Denkbar ist auf der anderen Seite auch die Abkündigung eigener Ersatzteile, verbunden mit dem Angebot an den Betreiber, diese im Rahmen seiner eigenen Lagerhaltung vorzuhalten, ggf. verbunden mit dem Angebot, einen bestehenden Vollwartungsvertrag entsprechend zu modifizieren. Solche praktischen Erwägungen schaffen zumindest Klarheit und beugen Streitigkeiten zwischen den Beteiligten vor.

- Verschaffen des Zutritts zum Vertragsgegenstand,
- Bereithalten eines oder mehrerer Mitarbeiter(s) für die Dauer der Arbeiten,
- Stellen von Hilfsstoffen und -mitteln, Strom[145] und festgelegter Ersatzteile
- Mitwirkung an einem Probebetrieb nach Abschluss der Instandhaltungsarbeiten,
- Vorhalten von vertraglich festgelegten Ersatzteilen und Verbrauchmaterialen.

Die Ergänzenden Vertragsbedingungen der öffentlichen Hand für die Informationstechnologie zur Instandhaltung (EVB-IT Instandhaltung) enthalten eine Reihe von Mitwirkungspflichten, die es den Instandhaltungsunternehmen ermöglichen sollen, ihre Leistungen vertragsgemäß ausführen zu können. So sind u. a. auftretende Mängel unter Angabe der für die Störungsbeseitigung zweckdienlichen Information unverzüglich zu melden, ferner hat der Auftraggeber seinen Vertragspartner rechtzeitig über die Änderung an der Hardware zu informieren, soweit sich diese auf die Erbringung der vertraglichen Leistungen auswirkt[146]. In diesem Fall haben beide Parteien zudem einen Anspruch darauf, den Vertrag entsprechend den vorgenommenen Änderungen anzupassen. Ausdrücklich ist ferner geregelt, dass dem Auftraggeber die Verpflichtung der ordnungsgemäßen Datensicherung obliegt[147].

bb. Rechtsfolgen der Verletzung von Mitwirkungspflichten

Kommt der Betreiber einer Anlage seiner Mitwirkungspflicht nicht nach und kann das Serviceunternehmen, das die vertraglich vereinbarten Instandhaltungsarbeiten angeboten hat (§§ 293 ff. BGB), seine Leistung wegen dieser Vertragsverletzung nicht ausführen, wird es zunächst bis auf weiteres von der Verpflichtung zur Leistung befreit.

(1) Einfache Wartungsverträge

Ist das Instandhaltungsunternehmen lediglich zur Inspektion und Wartung im Sinne der DIN 31051 verpflichtet und hat der Betreiber keinen Zutritt zu der Anlage gewährt oder Strom und Personal nicht bereitgestellt, muss die Wartung nachgeholt werden, solange dies nach der vertraglichen Vereinbarung möglich ist. Ist beispielsweise eine monatliche Wartung vereinbart, kann diese innerhalb des monatlichen Zeitintervalls nachgeholt werden, nicht jedoch im Folgemonat, in dem der Vertrag bereits die nächste Wartung vorsieht[148].

Das Instandhaltungsunternehmen, das zuvor seine Leistung im Sinne der §§ 293 ff. BGB angeboten hat, behält seinen Vergütungsanspruch in vollem Umfang, wenn es die War-

---

[145] Vgl. z. B. Ziffer 9.1 des AMEV-Vertragsmusters Wartung 2006 (siehe Anhang 2) sowie Ziffer 9.1 des AMEV-Vertragsmusters Instandhaltung 2006 (Anhang 3).

[146] Siehe Ziffern 2.2 und 2.3 der EVB-IT Instandhaltung.

[147] Ziffer 2.5 der Ergänzenden Vertragsbedingungen der EVB-IT Instandhaltung.

[148] Die Vorschrift des § 615 BGB, die wegen des Dauerschuldcharakters von Wartungsverträgen hier ‚hilft‘ (siehe S. 36), muss in diesem Sinne verstanden werden. Erst wenn das vereinbarte Zeitintervall abgelaufen ist, ist das Instandhaltungsunternehmen nicht mehr verpflichtet, die Leistung nachzuholen.

tung zu einem späteren Zeitpunkt nachholt. Zusätzlich hat es im Sinne von § 304 BGB einen Anspruch auf Ersatz der durch die Verletzung der Mitwirkungspflicht verursachten Mehraufwendungen. Dies sind zumeist Anfahrts- sowie Wartezeiten für das eingesetzte Personal, ohne dass es darauf ankommt, ob der Betreiber den Gläubigerverzug zu vertreten hat, aber auch Überstundenzuschläge, wenn die Leistung außerhalb der vertraglich vereinbarten Zeit nachgeholt wird.

Das Instandhaltungsunternehmen behält seinen Vergütungsanspruch aber auch dann, wenn die vertragsgemäß angebotene Wartung wegen des Ablaufes des vertraglich vereinbarten Zeitintervalls nicht mehr ausgeführt werden kann. Aus § 615 S. 2 BGB folgt jedoch, dass es sich dasjenige anrechnen lassen muss, was es infolge der unterlassenen Mitwirkung des Betreibers an Aufwendungen erspart, durch anderweitige Verwendung der Arbeitskraft erwirbt oder zu erwerben böswillig unterlässt. Dies sind u. a. Kosten für nicht benötigte Material- und Schmiermittel, aber auch Lohnkosten, wenn sich für den Servicetechniker für die Zeit, in der dieser die Anlage gewartet hätte, eine anderweitige Verwendung ergeben hat.

Führt die Verletzung von Mitwirkungspflichten, z. B. eine nicht ausreichende Reinigung durch den Betreiber dazu, dass die Wartung in der Folgezeit einen höheren Aufwand erfordert, wird das Kundendienstunternehmen in der Regel nicht von seiner Leistungspflicht befreit. Es hat allerdings einen Anspruch auf zusätzliche Vergütung.

(2)   Vollwartungsverträge

Ist das Instandhaltungsunternehmen zur Vollwartung verpflichtet, ergeben sich bei der Verletzung von Mitwirkungspflichten für die Wartungsarbeiten gegenüber einfachen Wartungsverträgen keine Besonderheiten. Instandsetzungsmaßnahmen sind allerdings bei Verletzung von Mitwirkungspflichten in jedem Fall nachzuholen, sobald dies dem Serviceunternehmen wieder möglich ist. Dies ergibt sich aus der Verpflichtung, den möglichst störungsfreien Betrieb der Anlage zu gewährleisten. Instandhaltungsunternehmen sind auch hier berechtigt, unter den Voraussetzungen des § 304 BGB Mehraufwendungen für vergebliche Anfahrten etc. geltend zu machen, ferner können sie gemäß § 280 BGB bei von dem Betreiber zu vertretender Verletzung einer vertraglichen Mitwirkungspflicht Schadensersatz verlangen. Der Vergütungsanspruch selbst bleibt dem Instandhaltungsunternehmen insoweit erhalten, da es weiterhin zur Instandsetzung verpflichtet ist, ggf. muss für den Wartungsanteil ein Abzug entsprechend § 615 S. 2 BGB gemacht werden.

cc.   Hinweise zur Gestaltung

Mitwirkungspflichten sollten dann ausdrücklich vertraglich vereinbart werden, wenn dies den Parteien den Umständen nach erforderlich erscheint. Nicht notwendig ist es, solche Mitwirkungspflichten zu regeln, die sich für die Parteien im Grunde von selbst verstehen, so beispielsweise das Zutrittsrecht zu dem Vertragsgegenstand sowie die Fehlerbeschreibung durch den Betreiber. Bedarf es wegen der Besonderheiten einer technischen Einrichtung oder deren Betriebsbedingungen einer vertraglichen Regelung einzelner Mitwirkungspflichten, sollten diese ausdrücklich genannt werden. In einem Instandhaltungsvertrag können Mitwirkungspflichten z. B. so geregelt werden:

> Der Auftraggeber erfasst Störungen an dem Vertragsgegenstand und hält für die Wartungstermine des Auftragnehmers die entsprechende Dokumentation der einzelnen Störungen bereit.
>
> Der Auftraggeber hat für die Dauer der Instandhaltungsarbeiten qualifiziertes Personal bereitzustellen.
>
> Nach Abschluss der Arbeiten ist mit dem Auftragnehmer einen Probebetrieb durchzuführen.

f.   Nebenpflichten des Betreibers

Betreiber haben über solche Mitwirkungspflichten hinaus weitere Pflichten, die nicht in einem direkten Zusammenhang mit der Instandhaltung stehen müssen. Diese Nebenpflichten haben in der Regel aber einen Bezug zu dem Vertragsgegenstand und können die Instandhaltung jedenfalls mittelbar beeinflussen. Als Beispiel kann im IT-Bereich die regelmäßige Sicherung von Daten genannt werden. Weitere Pflichten sind die Beachtung von Bedienungsanleitungen und Betriebsbedingungen bei dem Betrieb von Maschinen und Anlagen sowie die Mitteilung von Änderungen einschließlich der Umsetzung an einen anderen Ort, wenn dies für die Instandhaltung der Einrichtung erheblich ist[149]. Auch das Vorhalten von redundanten Systemen kann eine solche Nebenpflicht sein, wenn dies im Einzelfall angezeigt ist[150]. Ferner wird die gebotene Sorgfalt im Umgang mit Störungen der technischen Einrichtung als eine Nebenpflicht bezeichnet werden können, wenn es um die Rüge eines dann vermeintlichen Mangels geht[151].

Verletzt ein Betreiber eine Nebenpflicht, entbindet dies das Instandhaltungsunternehmen in der Regel nicht davon, seine vertraglichen Leistungen auszuführen. Allerdings kann es beispielsweise bei Missachtung der Betriebsanleitung die Verpflichtung zum kostenfreien Austausch von Bauteilen mit dem Hinweis auf unsachgemäßen Gebrauch der Anlage verweigern und einen gesonderten Auftrag mit zusätzlicher Vergütung verlangen[152].

---

[149] Vergleiche z. B. die Regelung in der Ziffer 3 der EVB-IT Instandhaltung, die zudem die Möglichkeit enthält, den Vertrag und damit auch die Vergütung entsprechend anzupassen.

[150] Vgl. nachfolgend S. 66 Fn. 153.

[151] Rügt der Auftraggeber einen Betriebszustand einer Anlage gegenüber dem Serviceunternehmen als Mangel und erweist sich im Nachhinein, dass die Ursache für den vermuteten Mangel im eigenen Verantwortungsbereich liegt, weil beispielsweise ein Bedienfehler Ursache für den Zustand war, steht dem Instandhaltungsunternehmen ein Schadenersatzanspruch zu, wenn der Auftraggeber wusste oder hätte erkennen können, dass die Ursache für den Betriebszustand im eigenen Verantwortungsbereich zu suchen ist. Der Schadensersatzanspruch beläuft sich der Höhe nach im Zweifel auf die Vergütung des Störungseinsatzes (entschieden zum Kauf einer Lichtrufanlage für Krankenbetten: BGH VIII ZR 246/06).

[152] Siehe S. 54 ff.

Die Verletzung vertraglicher Nebenpflichten durch den Betreiber kann zudem zur Folge haben, dass das Instandhaltungsunternehmen, das die Verletzung eigener vertraglicher Pflichten zu vertreten hat, nur insoweit Schadensersatz leisten muss, wie dies der Fall gewesen wäre, wenn der Betreiber seine vertragliche Pflicht nicht verletzt hätte. Kommt es z. B. bei einer IT-Anlage infolge fehlerhafter Instandsetzung zu Datenverlusten, die nicht durch ein Einspielen der zuletzt gesicherten Daten wiederhergestellt werden können, weil der Betreiber die Sicherung vertragswidrig unterlassen hat, muss das Instandhaltungsunternehmen den sich aus der unterlassenen Sicherung der Daten ergebenden erhöhten Wiederherstellungsaufwand nicht ersetzen. Es haftet lediglich für den Schaden, der bei ordnungsgemäßer Datensicherung entstanden wäre. Dies gilt sowohl für den Fall, dass der Betreiber die Nebenpflicht schuldhaft verletzt hat (§ 254 BGB), als auch bei fehlendem Verschulden, da über den Instandhaltungsvertrag typische Betreiberrisiken nicht auf Instandhaltungsunternehmen abgewälzt werden können[153].

g.   Nebenpflichten des Instandhaltungsunternehmens

Selbstverständlich haben auch Instandhaltungsunternehmen vielfältige Nebenpflichten, so beispielsweise die Weitergabe von Informationen, die sie von dem Hersteller der technischen Anlage erhalten, die insbesondere deren Betrieb und Instandhaltung betreffen. Solche Pflichten zur Rücksichtnahme auf die Rechte, Rechtsgüter und Interessen werden in § 241 Abs. 2 BGB ausdrücklich genannt. Verletzt ein Instandhaltungsunternehmen diese Pflicht und hat es die Verletzung zu vertreten, ist es dem Betreiber gemäß § 280 Abs. 1 BGB zum Schadensersatz verpflichtet[154], ggf. kann dieser den Instandhaltungsvertrag auch außerordentlich kündigen[155].

---

[153] Hier kann es sogar zum vollständigen Ausschluss des Schadensersatzanspruchs kommen. So hat das OLG Hamm wegen der den Betreiber eines Druckers treffenden Schadensabwendungspflicht einen Schadensersatzanspruch vollständig verneint, weil der Betreiber dem Rat des Instandhaltungsunternehmens nicht gefolgt war, einen zweiten Drucker anzuschaffen, durch den das Risiko einer erheblichen Vermögenseinbuße ausgeschlossen worden wäre (OLG Hamm CR 1997, 604 ff.).

[154] Siehe S. 52 f. mit Hinweis auf BGH VII ZR 164/08, wonach der BGH das Serviceunternehmen zum Schadensersatz verurteilte, weil es sich die Herstelleranweisung zur Instandhaltung nicht beschafft und dadurch einen Schaden von EUR 120.000 verursacht hatte.

[155] Siehe auch S. 109 f.

6. Die Leistungszeit

Der zeitliche Aspekt der Leistungserbringung spielt im Instandhaltungsgeschäft eine wichtige Rolle. Dabei geht es nicht nur darum, wann die jeweiligen Wartungen auszuführen sind. Von größerer Bedeutung ist vielmehr, wann im Störungs- oder Schadensfall mit einer Instandsetzung zu beginnen und wann diese abzuschließen ist, da hiervon z. B. Produktionsausfälle abhängen können. Die Beantwortung dieser Fragen hängt in erster Linie von dem Inhalt des jeweiligen Vertrages ab. Zu unterscheiden ist insbesondere zwischen einfachen Wartungsverträgen und solchen Verträgen, die im Sinne von Vollwartung auch zur Instandsetzung verpflichten. Auch die konkrete Anlage und deren Betriebsbedingungen haben Einfluss auf den zeitlichen Aspekt einer Instandhaltungsmaßnahme[156].

a. Einfache Wartungsverträge

In Wartungsverträgen, bei denen lediglich Inspektions- und Wartungstätigkeiten im Sinne der DIN 31051 geschuldet werden, ist regelmäßig ausdrücklich vereinbart, wann der Vertragsgegenstand gewartet werden soll. Dies betrifft zu einem den tageszeitlichen Aspekt, wenn der Betreiber die zu wartende Anlage beispielsweise zu Geschäfts- oder Betriebszeiten nicht außer Betrieb setzen möchte. Hier treffen die Parteien zumeist eine Vereinbarung darüber, ob Wartungsarbeiten während oder außerhalb der Geschäfts- oder Betriebszeiten ausgeführt werden sollen[157] und ob diese gesondert zu vergüten sind, falls Leistungen außerhalb dieser Zeiten erbracht werden.

Von Bedeutung ist aber auch das zeitliche Intervall, das zwischen den jeweiligen Wartungen liegen soll. Die Parteien vereinbaren dabei vielfach einen festen Wartungsrhythmus, gelegentlich wird es auch dem Instandhaltungsunternehmen (Bedarfswartung) oder dem Betreiber (Wartung auf Abruf) überlassen, wann eine Anlage gewartet werden soll.

aa. Festes Wartungsintervall

Wartungsverträge enthalten häufig Regelungen, nach denen die Arbeiten an der zu betreuenden Anlage in bestimmten, fest vereinbarten Intervallen auszuführen sind. So wird beispielsweise eine monatliche oder quartalsweise Wartung oder ein beliebiges anderes Wartungsintervall vereinbart[158]. Die Parteien haben sich dabei vor der Wartung

---

[156] Mit Problemen um das Arbeitszeitgesetz beschäftigt sich Stückmann, Wartungsarbeiten an Sonntagen bei vollkontinuierlichem Schichtbetrieb, DB 1998, 1462 f.

[157] Siehe z. B. die Ziffern 4.1 und 4.2 des AMEV-Vertragsmusters Instandhaltung 2006, bei denen die Parteien durch Ankreuzen regeln können, wann die jeweiligen Leistungen auszuführen sind (Anhang 3).

[158] Der Wartungs- und Instandhaltungsvertrag des VDMA (siehe S. 42 f.) enthält zu Ziffer 4 Abs. 1 die Regelung, dass der Auftragnehmer verpflichtet ist, in zu vereinbarenden „Zeitabständen von ca. ..." die vertraglichen Leistungen durchzuführen. Alternativ kann nach dem Muster auch vereinbart werden, Leistungen „... mal im Monat/Kalenderviertel-/Kalenderhalb-/Kalenderjahr durchzuführen", wobei zwischen Inspektion und Wartung sowie Instandsetzung unterschieden wird.

über den genauen zeitlichen Einsatz abzustimmen[159]. Instandhaltungsunternehmen können ihre Wartungen, Betreiber die Außerbetriebnahme der Anlage bei solchen Regelungen sinnvoll planen und letztere zudem Angebote verschiedener Unternehmen miteinan-
der vergleichen.

Ein Instandhaltungsunternehmen, das ein vereinbartes Wartungsintervall nicht einhält
und hierdurch den Vertrag verletzt, muss die Wartung nachholen, solange die nächste
vertraglich vorgesehene Wartung noch nicht geschuldet wird. Allerdings kann unter den
nachfolgend erläuterten Voraussetzungen durch eine solche Vertragsverletzung Verzug
im Sinne der §§ 286 ff. BGB mit den entsprechenden Folgen eintreten, wenn das Instandhaltungsunternehmen die nicht zeitgerechte Erfüllung des Vertrages zu vertreten
hat.

> Ist die Wartung in dem Vertrag auf einen konkreten Tag eines Monats festgelegt – dies ist
> allerdings in der Praxis die Ausnahme –, ist also beispielsweise vereinbart, die Wartung
> jeweils am Fünfzehnten eines Monats oder des darauf folgenden Werktages auszuführen,
> gerät das Instandhaltungsunternehmen in Verzug, wenn es die Wartung an dem vereinbar-
> ten Termin aus zu vertretenden Gründen nicht durchführt. Einer Mahnung bedarf es wegen
> der kalendermäßigen Bestimmung der Leistungszeit nicht (§ 286 Abs. 2 Nr. 1 BGB). Das
> Instandhaltungsunternehmen muss dem Auftraggeber den aus durch Verzug entstandenen
> Schaden ersetzen (§§ 286, 280 Abs. 2, 280 Abs. 1 BGB).

> Haben die Parteien vereinbart, dass die Wartung beispielsweise in monatlichen Abständen
> auszuführen ist, können die einzelnen Wartungsintervalle variieren. Hierbei hat das In-
> standhaltungsunternehmen unter Berücksichtigung der Interessen des Auftraggebers einen
> Spielraum, den es entsprechend des § 315 BGB in billigem Ermessen auszuüben hat. Ver-
> zug tritt erst nach – im Streitfall ggf. durch einen Sachverständigen zu bestimmendem –
> Ablauf des Zeitraums, der billigem Ermessen entspricht, und der Mahnung des Auftragge-
> bers im Sinne des § 286 Abs. 1 BGB ein[160]. Auch hier muss das Instandhaltungsunterneh-
> men gemäß §§ 286, 280 Abs. 2, 280 Abs. 1 BGB Schadensersatz leisten, wenn es den
> Verzug zu vertreten hat. Ein solcher Verzugsschaden können Kosten für die erneute Be-
> reitstellung von Personal durch den Betreiber außerhalb der Betriebszeiten sein. Aber auch
> einen Schaden, der dadurch entstanden ist, dass infolge der unterbliebenen Wartung mehr
> Ausschuss produziert worden ist, oder sonstige Schäden, die bei rechtzeitiger Wartung
> nicht eingetreten wären, hat das Instandhaltungsunternehmen zu ersetzen[161].

Ist nach dem Vertrag dagegen bereits die nächste Wartung fällig, hat das Instandhaltungsunternehmen hinsichtlich des abgelaufenen Intervalls den Vertrag teilweise nicht
erfüllt. Rechtlich tritt Teilunmöglichkeit gemäß § 275 Abs. 1 BGB ein[162]. Der Betreiber

---

[159] Siehe z. B. Ziffer 4.4 des AMEV-Vertragsmusters Wartung 2006 (Anhang 2).
[160] Unter den Voraussetzungen des § 286 Abs. 2 Nr. 4 BGB ist eine Mahnung dann entbehrlich, wenn aus
besonderen Gründen unter Abwägung der beiderseitigen Interessen der sofortige Eintritt des Verzuges
gerechtfertigt ist (vgl. hierzu Palandt-Heinrichs § 286 Rd. 25). Auch im Instandhaltungsgeschäft bleibt
diese Ausnahmeregelung auf Sonderfälle begrenzt.
[161] Der VDMA beschränkt in seinem Wartungs- und Instandhaltungsvertrag (siehe S. 42 ff.) in Ziffer 4
Abs. 4 Schadensersatzansprüche aus Verzug auf maximal eine Monatspauschale, es sei denn, es kommt
eine weiter gehende Haftung nach den allgemeinen Regeln der Haftung gemäß Ziffer 6 Abs. 5 in Frage.
[162] OLG Stuttgart BB 1977, 118, 119.

muss die Vergütung anteilig nicht zahlen (§§ 326 Abs. 1 S. 1, 2. Halbsatz, 441 Abs. 3 BGB) oder kann diese bei Vorauszahlung zurückfordern[163].

Der Betreiber kann zudem unter den Voraussetzungen der §§ 283, 280 Abs. 1 BGB Schadensersatz statt der Leistung verlangen, soweit er an der weiteren Erfüllung des Vertrages kein Interesse mehr hat (§ 281 Abs. 1 S. 2 BGB). Dies ist im Instandhaltungsgeschäft allerdings nicht die Regel, da der Auftraggeber und Betreiber der Anlage bei einmalig nicht ausgeführter Wartung regelmäßig weiterhin an der Erfüllung des Vertrages interessiert ist[164]. Mit gleichen Gründen ist in diesem Fall auch ein Kündigungsrecht des Betreibers in der Regel ausgeschlossen (§§ 326 Abs. 5, 323 Abs. 5 S. 2 BGB)[165]. Ist das Instandhaltungsunternehmen zugleich mit der Wartung im Sinne der § 286 BGB in Verzug, hat also der Auftraggeber die Wartung zuvor angemahnt oder ist diese nach § 286 Abs. 2 BGB entbehrlich, kann der Schadensersatz wegen Verzuges gemäß §§ 286, 280 BGB auch für die Zeit nach eingetretener Teilunmöglichkeit verlangt werden.

bb. Bedarfswartung

Nicht in jedem Instandhaltungsvertrag ist ein festes Intervall für die jeweils auszuführende Wartung vereinbart. Vielmehr gibt es auch vertragliche Regelungen, wonach die Wartungen nach Bedarf oder in regelmäßigen, nicht näher bestimmten Abständen durchzuführen sind.

Das Wartungsintervall kann sich bei bedarfsabhängiger Wartung aus einer vertraglich vereinbarten Anzahl von Kopien[166], Fahrten, Produktionsschichten oder sonstiger Mengeneinheiten ergeben. Moderne Technik, insbesondere der Einsatz von Zählern und sonstigen Überwachungseinrichtungen, aber auch die Möglichkeit, Anlagen mit telekommunikativen Mitteln zu überwachen, erlaubt es heute, zwischen der tatsächlichen Abnutzung einer Anlage und der Anzahl der Wartungen eine bedarfsabhängige Verknüpfung herzustellen, ohne dass der Auftraggeber dem Instandhaltungsunternehmen eine entsprechende Mitteilung machen muss[167].

Enthält ein Vertrag lediglich die Regelung, Wartungsarbeiten in regelmäßigen Abständen auszuführen, hat das Instandhaltungsunternehmen die Arbeiten in Zeitabständen zu erbringen, die es nach billigem Ermessen (§ 315 BGB) festlegt. Dabei hat es unter Berücksichtigung ggf. vorhandener Vorschriften oder Normen[168] und seiner Erfahrung als

---

[163] OLG Stuttgart BB 1977, 118, 119.
[164] Siehe Palandt-Heinrichs § 275 BGB Rd. 7: Danach steht die nur teilweise Unmöglichkeit nur in Ausnahmefällen der vollständigen Unmöglichkeit gleich. Siehe auch OLG Stuttgart BB 1977, 118, 119, das ausführt, die einmalige Überziehung um dreieinhalb Wochen stehe wirtschaftlich nicht der Nichterfüllung des ganzen Vertrages gleich. Zu der vergleichbaren Problematik bei Sukzessivlieferungsverträgen Palandt-Grüneberg, Überbl v § 311 BGB Rd. 32 f.
[165] Die gesetzliche Vorschrift gibt hier dem Auftraggeber ein Rücktrittsrecht. Da Wartungsverträge Dauerschuldverhältnisse sind, wirkt ein solches Recht als Kündigungsrecht nur in die Zukunft (siehe S. 124 f).
[166] Moderne Fotokopierer oder andere Geräte insbesondere der Elektrotechnik zeigen heute in den Displays vielfach an, wann eine Instandhaltungsmaßnahme ausgeführt werden sollte.
[167] Siehe zum Teleservice S. 142 ff.
[168] Siehe als Beispiel VDI 3810 Blatt 6, Anhang A 1, in der Richtwerte bei Aufzügen empfohlen werden.

Fachfirma unter anderem die Art der Anlage und deren Betriebsbedingungen, den Grad der tatsächlichen Beanspruchung und die sich daraus ergebende Abnutzung zu berücksichtigen. Es kann also Wartungen nicht in beliebigen Abständen durchführen und darf sich nicht von der Maximierung des Gewinns leiten lassen.

Die jeweilige Wartung wird fällig, wenn die vertraglich vereinbarte Anzahl von Kopien, Fahrten, Schichten etc. erreicht wird oder das Instandhaltungsunternehmen im Rahmen des billigen Ermessens erkennt oder hätte erkennen müssen, dass eine Wartung durchzuführen ist. Bei Überwachungseinrichtungen, bei denen Daten nicht durch Fernübertragung übermittelt werden, bedarf es allerdings der Mitwirkung des Auftraggebers durch Mitteilung an das Instandhaltungsunternehmen. Führt dieses die Wartung nach deren Fälligkeit dann nicht aus, gerät es nach entsprechender Mahnung des Auftraggebers zunächst in Verzug im Sinne des § 286 BGB, wobei unter den Voraussetzungen des § 286 Abs. 2 BGB eine Mahnung nicht erforderlich ist. Ist bereits die nächste Wartung fällig, tritt wiederum Teilunmöglichkeit im Sinne des § 275 Abs. 1 BGB mit gleichen Rechtsfolgen wie bei einem zeitlich fest vereinbarten Wartungsintervall ein.

In einem Wartungsvertrag ließe sich eine bedarfsorientierte Wartung so formulieren:

> Der Auftragnehmer führt die in diesem Vertrag vereinbarten Leistungen nach Bedarf aus. Der Bedarf ergibt sich aus dem Grad der Beanspruchung des Vertragsgegenstandes. Dabei muss eine Wartung alle ... Kopien/Fahrten etc., spätestens jedoch alle ... Monate/Wochen durchgeführt werden.

cc.   Wartung auf Abruf

Insbesondere in der Informationstechnologie, bei Maschinen und Anlagen auch dann, wenn vorrangig eingesetzte Software betreut werden muss, finden sich in der Praxis Vereinbarungen, nach denen Wartungen nur auszuführen sind, wenn der Auftraggeber diese verlangt (sog. Wartung auf Abruf). Dies ist häufig bei Anlagen der Fall, die keiner regelmäßigen Wartung mehr bedürfen, um funktionsfähig zu sein. Wartungen werden zumeist nur im Zusammenhang mit Instandsetzungsmaßnahmen, also im Zuge einer Fehlerbeseitigung an der Software, beim Austausch von Bauteilen oder sonst auf Verlangen des Betreibers ausgeführt[169]. Im Maschinenbau dürften solche Regelungen selten sein, soweit die Anlage oder Maschine regelmäßig geschmiert, gereinigt und ggf. nachgestellt werden muss. Wirtschaftlich sinnvoll können derartige Regelungen auch aus Kostengründen bei nur gelegentlich genutzten technischen Einrichtungen sein.

In der Informationstechnologie werden Klauseln in Serviceverträgen, die Instandhaltungsunternehmen oder Hersteller vorformuliert haben, als wirksam betrachtet, die eine Wartung auf Abruf vorsehen. Sie sind weder überraschend im Sinne von § 305c Abs. 1 BGB

---

[169] Vgl. Zahrnt Anmerkung zu OLG Hamm BB 1989 Beilage 15, S. 8.

noch benachteiligen sie den Vertragspartner unangemessen (§ 307 Abs. 1 BGB)[170]. Anders ist dies bei Anlagen, die im klassischen Sinne regelmäßig geschmiert, nachgestellt und gereinigt werden müssen, damit deren Betriebssicherheit gewährleistet ist. In diesem Fall benachteiligt die Vereinbarung einer Wartung auf Abruf den die Anlage betreibenden Vertragspartner des Klauselverwenders im Sinne von § 307 Abs. 1 BGB unangemessen, da der vertragliche Zweck des Instandhaltungsvertrages, den möglichst störungsfreien Betrieb der Anlage zu gewährleisten, nicht mehr sichergestellt werden kann.

Ruft der Betreiber eine Wartung ab, wird diese nach Ablauf einer Dispositionszeit für Personal und Material fällig. Erst nach Ablauf dieser Dispositionszeit und Mahnung tritt Verzug im Sinne des § 286 BGB ein, soweit diese nicht ausnahmsweise nach § 286 Abs. 2 BGB entbehrlich ist[171].

b. Vollwartungsverträge

Bei Vollwartungsverträgen sind Instandhaltungsunternehmen regelmäßig im Sinne der DIN 31051 nicht nur zur Inspektion und Wartung verpflichtet, sondern auch zur Instandsetzung[172]. Inspektionen und Wartungen sind dabei entsprechend der vertraglichen Vereinbarung auszuführen. Zur Fälligkeit der Leistung und zum Verzug gelten daher die zu einfachen Wartungsverträgen dargelegten Grundsätze entsprechend[173].

Instandsetzungsarbeiten werden fällig, wenn der Servicetechniker während der vorbeugenden Wartung erkennt oder hätte erkennen können, dass ein Bauteil defekt ist oder in Kürze ausfallen wird und eine Instandsetzungsmaßnahme innerhalb einer im Einzelfall zu bemessenden Dispositionszeit vorbeugend vorgenommen werden muss. Das Instandhaltungsunternehmen gerät nach entsprechender Mahnung des Auftraggebers oder unter den sonstigen Voraussetzungen des § 286 Abs. 2 BGB in Verzug, wenn es das Unterlassen der Maßnahme zu vertreten hat[174]. Die Rechtsfolge ist auch hier ein der Höhe nach nicht begrenzter Schadensersatzanspruch aus Verzug (§§ 286, 280 Abs. 2, 280 Abs. 1 BGB).

---

[170] OLG Hamm CR 1989, 515 = BB 1989 Beilage 15 S. 8; Anmerkungen Zahrnt zu OLG Hamm BB 1989 Beilage 15 S. 8; Thamm/Pilger, Anhang § 9, Wartungsvertrag, Rd. 8; OLG Karlsruhe CR 1987, 232, 233.
[171] Siehe zu den Rechtsfolgen S. 68 f.
[172] Siehe S. 25 f.
[173] Siehe S. 67 ff. Der Umstand, dass das Instandhaltungsunternehmen auch zur mit der Vergütung abgegoltenen Instandsetzung verpflichtet ist, führt nicht dazu, hier eine andere Bewertung vorzunehmen. Der möglichst störungsfreie Zustand kann nur durch ein Zusammenwirken von Wartung und Instandsetzung gewährleistet werden. Insoweit sind auch bei Vollwartungsverträgen beispielsweise fest vereinbarte Wartungsintervalle durch das Instandhaltungsunternehmen zu beachten.
[174] Der Verzugsschaden ist von dem Schadensersatzanspruch wegen fehlerhafter Ausführung im Sinne der §§ 633 ff. BGB zu unterscheiden. Insbesondere ist eine Schlechtleistung nicht gegeben, wenn das Instandhaltungsunternehmen nach einer Störungs- oder Schadensmeldung die Instandsetzung nicht ausführt. Die Grenzen sind allerdings fließend, da eine Schlechtleistung ggf. dann angenommen werden kann, wenn das Instandhaltungsunternehmen bei einer Wartung hätte erkennen müssen, dass zugleich eine vorbeugend wirkende Instandsetzung auszuführen gewesen wäre und es diese unterlässt.

Meldet der Auftraggeber eine Störung oder einen Schaden, der eine Instandsetzungsmaßnahme zur Folge hat, wird diese nach einer angemessenen Zeitspanne fällig, die dem Instandhaltungsunternehmen zur Beschaffung von Personal und Material eingeräumt werden muss. Nimmt es aus von ihm zu vertretenden Gründen die Instandsetzung nicht innerhalb dieser jeweils im Einzelfall zu bestimmenden Frist auf, kommt es nach Mahnung
im Sinne von § 286 Abs. 1 BGB oder unter den sonstigen Voraussetzungen des § 286
Abs. 2 BGB in Verzug. Auch hier hat der Auftraggeber gemäß §§ 286, 280 Abs. 2, 280
Abs. 1 BGB Anspruch auf Schadensersatz, wenn beispielsweise wegen der verspätet ausgeführten Reparatur ein Produktionsausfall eingetreten ist und das Instandhaltungsunternehmen den Verzug zu vertreten hat. Allerdings ist bei dessen Höhe die mutmaßliche
oder tatsächliche Dauer der Instandsetzungsmaßnahme zu berücksichtigen.

c.   Sonstige vertragliche Festlegungen zur zeitlichen Erfüllung

Instandhaltungsverträge regeln heute vielfach Aspekte, die in Zusammenhang mit der
Verfügbarkeit der Anlage zu sehen sind. Mag der Stillstand einer Maschine immer schon
unerwünscht sein, kommt in Zeiten, in denen ,just in time' gedacht wird, in denen jeder
Ausfall Kosten in Form von Arbeitsentgelt und sonstiger Ressourcenbindung bedeutet,
der möglichst dauerhaften Funktionsfähigkeit der zu betreuenden Anlage die eigentliche
Bedeutung zu: Eine Werkzeugmaschine soll produzieren, eine Fahrtreppe Mobilität gewährleisten usw. Betreiber von technischen Einrichtungen wollen daher wissen, wann der
Service des Herstellers oder Instandhaltungsunternehmens erreichbar ist (Ansprechzeit),
wie schnell er Tätigkeiten zur Entstörung aufnehmen kann (Reaktionszeit), besser noch,
wie schnell eine Störung beseitigt werden kann (Beseitigungszeit). Oder die Parteien stellen die Funktionsfähigkeit so in der Vordergrund, dass die zuvor erwähnten Begriffe sich
der Verfügbarkeit der Anlage selbst unterordnen (Verfügbarkeitszusagen).

aa.   Ansprech- und Reaktionszeiten

Die Parteien eines Instandhaltungsvertrages vereinbaren häufig, innerhalb welcher Zeiten
Störungsmeldungen entgegengenommen werden müssen (sog. Ansprechzeiten) und in
welcher Frist Arbeiten zur Instandsetzung nach Meldung einer Störung oder eines Fehlers
aufzunehmen sind (sog. Reaktionszeiten). Mit solchen Regelungen ist ein erster Schritt
zu einer möglichst hohen Verfügbarkeit einer technischen Einrichtung getan, ohne dass
das Instandhaltungsunternehmen bereits verpflichtet ist, die gemeldete Störung innerhalb
dieser Zeit auch zu beheben.

Ansprech- und Reaktionszeiten sind insbesondere in der Informationstechnologie verbreitet[175]. Aber auch im Maschinen- und Anlagenbau, beispielsweise bei einer in einen Produktionsprozess integrierten Werkzeugmaschine oder bei Fahrtreppen eines großen Einkaufszentrums, bestehen Betreiber auf entsprechenden Vorgaben.

---

[175] Siehe als Beispiel die umfangreichen Regeln in den Ziffern 3.3 und 4.4 in dem Instandhaltungsvertrag
EVB-IT Instandhaltung.

bb. Beseitigungszeiten

Von Ansprech- und Reaktionszeiten sind sog. Beseitigungszeiten zu unterscheiden. Ansprech- und Reaktionszeiten beziehen sich darauf, wann mit einer Instandsetzungsmaßnahme an einer technischen Einrichtung begonnen werden kann. Mit Beseitigungszeiten wird dem Instandhaltungsunternehmen dagegen auferlegt, die Betriebsstörung oder einen Schadensfall innerhalb der zugesagten Zeit so zu beheben, dass die technische Einrichtung spätestens am Ende der Beseitigungszeit wieder genutzt werden kann[176].

cc. Verfügbarkeitszusagen

Verfügbarkeitszusagen sind demgegenüber in der Regel eigenständige vertragliche Zusagen in einem Liefer- oder Instandhaltungsvertrag, die zum Inhalt haben, dass eine technische Einrichtung für eine bestimmte, in einer Prozentzahl festgelegten Zeit betriebsbereit zu sein hat[177]. Wie der Hersteller oder das Instandhaltungsunternehmen diese Zusage sicherstellt, wird dabei nicht geregelt. Die zügige Beseitigung von Störungen ist insoweit nur eine, das Vorhalten von Ersatzteilen beim Betreiber eine andere von mehreren Möglichkeiten.

dd. Rechtsfolgen bei nicht eingehaltenen Zusagen

Ansprech- und Reaktionszeiten sind vertragliche Zusagen, innerhalb welcher Zeit der Servicepartner erreicht werden kann bzw. wann er mit einer Instandsetzungsmaßnahme beginnt. Bezogen auf die auszuführende Instandsetzungsmaßnahme handelt es sich jeweils nicht um eine nach dem Kalender bestimmte oder bestimmbare Zeit der Leistung im Sinne des § 286 Abs. 2 Nr. 1, Nr. 2 BGB. Bei den Rechtsfolgen ist deswegen zwischen dem Nichteinhalten der Ansprechzeit bzw. Überschreiten der Reaktionszeit und dem Verzug mit der Instandsetzung zu unterscheiden[178]. Die schuldhafte Nichtbeachtung einer vertraglich zugesagten Ansprech- bzw. Reaktionszeit hat daher im Sinne der Verletzung einer vertraglichen Verpflichtung einen Anspruch auf Schadensersatz gemäß § 280 BGB zur Folge[179].

---

[176] Vgl. hierzu Schneider, Handbuch des EDV-Rechts, G Rz. 71; soll im Einzelfall nicht eine Reaktionszeit, sondern eine Beseitigungszeit zugesagt werden, sind Voraussetzungen wie auch die Rechtsfolgen mit besonderer Sorgfalt zu formulieren.

[177] Zu Verfügbarkeitsgarantien siehe auch Thamm/Pilger, Anhang § 9, Einkaufsbedingungen, Rd. 15, 16.

[178] Vgl. auch § 5 Abs. 4 VOB/B, wonach zwischen der Verzögerung mit dem Beginn der Ausführung und dem Verzug mit der Vollendung unterschieden wird.

[179] Im Sinne einer Pflichtverletzung auch Wohlgemuth, Computerwartung S. 109. Siehe ferner Schneider, Handbuch des EDV-Rechts, G Rz. 72, 73, der zudem eine Kündigung aus wichtigem Grund für möglich hält. Das einmalige Überschreiten beispielsweise der Reaktionszeit ist allerdings wie auch das einmalige Auslassen einer Wartung nicht ausreichend für eine Kündigung aus wichtigem Grund. Denkbar wäre, entsprechend § 5 Abs. 4 VOB/B Verzug mit dem Leistungsbeginn anzunehmen. Dieser ist im Sinne des § 286 Abs. 2 Nr. 2 BGB nach dem Kalender bestimmbar. Rechtsfolge wäre dann Schadensersatz gemäß §§ 286, 280 Abs. 2, Abs. 1 BGB.

Dabei muss das bloße Überschreiten der Reaktionszeit nicht zwangsläufig einen Schaden verursachen, den das Instandhaltungsunternehmen zu vertreten hat. Kann beispielsweise der Servicetechniker, der schuldhaft verspätet an der Anlage eintrifft, die Störung mit vorhandenen Werkzeugen oder Ersatzteilen nicht beheben und wäre dies auch der Fall gewesen, wenn er rechtzeitig eingetroffen wäre, ist die nicht eingehaltene Reaktionszeit nicht ursächlich für den konkret eingetretenen Schaden, der sich beispielsweise aus dem Stillstand der Anlage ergibt, weil diese ohnehin erst am nächsten Tag hätte instand gesetzt werden können. Schadensersatz muss das Instandhaltungsunternehmen in diesem Fall allerdings leisten, soweit dem Auftraggeber zusätzliche Kosten für Personal entstanden sind, weil er dieses in der Erwartung des rechtzeitigen Eintreffens des Servicetechnikers vorgehalten hat[180]. Kann der Servicetechniker dagegen den Schaden sofort beheben, besteht bei verspätetem Eintreffen ein Anspruch auf Ersatz des eingetretenen Schadens aus §§ 286, 280 BGB, da das Serviceunternehmen dann in der Regel auch mit dem Abschluss der Instandsetzung in Verzug gerät. Bei diesem Schadensersatzanspruch darf allerdings wiederum nicht die gesamte Ausfallzeit der Anlage berücksichtigt werden, sondern nur der Zeitraum der Verspätung, da für die Störungsbehebung in jedem Fall Zeit benötigt wird[181].

Anders ist dies bei Beseitigungszeiten. Hier geht die vertragliche Zusage weiter, so dass auch die Rechtsfolge eine andere ist. Hält das Instandhaltungsunternehmen die vertraglich zugesagte Beseitigungszeit aus von ihm zu vertretenden Gründen nicht ein, verletzt es nicht nur diese vertragliche Pflicht, sondern gerät zudem mit der Instandsetzungsmaßnahme in Verzug, ohne dass es einer Mahnung bedarf (§ 286 Abs. 2 Nr. 2 BGB). Die Rechtsfolge ist wiederum Ersatz des aus diesem Verzug entstandenen Schadens.

Verfügbarkeitszusagen beschränken sich demgegenüber nicht darauf, dass sie die zeitliche Erfüllung von Instandsetzungsarbeiten konkretisieren. Vielmehr stellen diese eine eigenständige vertragliche Zusage zur Beschaffenheit des Instandhaltungswerkes dar. Dies entspricht einer vertraglichen Garantiezusage. Wird eine solche Zusage nicht eingehalten, steht dem Auftraggeber daher ein direkter Schadensersatzanspruch aus § 280 BGB zu[182].

---

[180] Wenn Zahrnt in Vertragsrecht für IT-Fachleute, Ziffer 13.3.3 (4) von einer „Fixfrist" spricht, deren Überschreitung auch ohne Mahnung Schadensersatz auslöst, ist dies richtig, soweit hinsichtlich des kausal entstandenen Schadens entsprechend der hier gemachten Ausführungen differenziert wird. Führt die Überschreitung der Reaktionszeit zugleich zum Verzug mit der Störungsbeseitigung, ist eine Differenzierung im Ergebnis entbehrlich. Ggf. kann in diesem Fall ohne Mahnung Verzug mit der sich anschließenden Instandsetzungsmaßnahme eintreten, soweit dies aus besonderen Gründen unter Abwägung der beiderseitigen Interessen gerechtfertigt ist (§ 286 Abs. 2 Nr. 4 BGB).

[181] Denkbar ist auch, dass bei einer sofort behebbaren Störung kein Schadensersatzanspruch wegen Verzuges mit der Störungsbeseitigung gegeben ist, wenn beispielsweise vertraglich durch den Auftraggeber zugesagte Unterstützung nicht geleistet wird oder das Instandhaltungsunternehmen, das erkennt, dass es die Reaktionszeit nicht einhalten kann, über die vertragliche Verpflichtung hinaus mit einem weiteren Servicetechniker erscheint und hierdurch die Zeitverzögerung wieder aufholt. Der eigenständige, sich aus der Verletzung der Reaktionszeit ergebende Schadensersatzanspruch sowie die sonst vertraglich festgelegten Ansprüche wie z. B. eine vergütungsabhängige Strafe mögen zwar bestehen bleiben. Insbesondere der Schadensersatzanspruch bezieht sich dann aber nicht auf einen möglichen, im Instandhaltungsgeschäft häufig relevanten Produktionsausfallschaden.

[182] Siehe zu den engen Grenzen bei der vertraglichen Gestaltung solche Zusagen durch Hersteller oder Instandhaltungsunternehmen wegen der Vorgaben des § 639 BGB S. 76 Fn. 184 und S. 138 Fn. 460.

ee. Hinweise zur Gestaltung

Wollen die Parteien eines Instandhaltungsvertrages zu Ansprech- und Reaktionszeiten oder weiter gehend zu Beseitigungszeiten oder zu Verfügbarkeiten Regelungen treffen, müssen die sich daraus ergebenden Pflichten, insbesondere das begriffliche Verständnis der jeweiligen vertraglichen Zusagen eindeutig festgelegt werden, da das Bürgerliche Gesetzbuch zu diesen Begriffen keine Vorgaben macht. Ferner sollten im Rahmen der gesetzlichen Vorgaben mögliche Rechtsfolgen geregelt werden, wenn Zusagen durch den Auftragnehmer nicht eingehalten werden.

(1) Ansprech- und Reaktionszeiten

Die vorgenannten Hinweise gelten bei Ansprech- und Reaktionszeiten insbesondere für die konkreten Zusagen des Instandhaltungsunternehmens und für den Inhalt einer Störungsmeldung durch den Betreiber. Letzterem kommt es dabei darauf an, den Vertragsgegenstand möglichst schnell wieder nutzen zu können, während das Instandhaltungsunternehmen erst nach Eingang einer qualifizierten Störungsmeldung angemessen reagieren kann. Es ist zudem nicht in jedem Fall in der Lage, aus der Störungsmeldung zu erkennen, was ggf. zu unternehmen ist, insbesondere, ob die entsprechenden Ersatzteile vorrätig sind. Ferner lässt sich häufig nicht überblicken, wie viel Zeit die Instandsetzung beanspruchen wird.

In Instandhaltungsverträgen, die für den Beginn von Störungsbeseitigungsarbeiten eine Reaktionszeit vorsehen, wird vielfach zugleich die Rechtsfolge wegen der Verletzung der Reaktionszeit geregelt. Häufig wird dabei die Nichteinhaltung der Ansprech- bzw. Reaktionszeit mit einer (Vertrags)strafe belegt, mögliche Schadensersatzansprüche aber auch sinnvoll begrenzt. Zu unterscheiden ist dabei zunächst wiederum zwischen der Verletzung der Reaktionszeit und dem Verzug mit der Instandsetzungsmaßnahme[183], auch wenn die Praxis dieser Differenzierung selten Beachtung schenkt.

In einem Instandhaltungsvertrag ließe sich zum Beispiel zur Reaktionszeit vereinbaren:

> Der Auftragnehmer nimmt innerhalb von ... Stunden / ... Tagen nach Eingang einer schriftlichen Störungsmeldung Instandsetzungsarbeiten an dem Vertragsgegenstand auf. Diese Reaktionszeit gilt nicht bei Störungsmeldungen an Wochenenden und gesetzlichen Feiertagen sowie sonst in der Zeit zwischen ... und ... Uhr. Beginn der Arbeiten ist das Eintreffen des Servicetechnikers an dem Vertragsgegenstand bzw. die telefonische Kontaktaufnahme bei dem Auftraggeber, soweit hierdurch die Störung behoben werden kann.

Die Regelung zur Reaktionszeit kann hinsichtlich ihrer Rechtsfolge entsprechend ergänzt werden:

---

[183] Siehe S. 73 f.

Hält der Auftragnehmer die vereinbarte Reaktionszeit aus Gründen nicht ein, die er zu vertreten hat, kann der Auftraggeber für jeden Fall der Nichteinhaltung eine Gutschrift in Höhe von ... % der monatlichen/jährlichen Wartungsvergütung verlangen. Weiter gehende Ansprüche wegen Verletzung der Reaktionszeit sind mit der Pauschale abgegolten. Dies gilt nicht für mögliche Ansprüche wegen Verzuges mit der Instandsetzung[184], für die Ziffer ...(allgemeine Regelung zur Haftung) dieses Vertrages gilt.

(2) Beseitigungszeiten und Verfügbarkeitszusagen

Bei vertraglichen Regelungen zu Beseitigungszeiten und zur Verfügbarkeit findet in dem Instandhaltungsvertrag eine Risikoverlagerung vom Auftraggeber und Betreiber der Anlage auf das Instandhaltungsunternehmen statt. Dies lässt solche Regelungen näher an Betreiberverträge bzw. Betriebsführungsverträge heranrücken, so dass insbesondere bei den Rechtsfolgen einer Pflichtverletzung eine angemessene Verteilung zwischen den Risiken des betreibergetriebenen Produktionsprozesses, der Vergütung des Vertrages und der Größe bzw. wirtschaftlichen Substanz der Parteien vorgenommen werden sollte.

(3) Zusagen in Allgemeinen Geschäftsbedingungen

In Instandhaltungsverträgen, die Betreiber vorformulieren und damit den §§ 305 ff. BGB unterliegen, besteht das Risiko, dass Regelungen zu Beseitigungszeiten, aber auch zu Verfügbarkeitszusagen wegen unangemessener Benachteiligung des Instandhaltungsunternehmens unwirksam sind, da sie von dem Grundgedanken, den nur möglichst störungsfreien Betrieb zu schulden, zugunsten des Betreibers abweichen[185]. Solche Regelungen müssen daher dem Auftragnehmer eine faire und angemessene Möglichkeit einräumen, die Zusagen auch einzuhalten. Im Zweifel sei Betreibern empfohlen, solche Regelungen als Individualvereinbarung im Sinne des § 305b BGB in den Vertrag einzubringen.

Machen Hersteller oder Instandhaltungsunternehmen in ihren Allgemeinen Geschäftsbedingungen solche Zusagen, sind nicht nur die Vorschriften der §§ 305 ff. BGB zu beachten, sondern insbesondere auch die strenge Regelung zur Garantie (§ 639 BGB). Der hier gemachte Formulierungsvorschlag zur Reaktionszeit sollte den jeweiligen Vorgaben allerdings genügen.

---

[184] Nach der Schuldrechtsreform ist der Gestaltungsspielraum wegen der gesetzlichen Regelungen zur Garantie (§§ 443, 444, 639 BGB) für denjenigen verschärft worden, der eine Garantie zusagt. Der hier gemachte Vorschlag kann aber nach der Konkretisierung des Gesetzgebers zu den §§ 444, 639 BGB als eigenständige Garantie eines Werkes verstanden werden, die auch ein Instandhaltungsunternehmen für seine Verträge nutzen kann (vgl. auch die allgemeinen Ausführung zur Haftung und deren Gestaltung S. 134 ff.).

[185] Zur Wirksamkeit sog. Verfügbarkeitsgarantien vergleiche Thamm/Pilger, Anhang § 9, Einkaufsbedingungen, Rd. 15, 16 (Rechtslage bis zur Schuldrechtsreform).

7. Die Vergütung

Für die Instandhaltung der zu betreuenden technischen Einrichtung(en) erhält das Serviceunternehmen eine mit dem Vertragspartner vereinbarte Vergütung. Dabei sind Besonderheiten des Instandhaltungsgeschäfts zu beachten. Dies betrifft insbesondere die Art der Vergütung und deren Zahlung sowie die Frage, ob und unter welchen Voraussetzungen den Parteien das Recht zusteht, ihre Leistungen jeweils verweigern zu dürfen, ferner, wann die Vergütung eines Instandhaltungsvertrages wegen veränderter Kostenstrukturen angepasst werden kann (Kapital 8).

a. Pauschale Vergütung

In der Praxis wird als Vergütung für die Instandhaltung einer Maschine oder Anlage zumeist eine Pauschale vereinbart, die sich auf einen bestimmten Leistungszeitraum (Monate, Quartale oder Jahre[186]) bezieht[187]. Klarstellend wird festgehalten, welche Leistungen von der Pauschale erfasst sind. Dies sind in erster Linie die mit der Pauschale abgegoltenen Nebenkosten der Leistung[188]. Bei vertraglich vereinbarten Leistungsausschlüssen wie unsachgemäßem Gebrauch einer Anlage oder Änderung gesetzlicher Vorschriften werden Leistungen demgegenüber gegen zusätzliche Vergütung ausgeführt[189]. Ferner wird häufig bestimmt, ob und wie Mehrkosten für solche Arbeiten zu vergüten sind, die das Instandhaltungsunternehmen außerhalb vertraglich vereinbarter Arbeitszeiten ausführt[190].

Diese als Pauschale vereinbarte Vergütung hat der Auftraggeber jeweils in festen zeitlichen Abständen zu zahlen. Solche Abstände können mit dem Leistungszeitraum, nach dem sich die Pauschale bemisst, oder mit dem Wartungsintervall[191] übereinstimmen, müssen dies aber nicht[192]. Es kann also z. B. sein, dass die Vergütung je Monat verein-

---

[186] In den AMEV-Vertragsmustern Wartung 2006 und Instandhaltung 2006 ist die Vergütung als Jahrespauschale vorgesehen (vgl. jeweils die Ziffern 5.1 in Anhängen 2 und 3). In Ziffer 3 des Instandhaltungsvertrages EVB-IT Instandhaltung wird von monatlichen Pauschalen gesprochen. Das Vertragsmuster des VDMA überlässt es in Ziffer 2 Abs. 1 S. 1 den Parteien, eine monatliche oder vierteljährliche Vergütung zu vereinbaren. Zur möglichen Bedeutung des jeweiligen Zeitraumes im Fall der Kündigung siehe S. 103 Fn. 319.

[187] Bei Softwarepflegeverträgen bemisst sich die Vergütung in der Regel an dem (Lizenz)wert der Software (vgl. Schneider, Handbuch des EDV-Rechts, K Rz. 214, 220; Hartmann/Thier, Typologie der Softwarepflegeverträge, CR 1998, S. 581, 583 f.).

[188] Siehe in dem AMEV-Vertragsmuster Wartung 2006 Ziffer 5.1. Danach sind u. a. Fahr- und Transportkosten, Auslösungen, Tage- und Übernachtungsgelder, Schmutz- und Erschwerniszulagen, Überstunden- sowie Sonn- und Feiertagszuschläge mit der Vergütung abgegolten (Anhang 2).

[189] Siehe zu Leistungsausschlüssen S. 54 ff.; vgl. ferner die Ziffern 5.1.1 und 5.1.2 des AMEV-Vertragsmusters Instandhaltung 2006 (Anhang 3).

[190] So in Ziffer 2 Abs. 2 des Wartungs- und Instandhaltungsvertrages des VDMA (siehe S. 42 f.).

[191] Siehe S. 67 f.

[192] In Ziffer 5.6 des AMEV-Vertragsmusters Wartung 2006 haben die Parteien die Möglichkeit, zwischen jährlicher Zahlung nach Leistungserbringung, in Teilbeträgen halbjährlich nach Leistungserbringung und sonstiger, frei gestaltbarer Zahlung zu wählen (Anhang 2). In Ziffer 3.2 des Instandhaltungsvertrages EVB-IT Instandhaltung ist den Parteien in vergleichbarer Weise die Möglichkeit gegeben, die Rechnungsstellung und Zahlung frei zu wählen.

bart ist und im Voraus je Quartal zu zahlen ist, während das Instandhaltungsunternehmen die Anlage alle sechs Wochen wartet. Ob und wann tatsächlich Instandhaltungsleistungen erbracht werden, ist für die Zahlung der Vergütung im Beispielsfall ohne Bedeutung.

Solche Regelungen haben überwiegend praktische Gründe, da sich für beide Seiten Aufwand verringert, wenn die Vergütung beispielsweise nur einmal im Jahr gezahlt wird. In pauschal vereinbarten Vergütungen spiegelt sich zudem wider, dass Instandhaltungsverträge Dauerschuldverhältnisse sind, für die es typisch ist, dass sich die Vergütung nach Zeiträumen bemisst (siehe hierzu z. B. §§ 580a, 621 BGB für Kündigungsfristen). Zugleich zeigt sich darin aber auch deren werkvertraglicher Charakter, da der möglichst störungsfreie Betrieb der betreuten technischen Einrichtung nur durch eine ständige Pflichtenanspannung sichergestellt werden kann. Die Zahlungsregelung hat zudem für ein Unternehmen mit großem Wartungsgeschäft Einfluss auf dessen Liquiditätsplanung.

In Wartungsverträgen kann eine pauschale Vergütung sowie deren Zahlung wie folgt vereinbart werden:

> Für die Leistungen gemäß Ziffer(n) ... dieses Vertrages erhält der Auftragnehmer eine monatliche/jährliche/etc. Vergütung in Höhe von netto € ... zuzüglich jeweils gültiger Umsatzsteuer. Mit der Vergütung sind die Leistungen zu Ziffer(n) ... dieses Vertrages einschließlich aller Nebenkosten abgegolten.
>
> Der Auftraggeber hat die Vergütung zum Ende eines Quartals nach Rechnungserhalt innerhalb von vierzehn Tagen ohne Abzug zu zahlen.

Die Vergütung kann auch in Formularverträgen, die Serviceunternehmen gegenüber ihren Kunden verwenden, als Netto-Vergütung ausgewiesen werden. Im unternehmerischen Geschäftsverkehr ist dies ohnehin Handelsbrauch[193], im Verkehr gegenüber Verbrauchern bleiben Instandhaltungsverträge als Dauerschuldverhältnisse vom Verbot kurzfristiger Preiserhöhung im Sinne des § 309 Nr. 1 BGB ausgenommen[194], so dass Veränderungen der Umsatzsteuer ‚durchwandern'. Zählt ein Instandhaltungsunternehmen auch Letztverbraucher[195] zu seinen Kunden, muss es § 1 Abs. 1 S. 1 Preisangabenverordnung (PAngV) beachten und die Vergütung zu Beginn des Vertrages und bei einer späteren Preisanpassung einschließlich Umsatzsteuer und sonstiger Preisbestandteile (Endpreise) angeben. Ein Änderungsvorbehalt zur Vergütung, insbesondere zur Umsatzsteuer darf jedoch gemäß § 1 Abs. 5 Nr. 2 PAngV gemacht werden, weil bei Instandhaltungsverträgen die Leistungen im Rahmen eines Dauerschuldverhältnisses erbracht werden[196].

---

[193] Dies ist nicht unstreitig: siehe Ulmer/Brandner/Hensen-Ulmer, § 305b BGB Rd. 20 m. w. N. in Fn. 55.

[194] Siehe zur Preisanpassung S. 85 ff.

[195] Selbstständig beruflich oder gewerblich Tätige zählen nicht zu Letztverbrauchern (§ 9 Abs. 1 Nr. 1 PAngV).

[196] Mit den §§ 305 ff. BGB, nach denen sich die zivilrechtliche Wirksamkeit von Klauseln beurteilt, und der PAngV, die im Interesse der marktpolitischen Ordnung Letztverbraucher durch klare und wahre Preisangaben schützen soll, verfolgt der Gesetzgeber unterschiedliche Absichten. Dies zeigt sich auch darin, dass ein Verstoß gegen die PAngV ordnungswidrig ist (§ 10 PAngV), während ein Verstoß gegen die §§ 307 ff. BGB die Unwirksamkeit der Klausel zur Folge hat.

b.   Vergütung je Wartung

Schuldet ein Instandhaltungsunternehmen lediglich einfache Inspektions- oder Wartungsarbeiten oder werden die Wartungen in unregelmäßigen Abständen oder auf Abruf ausgeführt[197], vereinbaren die Parteien gelegentlich, dass die Vergütung für jede einzelne Wartung zu zahlen ist. Das Instandhaltungsunternehmen legt nach einer durchgeführten Wartung Rechnung, die durch den Auftraggeber innerhalb der vereinbarten Zahlungsfrist auszugleichen ist.

Eine Vergütung je Wartung kann in einem Kundendienstvertrag wie folgt geregelt werden:

> Der Auftragnehmer erhält für jede durchgeführte Wartung eine Vergütung in
> Höhe von netto € ... zuzüglich jeweils gültiger Umsatzsteuer. Der Auftragnehmer
> legt nach jeder durchgeführten Wartung Rechnung, die nach Erhalt innerhalb von
> vierzehn Tagen ohne Abzug auszugleichen ist.

c.   Vergütung nach Aufwand

Die Praxis des Instandhaltungsgeschäfts kennt auch Regelungen, nach denen die Leistung
nach dem tatsächlich entstandenen Aufwand abgerechnet wird. Dabei können für den
personellen Aufwand ein fester Stundenlohn, für Ersatzteile entsprechende Preislisten
vereinbart werden. Die Vergütung ist jeweils zu zahlen, nachdem das Instandhaltungsunternehmen seine Leistung erbracht und entsprechend Rechnung gelegt hat.

Solche Regelungen entsprechen nicht dem herkömmlichen Verständnis langfristiger Instandhaltungsverträge, bei denen der möglichst störungsfreie Betrieb technischer Einrichtungen gegen Zahlung einer pauschalen Vergütung geschuldet wird. Vielmehr stehen
Regelungen dieser Art entweder einmaligen Inspektions- und Wartungsaufträgen bzw.
Reparaturverträgen näher oder betreffen sehr umfangreiche Instandhaltungsleistungen
beispielsweise ganzer Gebäude, bei denen die Parteien ganz bewusst nach Aufwand abrechnen wollen. Sinnvoll sind solche Vereinbarungen daher vor allem in den Fällen, in
denen technische Einrichtungen eine Standardisierung der Leistung nicht zulassen und
damit eine pauschale Vergütung nicht kalkulierbar ist[198].

d.   Vorleistung der Vergütung

Enthält ein Instandhaltungsvertrag keine Regelung darüber, wann der Auftraggeber die
Vergütung zu zahlen hat, muss das Instandhaltungsunternehmen vorleisten. Die Vergütung wird erst bei Abnahme oder Vollendung der Leistung (§§ 640, 646, 641 BGB) fällig.

---

[197] Siehe S. 71 f.
[198] Siehe als Beispiel die Regelungen in den Ziffern 4.1 und 4.2 des Instandhaltungsvertrages EVB-IT-
Instandhaltung, die die Möglichkeit geben, dass Leistungen auch nach Aufwand vergütet werden.

Von dieser gesetzlichen Regelung weicht die Praxis allerdings regelmäßig ab. Zahlung der Vergütung und Ausführung der einzelnen Instandhaltungstätigkeiten werden voneinander getrennt[199]. Vielfach wird zudem vereinbart, dass die Vergütung im Voraus, also zu einem Zeitpunkt zu entrichten ist, zu dem das Instandhaltungsunternehmen seine Tätigkeiten noch nicht oder nicht vollständig erbracht hat. Verbreitet sind dabei insbesondere jährliche[200], aber auch quartalsweise[201] Vorauszahlungen.

Im Geltungsbereich der gesetzlichen Regelungen zur Gestaltung rechtsgeschäftlicher Schuldverhältnisse durch Allgemeine Geschäftsbedingungen (§§ 305 ff. BGB), insbesondere also bei vom Instandhaltungsunternehmen vorformulierten Instandhaltungsverträgen, darf der Vertragspartner nur zu einer maßvollen Vorauszahlung verpflichtet werden[202]. Anderenfalls würde er unangemessen benachteiligt (§ 307 BGB). Nicht mehr maßvoll ist es im Geschäftsverkehr gegenüber Verbrauchern dabei, wenn die Vergütung eines Wartungsvertrages jährlich im Voraus zu entrichten ist[203]. Andererseits benachteiligt eine je Quartal im Voraus zu zahlende Vergütung jedenfalls den unternehmerischen Geschäftspartner nicht unangemessen, ist also wirksam[204].

> Eine jährliche Vorausleistung der Vergütung lässt sich nach Meinung des OLG München nicht stichhaltig begründen, da sie nicht mehr mit dem gesetzlichen Leitbild des Werkvertrages zu vereinbaren sei und den Vertragspartner unangemessen benachteilige (§ 307 Abs. 1 S. 1 BGB)[205]. Das OLG München begründet dies in erster Linie damit, dass dem Auftraggeber bei der Vorauszahlung sein Druckmittel für schnelles und ordnungsgemäßes Tätigwerden des Auftragnehmers genommen werde. Dabei ließ es zu Recht den Hinweis der Beklagten nicht gelten, eine solche Regelung führe für beide Seiten zu weniger Aufwand und damit auch zu Kostenersparnissen für den Kunden. Unberücksichtigt bleibt aber der Umstand, dass Instandhaltungsunternehmen in aller Regel nicht darauf bedacht sind, kurzfristigen Gewinn aus dem Vertrag zu erzielen, sondern eine längere Bindung, möglichst über Jahre hinweg anstreben. Dies gibt Wartungskunden in aller Regel das bei jährlicher Vorauszahlung aus den Händen gegebene Druckmittel zurück. Der an der Entscheidung des OLG München geäußerten Kritik ist zudem Recht zu geben, als Unternehmen nicht ohne weiteres unseriöses Verhalten unterstellt werden kann[206], zumal eine Vorauszahlung von jährlich ca. netto € 140,00 für die Wartung eines Öl- und Gasbrenners sicherlich nicht maßlos ist, um im Wortsinne das Gegenteil zu der vom OLG München formulierten Voraussetzung „maßvoll" für eine wirksame Regelung zur Vorleistung zu nennen.

Soll bei der Gestaltung von Wartungsverträgen diese Rechtsprechung berücksichtigt werden, ließe sich vereinbaren, dass die Vergütung jeweils zur Mitte der vereinbarten Zahlungsperiode fällig ist[207]. Möglich ist es aber auch, dem Auftraggeber ein Wahlrecht ein-

---

[199] Siehe S. 78 f.
[200] Vgl. den Sachverhalt in OLG München OLG Z 91, 356 ff.
[201] So im Falle des OLG München CR 1989, 283, 285.
[202] Ulmer/Brandner/Hensen-Christensen, Anh. §§ 310 BGB Rd. 1027.
[203] OLG München OLG Z 91, 356 ff. für die Wartung eines Öl- und Gasbrenners für netto € 140 jährlich
[204] OLG München CR 1989, 283, 285.
[205] OLG München OLG Z 91, 356 ff.
[206] Thamm/Detzer, EWiR § 9 AGBG 05/91, S. 315, 316.
[207] Die Regelung in Ziffer 3.2 des Instandhaltungsvertrages EVB-IT Instandhaltung gibt beispielsweise vor, dass bei monatlicher Rechnungsstellung jeweils zum 15. des Monats zu zahlen ist, bei Rechnungsstellung je Quartal jeweils zum 15. des zweiten Quartalsmonats.

zuräumen[208], bei dem dieser zwischen der Vorleistung beispielsweise für ein ganzes Jahr, einer zulässigen[209] quartalsweisen Vorauszahlung oder der Zahlung zur Quartalsmitte wählen kann. Die Vorauszahlung zum Jahresbeginn ließe sich ggf. als Anreiz mit einem Skonto verbinden.

> Für die Leistungen gemäß Ziffer(n) ... dieses Vertrages erhält der Auftragnehmer eine monatliche/jährliche/etc. Vergütung in Höhe von netto € ... zuzüglich jeweils gültiger Umsatzsteuer. Mit der Vergütung sind die Leistungen zu Ziffer(n) ... dieses Vertrages einschließlich aller Nebenkosten abgegolten.
>
> Der Auftragnehmer legt zum Jahresbeginn für das laufende Kalenderjahr Rechnung. Der Auftraggeber hat die Vergütung nach seiner Wahl mit ... Prozent Skonto innerhalb von vierzehn Tagen nach Rechnungserhalt oder ohne Abzug jeweils zur Mitte eines jeden Quartals zu zahlen.

Eine solche Regelung empfiehlt sich insbesondere dann, wenn auch Verbraucher zu den Auftraggebern des Serviceunternehmens zählen. Auch wenn im unternehmerischen Geschäftsverkehr andere Klauseln zulässig sein mögen[210], sollte die vorgeschlagene Regelung auch in diesem Kundenkreis in Erwägung gezogen werden.

e.   **Zurückbehaltungsrechte im Instandhaltungsgeschäft**

aa.   **Die nicht gezahlte Instandhaltungsvergütung**

Zahlt der Auftraggeber die fällige Instandhaltungsvergütung nicht, darf das Instandhaltungsunternehmen seine Wartungs- und Instandsetzungsarbeiten so lange verweigern, bis der Auftraggeber seiner Zahlungsverpflichtung nachgekommen ist (§ 320 BGB). Dieses Leistungsverweigerungsrecht hat das Instandhaltungsunternehmen nicht nur, wenn der vorleistungspflichtige[211] Auftraggeber die Vergütung für den gegenwärtigen Leistungszeitraum ganz oder teilweise nicht gezahlt hat, sondern auch dann, wenn er die Vergütung für eine vorangegangene Periode noch nicht ausgeglichen hat[212]. Macht das Instandhaltungsunternehmen von diesem Recht Gebrauch, kann sich dies nachteilig auf den Betrieb der technischen Einrichtung auswirken, wenn beispielsweise erhöhter Ausschuss

---

[208] Siehe auch die Anmerkung zu der Entscheidung des OLG München bei Zahrnt, CR 1992, 403, 404.

[209] OLG München CR 1989, 283, 285.

[210] Siehe OLG München CR 1989, 283, 285, wonach eine Vorauszahlung für ein Quartal als zulässig erachtet wird. Siehe zur Zulässigkeit bei Internetdienstleistungen BGH DB 2010, 1062, 1065 ff.

[211] Vgl. zur Vorleistung der Vergütung S. 79 ff. Dieses Zurückbehaltungsrecht ist ein weiteres Argument, in einem von dem Instandhaltungsunternehmen gestellten Vertrag, der dem Geltungsbereich der §§ 305 ff. BGB unterliegt, dem Auftraggeber hinsichtlich der Zahlung ein Wahlrecht einzuräumen.

[212] Hat das Instandhaltungsunternehmen mangelhaft geleistet, darf der Auftraggeber von der fälligen Vergütung einen angemessenen Anteil, in der Regel das Doppelte des Wertes der Mängelbeseitigungskosten zurückhalten (§ 641 Abs. 3 BGB). Dieses Recht beschränkt sich ebenfalls nicht auf den gegenwärtigen Leistungszeitraum, sondern gilt auch für vorangegangene Vergütungsperioden. Auf die Schwierigkeiten, einen Mangel darlegen und beweisen zu können, sei hier bereits hingewiesen (siehe im Einzelnen S. 116 ff.).

produziert wird, der Stillstand der Anlage droht oder im Fall der Pflege von Software ein notwendiges Update nicht eingespielt wird.

Ein so weitreichendes Leistungsverweigerungsrecht ergibt sich aus dem Charakter von Instandhaltungsverträgen. Schuldet das Instandhaltungsunternehmen den möglichst störungsfreien Betrieb einer Anlage, begründet die sich hieraus ergebende dauernde Pflichtanspannung, dass jede Instandhaltungsmaßnahme in einem Gegenseitigkeitsverhältnis zu sämtlichen vom Auftraggeber zu leistenden Zahlungen steht[213].

Eine entsprechende Regelung kann zur Klarstellung in Instandhaltungsverträge aufgenommen werden. Notwendig ist dies jedoch nicht, da sich das Leistungsverweigerungsrecht bereits aus dem Gesetz ergibt.

> Kommt der Auftraggeber seinen Zahlungsverpflichtungen aus diesem Vertrag nicht nach, ist der Auftragnehmer berechtigt, seine Leistungen so lange auszusetzen, bis der Auftraggeber sämtliche fälligen Rechnungen dieses Vertrages ausgeglichen hat.

bb.   Sonstige nicht gezahlte Rechnungen

Ein Instandhaltungsunternehmen hat dagegen in der Regel nicht das Recht, seine Leistungen aus dem Instandhaltungsvertrag zu verweigern, wenn sich die nicht ausgeglichene Rechnung nicht auf den Instandhaltungsvertrag, sondern auf ein anderes Vertragsverhältnis bezieht. Dies kann die Anschaffung der Anlage selbst sein, weil dort über Mängel oder eine Vertragsstrafe gestritten wird, gilt aber auch für eine nicht bezahlte Rechnung aus einem an der Anlage ausgeführten, gesondert erteilten Reparaturauftrag, den das Instandhaltungsunternehmen ausgeführt hat, weil es z. B. nur zur Wartung der Anlage verpflichtet ist. Für ein Zurückbehaltungsrecht des Instandhaltungsunternehmens fehlt es an einem einheitlichen Lebensverhältnis im Sinne des § 273 BGB (sog. Konnexität). Zwar liegt eine solche Konnexität nahe, wenn das Instandhaltungsunternehmen, das die Anlage regelmäßig wartet, diese bei Störungen und Schäden auch repariert. Es ist jedoch nicht zulässig, hier eine Verknüpfung zwischen dem Wartungsvertrag und einem anderen vertraglichen Verhältnis, insbesondere einem zusätzlich erteilten Auftrag zur Reparatur oder zur Generalüberholung der Anlage herzustellen, um hieraus ein Zurückbehaltungsrecht abzuleiten[214].

---

[213] Im Ergebnis so auch Redeker, Die Ausübung von Zurückbehaltungsrechten im Wartungs- und Pflegevertrag, CR 1995, 385 ff., der allerdings zu Recht auf Einschränkungen hinweist, die sich aus dem Gebot von Treu und Glauben ergeben können. Dies kann z. B. bei Softwarepflegeverträgen der Fall sein, wenn eine Rechnung über eine kleinere Summe oder eine Rechnung nur zum Teil nicht ausgeglichen oder deren Ausgleich streitig ist und eine Pflegeleistung ausgeführt werden muss, die für die weitere Nutzung der Software notwendig ist (vgl. auch § 18 Abs. 5 VOB/B, wonach der Auftragnehmer in Streitfällen nicht berechtigt ist, die Arbeiten einzustellen). Hier wird deutlich, dass Instandhaltungsverträge vergleichbar den Bauverträgen kooperative Züge tragen (siehe S. 51).
[214] So auch Redeker, Die Ausübung von Zurückbehaltungsrechten im Wartungs- und Pflegevertrag, CR 1995, 385, 388.

Ein einheitliches Lebensverhältnis im Sinne des § 273 BGB ist allerdings gegeben, wenn der Instandhaltungsvertrag das Serviceunternehmen dem Grunde nach verpflichtet, auch solche Instandsetzungsarbeiten auszuführen, die nicht zu dem mit der Pauschale abgegoltenen Leistungsumfang des Vertrages gehören[215]. Zwar muss auch hier in der Regel ein eigenständiger Vertrag abgeschlossen oder jedenfalls eine gesonderte Vergütung vereinbart werden. Die Verpflichtung, die Leistung auszuführen, ergibt sich in diesem Fall dem Grunde nach aus dem Instandhaltungsvertrag und begründet damit das einheitliche Lebensverhältnis (Konnexität) im Sinne des § 273 BGB zwischen der regelmäßigen Instandhaltung und dem gesondert erteilten Reparaturauftrag. Hieraus folgt, dass beiden Parteien in diesem Fall jeweils übergreifend Zurückbehaltungsrechte zustehen können. Das Instandhaltungsunternehmen darf sowohl die weitere Instandhaltung bis zum Ausgleich einer fälligen Reparaturrechnung zurückhalten als auch die Ausführung eines Reparaturauftrages verweigern, wenn fällige Wartungsrechnungen nicht beglichen worden sind. Der Auftraggeber wiederum darf die Zahlung einer Reparaturrechnung so lange verweigern, bis das vorleistungspflichtige Instandhaltungsunternehmen nach dem Vertrag fällige Wartungen ausgeführt hat. Auch die Instandhaltungsvergütung kann der Auftraggeber so lange einbehalten, bis die Wartungsfirma eine gesondert beauftragte und fällige Reparatur ausgeführt hat, wenn er die Reparaturrechnung – aus welchen Gründen auch immer – bereits bezahlt hat. Dem Auftraggeber steht aber auch das Recht zu, die Vergütung des Instandhaltungsvertrages zurückzuhalten, wenn der Vertragspartner eine beauftragte und bezahlte Reparatur nicht oder nicht mangelfrei ausgeführt hat[216].

f.   „Wegezeiten gleich Arbeitszeiten"

Instandhaltungsunternehmen müssen in der Regel die zu betreuenden Maschinen oder Anlagen bei dem jeweiligen Auftraggeber aufsuchen, wollen sie ihre Instandhaltungsmaßnahmen ausführen. Für die dafür erforderlichen Fahrt- oder auch Wegezeiten muss eine Vergütungsregelung getroffen werden, da Instandhaltungsunternehmen für diese Zeit Entgelt und Entgeltnebenkosten für den Mitarbeiter zahlen sowie weiteren Betriebsaufwand beispielsweise für das Fahrzeug haben.

In Instandhaltungsverträgen sind die Kosten für diese Wegezeiten regelmäßig mit der pauschal vereinbarten Vergütung abgegolten[217]. Anders ist dies bei Wartungsleistungen, die nur nach Aufwand vergütet werden[218] oder bei Instandsetzungsarbeiten, also Reparaturen, die nicht Gegenstand des Instandhaltungsvertrages sind. Hier sind Regelungen in Reparaturbedingungen oder standardisierten Reparaturangeboten verbreitet, nach denen Wegezeiten wie Arbeitszeiten vergütet werden und zusätzlich Fahrtkosten anfallen. Üb-

---

[215] Eine solche Pflicht enthalten beispielsweise Ziffer 2.3 des AMEV-Vertragsmusters Wartung 2006 (Anhang 2) und Ziffer 2.3.5 des Musters Instandhaltung 2006 (siehe Anhang 3).

[216] Dass solche Zurückbehaltungsrechte durch den Grundsatz von Treu und Glauben eingeschränkt werden können, erwähnt Redeker, Die Ausübung von Zurückbehaltungsrechten im Wartungs- und Pflegevertrag, CR 1995, 385, 388 (siehe auch S. 82 Fn. 213). In den engen Grenzen des § 321 BGB besteht zudem die Möglichkeit, die Leistung bei Vermögensverschlechterung des Vertragspartners zu verweigern. Danach darf der zur Vorleistung Verpflichtete seine Leistung bis zur Bewirkung der Gegenleistung oder bis zum Stellen einer Sicherheit verweigern, wenn sich die Vermögensverhältnisse des anderen so verschlechtert haben, dass der eigene Anspruch gefährdet ist.

[217] Siehe S. 77 f.

[218] Siehe S. 79.

lich sind zudem Klauseln, nach denen für die An- und Abfahrt eine bestimmte ggf. entfernungsabhängige Pauschale zu entrichten ist (Servicepauschale).

Der Bundesgerichtshof hatte zunächst eine Klausel in einem Merkblatt eines Unternehmens der IT-Branche für unwirksam erklärt, nach der Wegezeiten als Arbeitszeiten gelten und entsprechend vergütungspflichtig sein sollten[219]. Das Urteil wurde seinerzeit heftig kritisiert. Später hat der Bundesgerichtshof seine Auffassung revidiert[220]. Danach dürfen Verwender von Allgemeinen Geschäftsbedingungen bestimmen, dass Wegezeiten wie Arbeitszeiten berechnet werden. Zulässig sind aber auch Regelungen, nach denen Pauschalen für den jeweiligen Einsatz verlangt werden können.

> Der BGH sah in seiner ersten Entscheidung in der schematischen Gleichbehandlung von Wegezeiten mit Arbeitszeiten eine unangemessene Benachteiligung des Vertragspartners, da damit u. a. der Unternehmergewinn und Risikozuschläge für etwaige Gewährleistungsansprüche in unzulässiger Weise an den Kunden weitergegeben würden. Die praktischen Auswirkungen dieser Entscheidung waren wesentlicher Ansatzpunkt der Kritik[221]. Unterschiedliche Stundensätze für Wege- und Arbeitszeiten, die eine der Folgen des Urteils waren, erforderten u. a. erheblichen administrativen Mehraufwand in den Unternehmen. Letztlich habe der BGH – so seinerzeit ein Argument der Kritiker – auch übersehen, dass u. a. in § 4 des damaligen Gesetzes zur Entschädigung von Zeugen und Sachverständigen Wegezeiten entsprechend vergütet wurden. Die in der zweiten Entscheidung zu beurteilende Klausel „KFZ-Kostenpauschale pro Anfahrt pauschal ohne MwSt 68,00 DM, mit MwSt 77,52 DM" hat der BGH als Bestandteil der Vergütung betrachtet, die gemäß § 8 AGB-Gesetz (altes Recht) einer Inhaltskontrolle entzogen sei. Ausdrücklich hat der BGH zudem seine ursprüngliche Auffassung korrigiert[222].

Die seither geltende Rechtsprechung bringt für die Beteiligten Sicherheit. In Allgemeinen Geschäftsbedingungen zum Reparaturgeschäft, aber auch in standardisierten Angeboten zu Reparaturarbeiten sowie zu Wartungsleistungen, die nach Aufwand vergütet werden, ist damit eine Regelung rechtswirksam, durch die Wegezeiten wie Arbeitszeiten zu vergüten sind oder in der Entfernungspauschalen vereinbart werden.

---

[219] BGH Z 91, 316 ff. = BB 1984, 1321 f.
[220] BGH Z 116, 117 ff. = NJW 1992, 688 f.
[221] Hier nur: Thamm, Zur Unzulässigkeit der Klausel „Fahrtzeiten gelten als Wegezeiten", DB 1985, 375 ff.
[222] BGH Z 116, 117, 120 f.

8. Die Preisänderung in Instandhaltungsverträgen

a. Die Interessenlage

Betreiber schließen Instandhaltungsverträge häufig mit dem Ziel ab, die Instandhaltung der zu betreuenden technischen Einrichtung dem Servicepartner für einen längeren Zeitraum zu übertragen. Dabei vereinbaren die Parteien regelmäßig eine bestimmte Laufzeit des Vertrages, die sich zumeist stillschweigend verlängert, wenn der Vertrag nicht gekündigt wird. Maschinen und Anlagen werden aus diesem Grunde in der Praxis vielfach über ihre gesamte Lebensdauer von einem Unternehmen, häufig dem Hersteller selbst, betreut. Bei solchen Dauerschuldverhältnissen kann die zu Beginn des Vertrages vereinbarte Vergütung im Zweifel nicht bis zu dessen nicht absehbarem Ende fortgelten. Vielmehr muss die Möglichkeit bestehen, die Vergütung im Laufe der Zeit an veränderte Gegebenheiten anzupassen. Anderenfalls würde z. B. durch Änderungen von Entgelt- und Entgeltnebenkosten, Materialkosten oder sonstigen Kostenfaktoren dem einmal abgeschlossenen Vertrag im Laufe der Zeit die kalkulatorische Grundlage entzogen werden, Leistung und Gegenleistung nicht mehr in einem Gleichgewicht zueinander stehen und die Kündigung des Vertrages zu Folge haben, wenn die Parteien nicht zu einer einvernehmlichen Regelung finden würden.

Bei Dauerschuldverhältnissen, bei denen eine Vertragspartei besonders schutzwürdig ist, gibt es gesetzliche oder sonstige Regelungen, wie Entgelte mit Rücksicht auf die schutzwürdige Partei angepasst werden können[223]. Im Instandhaltungsgeschäft gibt es solche Bestimmungen nicht. Hier bleibt es den Parteien überlassen, ob und wie sie die Anpassung der Vergütung regeln. Insoweit bedarf es zunächst eines entsprechenden Vorbehalts in dem Vertrag[224], da das BGB die einseitige Änderung eines einmal vereinbarten Preises nicht zulässt[225].

Die Praxis kennt dabei zunächst vertragliche Regelungen, die die Änderung der Vergütung zum Gegenstand einer von den Parteien zu treffenden Vereinbarung macht (Änderungsvorbehalt mit oder ohne Kündigungsmöglichkeit). Solche Vereinbarungen eigenen sich allerdings nur eingeschränkt für Verträge, bei denen beide Seiten eine längere Laufzeit anstreben.

Ungeeignet sind solche Vereinbarungen ferner für ein standardisiertes Massengeschäft, bei dem nicht zu jedem einzelnen Vertrag eine Regelung getroffen werden kann, sondern die Preisänderung standardisiert und automatisch möglich sein muss. Solche Preisänderungs- bzw. Preisanpassungsklauseln sind im Instandhaltungsgeschäft in Allgemeinen Geschäftsbedingungen und damit auch in Formularverträgen zunächst grundsätzlich zu-

---

[223] Bei Mietverträgen über Wohnraum bestimmen die §§ 557 ff. BGB die Grenzen von Mieterhöhungen, für tarifgebundene Arbeitsverhältnisse regeln Tarifverträge Entgeltänderungen, bei Versicherungsverträgen überwacht die Bundesanstalt für Finanzdienstleistungsaufsicht (BaFin) Prämienanpassungen.

[224] Die Vorschrift des § 632 Abs. 2 BGB, nach der in Ermangelung einer vereinbarten Vergütung die taxmäßige oder übliche Vergütung geschuldet wird, reicht hierfür nicht aus.

[225] Vgl. Wolf/Lindacher/Pfeiffer-Dammann, § 309 BGB Nr. 1 Rd. 1, der auf den Grundsatz „pacta sunt servanda" hinweist.

lässig, da Dauerschuldverhältnisse von dem Verbot kurzfristiger Preiserhöhungen im Sinne des § 309 Nr. 1 BGB ausgenommen sind. Auch gemäß § 1 Abs. 5 der PAngV darf die Vergütung eines Dauerschuldverhältnisses einen Änderungsvorbehalt enthalten. Zu beachten sind allerdings die §§ 305 ff. BGB, insbesondere die Vorschrift des § 307 BGB und währungspolitischen Vorgaben.

b.   Währungspolitische Anforderungen an Preisänderungsklauseln

Preisänderungsklauseln in Instandhaltungsverträgen dürfen nicht gegen das Preisklausel-verbot des § 1 Abs. 1 Preisklauselgesetz verstoßen. Danach sind grundsätzlich solche Regelungen in Verträgen unzulässig, bei denen die Ermittlung der veränderten Vergütung von Gütern oder Waren abhängig ist, die mit der vereinbarten Leistung (hier: Instandhaltung) nicht vergleichbar sind[226].

Von diesem Klauselverbot nicht erfasst sind dagegen sog. Leistungsvorbehaltsklauseln, bei denen sich die neue Vergütung nach Billigkeitsgrundsätzen bestimmt (§ 1 Abs. 2 Nr. 1 Preisklauselgesetz), ferner Klauseln, bei denen die in ein Verhältnis zueinander gesetzten Güter oder Leistungen im Wesentlichen gleichartig oder zumindest vergleich-bar sind (sog. Spannungsklauseln im Sinne von § 1 Abs. 2 Nr. 2 Preisklauselgesetz). Er-laubt und im Instandhaltungsgeschäft verbreitet sind ferner Kostenelementeklauseln, bei denen die Vergütung von der Kostenentwicklung abhängig ist, die die Selbstkosten des Serviceunternehmens bei Erbringung seiner Gegenleistung unmittelbar beeinflussen, also in erster Linie die relevanten Entgeltkosten, Kosten der eingesetzten Materialien und ggf. Energiekosten (§ 1 Abs. 2 Nr. 3 Preisklauselgesetz).

c.   Zivilrechtliche Anforderungen an Preisänderungsklauseln

Preisänderungsklauseln, die währungspolitisch zulässig sind, müssen zudem zivilrechtli-chen Anforderungen genügen. Hier ist zwischen Klauseln im Geltungsbereich der gesetz-lichen Regelungen zur Gestaltung rechtsgeschäftlicher Schuldverhältnisse durch Allge-meine Geschäftsbedingungen (§§ 305 ff. BGB) sowie im Einzelnen ausgehandelten Re-gelungen im Sinne von §§ 305 Abs. 1 S. 3, 305b BGB zu unterscheiden.

aa.   Individualvereinbarung zur Preisänderung

Haben die Parteien eines Instandhaltungsvertrages die Regelung zur Preisanpassung im Einzelnen ausgehandelt, unterliegt diese nicht den §§ 305 ff. BGB. Die Vereinbarung und

---

[226] Dies betrifft insbesondere Klauseln, bei denen die Änderung der Vergütung allgemein von der künftigen Preisentwicklung anhängen soll (siehe § 2 Abs. 2 Preisklauselgesetz). Solche Klauseln sind im Instand-haltungsgeschäft allerdings nicht verbreitet. Vor dem Inkrafttreten des Preisklauselgesetzes nach § 2 des Preisangaben- und Preisklauselgesetzes erteilte Genehmigungen des Bundesamt für Wirtschaft und Aus-fuhrkontrolle gelten allerdings fort (§ 9 Preisklauselgesetz).

damit in der Regel der ganze Vertrag ist nur dann unwirksam, wenn die Klausel sittenwidrig ist, insbesondere den Tatbestand des Wuchers erfüllt (§§ 138, 139 BGB)[227]. Eine
individualvertragliche Regelung zur Preisanpassung ist im Instandhaltungsgeschäft jedoch nur im Ausnahmefall sittenwidrig. Sittenwidrigkeit mag ggf. in Betracht kommen,
wenn ein Instandhaltungsunternehmen einen Vertrag bewusst nur mit sehr langer Laufzeit anbietet und wegen einer gewissen Stärke im Markt die Preisanpassungsregelung
dazu nutzen möchte, seinen Gewinn zu maximieren, während der Vertragspartner den
Vertrag nicht kündigen kann oder trotz einer Kündigungsmöglichkeit auf die Leistung
des Instandhaltungsunternehmens angewiesen ist[228].

bb. Vorformulierte Preisänderungsklauseln

(1) Das Transparenzgebot (§ 307 Abs. 1 S. 2 BGB)

Im Geltungsbereich der gesetzlichen Regelungen zur Gestaltung rechtsgeschäftlicher
Schuldverhältnisse durch Allgemeine Geschäftsbedingungen (§§ 305 ff. BGB) darf ein
Instandhaltungsunternehmen als Klauselverwender seine Kunden durch eine Preisände-
rung- bzw. Preisanpassungsklausel nicht entgegen den Geboten von Treu und Glauben
unangemessen benachteiligen (§ 307 Abs. 1 BGB)[229]. Dabei muss die Klausel, die von
der Rechtsprechung als Preisnebenabrede gemäß § 307 Abs. 3 BGB als kontrollfähig
erachtet wird[230], insbesondere dem allgemeinen Gebot der Transparenz (§ 307 Abs. 1
S. 2 BGB) entsprechen[231], also durchschaubar, richtig, bestimmt und möglichst klar formuliert sein[232]. Preisänderungsklauseln müssen – neben der inhaltlichen Angemessenheit
der Preisanpassung – also möglichst genau regeln, wann, unter welchen Voraussetzungen
und in welchem Umfang die Vergütung angepasst werden darf, so dass die Gründe, der
Zeitpunkt und der Umfang der Preisänderung gut nachvollzogen werden können[233].

> Die Rechtsprechung erkennt nicht nur an, dass die Parteien bei langfristigen Verträgen ein
> Interesse an einer solchen Regelung haben[234], sondern sieht auch die Schwierigkeiten,
> Preisänderungs- bzw. Preisanpassungsklauseln zu formulieren, die diesen Anforderungen
> entsprechen und lediglich die tatsächlichen Kostenänderungen weitergeben[235]. Diese Fest-
> stellung gilt ganz allgemein, also auch für Klauseln in Verträgen, bei denen es nicht um
> Instandhaltungsleistungen, sondern beispielsweise um den Kauf eines Kraftfahrzeuges, die

---

[227] Siehe S. 39 f., insbesondere zu standardisierten Klauseln in Individualverträgen S. 39 Fn. 73.
[228] Ggf. kann ein solches Marktverhalten bei marktbeherrschenden oder marktstarken Unternehmen unter
den sonstigen Voraussetzungen gemäß §§ 19 ff. GWB insbesondere als missbräuchliches Verhalten
verboten sein (siehe S. 150 ff.).
[229] Das Verbot des § 309 Nr. 1 BGB für kurzfristige Preiserhöhungen findet auf Dauerschuldverhältnisse,
zu denen auch Instandhaltungsverträge zählen, keine Anwendung.
[230] Siehe z. B. BGH NJW RR 2005, 1717 (Gasliefervertrag im Verbandsprozess); Ulmer/Brandner/
Hensen-Fuchs, § 307 BGB Rd. 181.
[231] Siehe allgemein zum Transparenzgebot Ulmer/Brandner/Hensen-Fuchs, § 307 BGB Rd. 323 ff.
[232] Siehe Wolf/Lindacher/Pfeiffer-Wolf, § 307 BGB Rd. 253 f.
[233] BGH NJW 1980, 2518, 2519 (Zeitschriftenbezugsverträge); siehe hierzu auch Wolf/Lindacher/Pfeiffer-
Dammann, § 309 Nr. 1 Rd. 100 f.
[234] Vgl. z. B.: BGH VIII ZR 38/05 = NJW RR 2005, 1717 (Gasliefervertrag im Verbandsprozess).
[235] BGH DB 1982, 427, 427 (Tagespreisklausel).

Lieferung von Fenstern oder den Bezug von Zeitschriften im Abonnement geht. Solche jeweils unterschiedlichen Fallgestaltungen müssen berücksichtigt werden, wenn eine Klausel auf ihre Wirksamkeit zu überprüfen ist. Da Dauerschuldverhältnisse von dem Verbot kurzfristiger Preiserhöhungen (§ 309 Nr. 1 BGB) ausgenommen sind, ist zunächst zwischen solchen Dauerschuldverhältnissen und Verträgen zu unterscheiden, die einen einmaligen Leistungsaustausch zum Inhalt haben. Zudem müssen die jeweiligen Besonderheiten des Geschäfts, hier also die des Instandhaltungsgeschäfts, beachtet werden[236]. Im Rahmen der Inhaltskontrolle sind damit zwar sowohl die Frage nach der Angemessenheit wie auch nach der Transparenz der konkreten Klausel zu stellen, jedoch je nach Geschäft können diese unterschiedlich beantwortet werden. Dies gilt auch für den jeweiligen Kundenkreis, gegenüber dem eine Anpassungsklausel verwendet wird. Zudem sind der unternehmerische Geschäftsverkehr im Sinne der §§ 14, 310 Abs. 1 BGB und das Geschäft mit Verbrauchern (§ 13 BGB) zu unterscheiden[237].

(2) Rechtsprechungsübersicht

In Kaufverträgen sind Preisanpassungsklauseln auch bei Beachtung des Verbots kurzfristiger Preiserhöhungen (§ 309 Nr. 1 BGB) unwirksam, wenn für den bei Lieferung zu zahlenden Kaufpreis auf den an diesem Tage gültigen Preis verwiesen wird (sog. Tagespreisklausel)[238]. Dem Gebot der Transparenz entspricht es ebenfalls nicht, wenn eine Klausel beliebige Erhöhungen zulässt[239] oder die gewählte Formulierung es dem Verwender insbesondere ermöglicht, zusätzlichen Gewinn zu erzielen[240]. Aus diesem Grunde ist auch eine Klausel in einem Miet- und Wartungsvertrag für eine Telefonanlage unwirksam, die eine Erhöhung des vertraglich vereinbarten Mietzinses sowie der Wartungsvergütung zulässt, wenn die übliche listenmäßige Miete aufgrund einer Lohnänderung entsprechend angepasst wird[241]. Unwirksam sind zudem Klauseln, die zwar die Gründe, nicht aber das Maß der preislichen Veränderung festlegen[242]. Auch die Bezugnahme auf lediglich interne und damit nicht oder nur schwer nachvollziehbare Berechnungsgrößen des Verwenders (Gestehungskosten wie Material, Transport- und Lagerkosten bzw. Einstandspreise) sind nach Auffassung der Rechtsprechung ungeeignet für die Gestaltung von vorformulierten Preisänderungsklauseln[243].

---

[236] Ulmer/Brandner/Hensen-Fuchs, § 307 BGB Rd. 110 (typisierende Betrachtungsweise der an den Geschäften der betreffenden Art beteiligten Verkehrkreise). Auch innerhalb des Instandhaltungsgeschäfts sind weitere Unterscheidungen denkbar, soweit die typischen Interessenlagen der beteiligten Kreise verschieden sein können. Als Beispiel seien Werkzeugmaschinen in Unternehmen einerseits und haustechnische Anlagen im privaten Wohnungsbereich genannt.

[237] Vgl. z. B. die Differenzierungen bei: Wolf/Lindacher/Pfeifer-Dammann, § 309 BGB Nr. 21 Rd. 30 ff. und Rd. 160 ff. sowie den ergänzenden Hinweis bei Thamm/Pilger, § 11 Nr. 1 Rd. 10; Palandt-Grüneberg, § 309 BGB Rd. 8, 9.

[238] BGH DB 1982, 427, 428 (Tagespreisklausel).

[239] BGH NJW 1980, 2518, 2519 (Zeitschriftenbezugsvertrag).

[240] BGH DB 1985, 1885, 1886 (Bauvertrag).

[241] BGH NJW 1990, 115, 116 (Miet- und Wartungsvertrag für eine Telefonanlage).

[242] BGH NJW 1985, 855, 856 (Werkvertrag zum Bezug von Fenstern); aus neuerer Zeit BGH VIII ZR 25/06, S. 11, 12 (Gasliefervertrag im Verbandsprozess).

[243] BGH VIII ZR 25/06, S. 11, 12 und BGH VIII 38/05 jeweils zu Gaslieferverträgen. Siehe ausführlich zu Preisanpassungsklauseln Borges, Preisanpassungsklauseln in der AGB-Kontrolle, DB 2006, 1199 ff.

(3) Das Recht zur Kündigung

Die Schwierigkeit, Preisänderungsregelungen in Allgemeinen Geschäftsbedingungen wirksam zu formulieren, wird gelegentlich zu überwinden versucht, indem der Verwender seinen Kunden das Recht einräumt, den Vertrag im Falle der Preisanpassung vor dem Ende der eigentlich vereinbarten Laufzeit kündigen zu können[244]. Dieses Kündigungsrecht kann dabei auf Fälle beschränkt bleiben, bei denen der neue Preis einen bestimmten Prozentsatz des ursprünglich vereinbarten oder zuletzt gültigen Preises übersteigt[245] oder die Preiserhöhung stärker ausfällt als der Anstieg der allgemeinen Lebenshaltungskosten[246].

Zu berücksichtigen ist, dass ein solches Kündigungsrecht nicht in jedem Fall einen angemessen Ausgleich für eine Preisanpassung darstellen kann. Zum einen ist dem Vertragspartner in manchen Fällen mit einem Kündigungsrecht nicht gedient[247]. Auch macht ein generelles Kündigungsrecht keinen Sinn, da es in vielen Fällen interessengerecht ist, den anderen Vertragspartner an dem Risiko der Preisentwicklung teilhaben zu lassen[248]. Wenn dagegen die Darstellung einer Preisanpassung, insbesondere die Kostenfaktoren und Änderungsvoraussetzungen nicht sinnvoll gestaltet werden können, soll ausnahmsweise eine (einfache) Änderungsklausel mit Kündigungsrecht sinnvoll und zulässig sein[249]. Zudem müssen die Art des jeweiligen Vertrages, die typischen Interessen der Parteien sowie die die jeweilige Klausel begleitenden Regelungen mit berücksichtigt werden[250].

(4) Besonderheiten bei Instandhaltungsverträgen

Bei Preisänderungsklauseln in vorformulierten Instandhaltungsverträgen und in Allgemeinen Geschäftsbedingungen zu Instandhaltungsleistungen sind die Besonderheiten dieses Geschäfts zu beachten. Als Dauerschuldverhältnisse sind Instandhaltungsverträge zunächst gegenüber Verträgen privilegiert, die auf einen einmaligen Leistungsaustausch gerichtet sind, da sie von dem Verbot der kurzfristigen Preiserhöhung des § 309 Nr. 1 BGB ausgenommen sind. Sie haben die weitere Besonderheit, dass die vertraglich geschuldeten Leistungen in der Regel lohnintensiv sind. Bei einfachen Wartungsverträgen, die nicht zur Instandsetzung verpflichten, machen das Arbeitsentgelt sowie die Entgeltnebenkosten einen erheblichen Teil der Kosten des Vertrages aus. Bei Vollwartungsver-

---

[244.] Siehe die Hinweise in BGH DB 1982, 427, 428 sowie in BGH NJW 1980, 2518, 1519 sowie BGH VIII ZR 25/06 zu einem Gasliefervertrag, bei dem es darum ging, ob im konkreten Fall ein Kündigungsrecht des Kunden einen angemessen Ausgleich schafft; vgl. zum Zusammenhang zwischen Laufzeit und Kündigungsmöglichkeit bei einer vertraglich vorgesehenen Preisanpassung im unternehmerischen Geschäftsverkehr BGH DB 2003, 608 ff. (hierzu auch S. 101); siehe auch die Vorgabe in RL 93/13/EWG – Anhang – Klauseln zu Artikel 3 Abs. 3 Nr. 1 lit. l in Verbindung mit Nr. 2 lit. d.

[245] BGH DB 1982, 427, 428; siehe allgemein hierzu Ulmer/Brandner/Hensen-Hensen, § 309 BGB Nr. 1 Rd. 12 ff, ferner Borges, Preisanpassungsklauseln in der AGB-Kontrolle, DB 2006, 1199, 1203 f.

[246] BGH NJW 1986, 3135, 3137.

[247] Ulmer/Brandner/Hensen-Hensen, § 309 BGB Nr. 1 Rd. 17 mit Hinweis auf die Vorschrift des § 651a Abs. 5 S. 2 BGB, die u. a. bei einer Preiserhöhung von mehr als fünf Prozent ein Rücktrittsrecht gibt.

[248] Wolf/Lindacher/Pfeiffer-Wolf, § 309 Nr. 1 Rd. 131 (allgemein) sowie Rd. 175 für den unternehmerischen Geschäftsverkehr (str.).

[249] Ulmer/Brandner/Hensen-Hensen, § 309 BGB Nr. 1 Rd. 18.

[250] BGH VIII ZR 25/06 (Gasliefervertrag).

trägen kommen Materialkosten hinzu. Die Kostenfaktoren, die die Vergütung maßgeblich beeinflussen und zu einer Anpassung der Vergütung führen können, sind damit überschaubar. Mit derartigen Kostenänderungen sind Betreiber technischer Einrichtungen zudem in der Regel vertraut[251], soweit sie diese aus dem eigenen Geschäft kennen.

Zu beachten ist ferner, dass die Laufzeit von Instandhaltungsverträgen im Anwendungsbereich der §§ 305 ff. BGB zwei Jahre nicht überschreiten darf (§ 309 Nr. 9a BGB), wenn der Vertragspartner des Verwenders nicht Unternehmer im Sinne von §§ 14, 310 Abs. 1 BGB ist[252]. Diese Vorschrift ermöglicht es insbesondere Verbrauchern als Betreiber von Anlagen, sich in verhältnismäßig kurzer Zeit aus dem Vertrag zu lösen, obwohl anerkannt ist, dass bei Instandhaltungsverträgen mit einer Laufzeit von zwei Jahren die untere Grenze der Wirtschaftlichkeit erreicht ist[253]. Dieser Aspekt muss im Rahmen der Bewertung des gesamten Vertragsinhaltes[254] berücksichtigt werden.

In Instandhaltungsverträgen, die im Rechtsverkehr gegenüber Verbrauchern im Sinne des § 13 BGB Verwendung finden, genügen Klauseln zur Anpassung der Vergütung den Anforderungen des § 307 BGB, insbesondere dem Gebot der Transparenz, wenn sie die folgenden Aspekte angemessen berücksichtigen:

–   das Recht zur Anpassung der Vergütung muss auch den Preisrückgang erfassen und beiden Parteien zustehen (vgl. § 2 Abs. 3 Nr. 1 und Nr. 2 Preisklauselgesetz),
–   die Kostenfaktoren, die die jeweilige Partei zur Anpassung der Vergütung berechtigt, müssen genannt sein,
–   die Klausel regelt klar, in welchem Maße und zu welchem Zeitpunkt die Vergütung, bezogen auf die in der Klausel benannten Faktoren, angepasst werden kann.

Erfüllt eine Preisanpassungsklausel diese Anforderungen, ist ein Kündigungsrecht des Vertragspartners auch bei erheblicher Anpassung entbehrlich. Die Entgeltentwicklung sowie Veränderungen von Entgeltnebenkosten bestimmen im Instandhaltungsgeschäft ganz überwiegend die Kostenentwicklung. Bei einer Laufzeit, die über Allgemeine Geschäftsbedingungen den Verbraucher als Vertragspartner gemäß § 309 Nr. 9a BGB maximal zwei Jahre binden darf, bleibt die Anzahl der Anpassungen zudem überschaubar. Da die Vertragspartner nach einer solchen Preiserhöhung den Vertrag relativ kurzfristig durch ordentliche Kündigung beenden können, erscheint es entbehrlich, ihnen ein zusätzliches Kündigungsrecht zu geben[255], zumal derartige Anpassungen allgemein erwartet und akzeptiert werden[256].

---

[251] Vgl. z. B. die Regelungen in Vertragsmustern, die Betreiber technischer Einrichtungen verwenden: siehe jeweils Ziffer 5.3 der AMEV-Vertragsmuster Wartung 2006 (Anlage 2) bzw. Instandhaltung 2006 (Anlage 3) sowie Ziffer 6.3 der EVB-IT Instandhaltung.
[252] Zu den Einzelheiten vgl. S. 96 ff.
[253] Ulmer/Brandner/Hensen-Hensen, § 11 AGBG Nr. 12 Rd. 3 (Vorauflage zum AGB-Gesetz); siehe auch die Ausführungen zur Laufzeit S. 96 ff.
[254] Ulmer/Brandner/Hensen-Fuchs, § 307 BGB Rd. 110.
[255] Bei anderen Dauerschuldverhältnissen, z. B. bei Fitnessstudioverträgen, bei denen ein höheres Bedürfnis am Schutz des Endverbrauchers besteht, mag zur Aufnahme eines Kündigungsrechts anderes gelten.
[256] Vgl. insoweit die Ausführungen in BGH NJW 1990, 115, 116.

Auch der typische Kreis der Teilnehmer und deren Interessen[257] im Instandhaltungsgeschäft können nicht unberücksichtigt bleiben. Wartungsverträge beispielsweise für Telefonanlagen, Kopierer oder IT-Anlagen werden vielfach auch mit Ärzten, Rechtsanwälten oder sonstigen Angehörigen freier Berufe abgeschlossen, die als Unternehmer im Sinne des § 14 BGB gelten[258]. Aber auch sonst dürften Verbraucher im Sinne des § 13 BGB als Vertragspartner von Instandhaltungsunternehmen eher geschäftserfahren sein, so dass sie nicht des Schutzes bedürfen, der typischen Endverbrauchern gewährt werden muss. Bei einer Inhaltskontrolle, die die Interessenlage der beteiligten Personenkreise zu berücksichtigen hat[259], spricht auch dieser Gesichtspunkt dafür, dass im Instandhaltungsgeschäft eine Preisanpassungsklausel ein besonderes Kündigungsrecht nicht enthalten muss. Dies ist z. B. bei haustechnischen Anlagen, also beispielsweise bei Heizungsanlagen zu beachten, bei denen Wohnungseigentümer häufig durch einen aus ihrem Kreis bestimmten Verwalter oder durch eine gewerblich tätige Hausverwaltung vertreten werden.

(5)   Der unternehmerische Geschäftsverkehr

Im unternehmerischen Geschäftsverkehr im Sinne der §§ 14, 310 Abs. 1 BGB, beispielsweise im Maschinenbau, ist die Wirksamkeit einer Klausel, die die Anpassung der Vergütung regelt, ebenfalls an § 307 BGB zu messen, also an der Frage ihrer inhaltlichen Angemessenheit und Transparenz[260]. Anerkannt ist allerdings, dass Unternehmer einen geringeren Schutz genießen als Verbraucher. Insbesondere kann von ihnen erwartet werden, dass sie bei der wichtigen Frage der preislichen Gestaltung eines Vertrages ihre Interessen zu wahren wissen. Eine abgeschwächte Inhaltskontrolle reicht damit aus[261]. Aus diesem Grunde geben im unternehmerischen Geschäftsverkehr im Regelfall weder Tagespreisklauseln, der Verweis auf Listenpreise bei langfristigen Verträgen noch ein fehlendes Kündigungsrecht Anhaltspunkte dafür, dass eine Preisanpassungsklausel unwirksam ist[262]. Diese geringeren Anforderungen führen bei vorformulierten Instandhaltungsverträgen dazu, dass in entsprechenden Klauseln der Hinweis auf eine Anpassung der Vergütung bei einer Veränderung preisbildender Faktoren, wie z. B. Entgelt- und Entgeltnebenkosten sowie Materialkosten eine Klausel wirksam bleiben lässt, soweit Zeitpunkt und Umfang der Anpassung festgelegt sind[263].

---

[257] Siehe den Hinweise in BGH VIII ZR 26/06, S. 12.
[258] Siehe die nachfolgenden Ausführungen auf dieser Seite.
[259] Vgl. Ulmer/Brandner/Hensen-Fuchs, § 307 BGB Rd. 110.
[260] Wolf/Lindacher/Pfeiffer-Dammann, § 309 BGB Nr. 1 Rd. 162.
[261] Ulmer/Brandner/Hensen-Hensen, § 309 BGB Nr. 1 Rd. 21; Wolf/Lindacher/Pfeiffer-Dammann, § 309 Nr. 1 Rd. 161, 163; differenziert Borges, Preisanpassungsklauseln in der AGB-Kontrolle, DB 2006, 1199 ff,.
[262] Ulmer/Brandner/Hensen-Hensen, § 309 BGB Nr. 1 Rd. 22; siehe aber Ziffer 6.3 der EVB-IT Instandhaltung: Danach kann der Auftraggeber bei einer Erhöhung der Preise um mehr 5% gegenüber dem zuletzt gültigen Preis den Vertrag für die von der Erhöhung betroffenen Leistungen (teil)kündigen. Einen Zusammenhang zwischen Laufzeit und Kündigungsmöglichkeit bei einer vertraglich vorgesehenen Preisanpassung stellt der BGH her in: BGH = DB 2003, 608 ff. (siehe hierzu auch S. 101 f.).
[263] Vgl. die Regelungen in Ziffer 2 Abs. 3 des Wartungs- und Instandhaltungsvertrages des VDMA (S. 42 f.) sowie Ziffern 3.2 und 3.3 des Wartungsvertragsmusters in Ulbrich/Ullrich, Der technische Service- und Kundendienstvertrag, Heidelberger Mustervertrag, 101.

cc. Hinweise zur Gestaltung

Instandhaltungsunternehmen sollten bei der Gestaltung ihrer Serviceverträge die erwähnten Aspekte beachten, die sich insbesondere aus den Geboten der inhaltlichen Angemessenheit und der Transparenz ergeben. Dabei sind der jeweilige Kundenkreis sowie die Besonderheiten der zu betreuenden technischen Einrichtung zu berücksichtigen. Je nach Vertragsgegenstand und Kundenkreis können trotz einer typisierenden Betrachtungsweise[264] die Anforderungen an die Wirksamkeit einer Preisanpassungsklausel unterschiedlich sein. Zunächst sollten die wesentlichen Kostenarten festgestellt werden, die preisbildend sind. In der Regel sind dies etwaige zur Erfüllung des Instandhaltungsvertrages erforderliche Material-, Entgelt- und Entgeltnebenkosten sowie gesetzliche Abgaben und Steuern, einschließlich der Umsatzsteuer. Um die erforderliche Transparenz zu erreichen, sollten sich durch die Klausel die Fragen beantworten lassen, welche Kostenarten in welchem Verhältnis in die Anpassung der Vergütung Eingang finden, wann die Anpassung wirksam wird und welches die Basis für die ursprüngliche Vergütung war.

> In den AMEV-Vertragsmustern Wartung 2006 und Instandhaltung 2006[265] wird diesen Anforderungen dadurch Rechnung getragen, dass die Anpassung der Vergütung nach einer mathematischen Formel berechnet wird. Auch wenn die Klauseln zunächst nicht leicht verständlich erscheinen, spricht doch ein hohes Maß an Genauigkeit für sie. Im unternehmerischen Geschäftsverkehr mag eine derartig detaillierte Regelung zwar nicht erforderlich sein, erfüllt aber in jedem Fall die Anforderungen des § 307 BGB. Bei vergleichbaren Klauseln im Verkehr mit Verbrauchern erscheint eine solche Regelung dagegen trotz der Genauigkeit problematisch, da die Klausel rechnerisch von diesen nachvollzogen werden muss. Soweit sich eine solche mathematische Klausel allerdings auf wenige Faktoren, z. B. wie Entgelt und Material beschränkt, sollte sie auch gegenüber Verbrauchern wirksam sein[266].

Häufig enthalten Preisanpassungsklauseln zudem einen sog. Festkostenanteil. Hierdurch wird erreicht, dass bei einer Veränderung einzelner Kostenbestandteile nicht die gesamte Vergütung angepasst wird[267]. Ein solcher Festkostenanteil empfiehlt sich insbesondere bei Preisanpassungsklauseln, die dem Geltungsbereich der gesetzlichen Regelungen zur Gestaltung rechtsgeschäftlicher Schuldverhältnisse durch Allgemeine Geschäftsbedingungen (§§ 305 ff. BGB) unterliegen.

Bei dem nachfolgenden Vorschlag sind wesentliche Kostenfaktoren angeführt, die als Bestandteil einer vereinbarten Vergütung preisbildend sein mögen. Sonstige Faktoren, die sich im Laufe der Zeit nicht oder nur wenig ändern, nennt die Klausel nicht. Sie haben bei der Berechnung einer neuen Vergütung daher auch keine Berücksichtigung zu finden.

---

[264] Ulmer/Brandner/Hensen-Fuchs, § 309 BGB Rd. 110.

[265] Siehe jeweils die Ziffer 5.3 in den AMEV-Vertragsmustern Wartung 2006 (Anhang 2) sowie Instandhaltung 2006 (Anhang 3). Die Klauseln werden in diesen Mustern zwar nicht von den Kundendienstunternehmen, sondern von den Betreibern gestellt. Die Anforderungen des § 307 BGB an die Wirksamkeit gelten allerdings in gleicher Weise.

[266] Siehe in diesem Zusammenhang den Hinweis auf im Grundsatz zulässige Preisindizierungsklauseln in RL 93/13/EWG – Anhang – Klauseln zu Artikel 3 Abs. 3 Nr. 1 lit. l in Verbindung mit Nr. 2 lit. d.

[267] Siehe z. B. Ziffer 5.3 (Allgemeinkostenanteil) des AMEV-Vertragsmusters Wartung 2006 (Anhang 2).

Der Vorschlag kann im unternehmerischen Geschäftsverkehr verwendet werden, sollte aber auch gegenüber Verbrauchern wirksam sein. Die Klausel enthält eine Regelungsdichte, die zwischen Unternehmern im Sinne des § 14 BGB zwar nicht erforderlich sein muss, aber auch nicht schadet. Eine unangemessene Benachteiligung wird u. a. dadurch vermieden, dass die Klausel einen nicht veränderbaren Festkostenanteil hat und keine selbstreferenziellen Bezüge wie z. B. den Verweis auf Listenpreise enthält.

> Preisbasis für die vereinbarte Vergütung ist der Zeitpunkt des Vertragsabschlusses/das Jahr ... . Mit der vereinbarten Vergütung sind sämtliche Kosten abgegolten, die erforderlich sind, um die vertragliche Leistung zu erbringen. Dies sind insbesondere Material-, Entgelt- und Entgeltnebenkosten, gesetzliche Abgaben und Steuern sowie Wegekosten. Das Verhältnis zwischen Materialkosten, Entgelt- und Entgeltnebenkosten sowie fixen bzw. sonstigen Kosten beträgt 20%:60%:20%.
>
> Ändert sich oder ändern sich nach Vertragsschluss Material- und/oder Entgelt- und Entgeltnebenkosten, können beide Vertragsparteien verlangen, dass die Vergütung angepasst wird. Die Vergütung ist entsprechend der Auswirkung der Veränderung der jeweiligen Kostenart oder -arten auf die Vergütung erhöhend oder mindernd anzupassen. Änderungen der fixen und sonstigen Kosten lassen die Vergütung unverändert.
>
> Der Auftraggeber hat eine Preisanpassung unter Erläuterung von Kostenerhöhungen und/oder -minderungen darzulegen. Er ist zudem verpflichtet, den Auftragnehmer auf Kostenänderungen hinzuweisen.
>
> Die Veränderung der Vergütung kann erstmals in dem auf den Vertragsabschluss folgenden Jahr verlangt werden. Sie tritt einen Monat nach dem schriftlichen Verlangen in Kraft und wirkt nicht zurück[268].

Soll dem Umstand Rechnung getragen werden, dass insbesondere gegenüber Verbrauchern im Sinne des § 13 BGB z. T. vertreten wird, dem Vertragspartner ein Kündigungsrecht zu geben, oder ist dies ggf. deswegen sinnvoll, weil das konkrete Geschäft ‚schnell und kleinteilig' ist, ließe sich die Aufnahme eines Kündigungsrechts so formulieren:

> Verlangt eine Partei die Anpassung der Vergütung, kann die andere Partei den Vertrag kündigen, wenn die verlangte Änderung erheblich ist, insbesondere mehr als fünf Prozent beträgt. Die Kündigung ist schriftlich innerhalb von zwei Wochen nach dem Verlangen der Anpassung der Vergütung zu erklären. Sie wird einen Monat nach dem Zeitpunkt wirksam, zu dem die Anpassung vorgesehen war. Für diesen Zeitraum ist die zuletzt geltende Vergütung zu entrichten[269].

---

[268] Bei der Gestaltung sollten betriebliche Vorgaben, insbesondere Geschäftsprozesse und Möglichkeiten und Schranken eigener IT-Systeme nicht unberücksichtigt gelassen werden.

[269] Die Vergütung unverändert zu halten, verlangt die Rechtsprechung (BGH NJW 2007, 1054, 1056).

dd.   Rechtsfolge bei Unwirksamkeit von Preisänderungsklauseln

Ist eine Preisänderungsklausel wegen Verstoßes gegen § 307 BGB unwirksam, treten die gesetzlichen Vorschriften an ihre Stelle (§ 306 Abs. 2 BGB). Bei Verträgen, die auf einen einmaligen Leistungsaustausch gerichtet sind, insbesondere also bei Kauf- oder Werkverträgen, wird der ursprünglich vereinbarte Kaufpreis oder Werklohn geschuldet. Auf Dauerschuldverhältnisse, also auch auf Instandhaltungsverträge, kann diese Rechtsfolge nicht ohne Einschränkungen übertragen werden. Nach einer längeren Zeit, beispielsweise nach fünf Jahren, steht die ursprünglich vereinbarte Vergütung in der Regel erkennbar nicht mehr in dem Verhältnis zur Leistung des Instandhaltungsunternehmens[270]. Da zu den gesetzlichen Vorschriften im Sinne des § 306 Abs. 2 BGB auch die §§ 133, 157 BGB über die Auslegung von Willenserklärungen und Verträgen zählen[271], besteht die Möglichkeit, im Falle der Unwirksamkeit einer Preisanpassungsklausel den Vertrag insoweit ergänzend auszulegen. Dies kann bei Instandhaltungsverträgen dazu führen, die Vergütung durch ergänzende Auslegung interessengerecht festzulegen[272].

Der ergänzenden Vertragsauslegung liegt das Verständnis zugrunde, dass den Parteien bei Abschluss des Vertrages bewusst war, dass die Vergütung nicht für die gesamte Vertragsdauer unverändert Bestand haben kann, sondern vielmehr im Sinne eines beiderseitigen angemessenen Interessenausgleichs[273] regelmäßig an veränderte tatsächliche Gegebenheiten angepasst werden muss. Auf diesem Wege ist die Rechtsprechung bei einem Kaufvertrag mit einer langen Lieferfrist zu einem sachgerechten Ergebnis gekommen[274]. Bei einer unwirksamen Preisanpassungsklausel in dem Miet- und Wartungsvertrag einer Fernsprechanlage hat der BGH gleichfalls die ergänzende Vertragsauslegung zugelassen[275]. Er hat dabei ausdrücklich festgehalten, dass die Parteien bei Vertragsschluss wussten, dass die Wartung der Anlage lohnkostenintensiv war und dem Vertrag der Wille der Parteien entnommen werden konnte, die vereinbarte Vergütung hinsichtlich des Wartungsanteils nicht über die gesamte Laufzeit des Vertrages von zehn Jahren unverändert lassen zu wollen. Die Parteien hatten vielmehr einen angemessenen Wertausgleich im Auge, sollte die Kostensituation dies erfordern[276].

> Die ergänzende Vertragsauslegung darf nicht verwechselt werden mit einer unzulässigen geltungserhaltenden Reduktion, bei der eine unwirksame Klausel auf das maximal Zulässige zurückgeführt würde[277]. Dies wäre für den Klauselverwender ohne Risiko und ist vom

---

[270]   Siehe zur Interessenlage S. 85.
[271]   BGH Z 90, 69, 76; vgl. hierzu allgemein und zum Meinungsstand Ulmer/Brandner/Hensen-Schmidt, § 306 BGB Rd. 31 ff.; Palandt-Grüneberg, § 306 Rd. 8; BGH VIII ZR 25/06 m. w. N.
[272]   Für eine ergänzende Vertragsauslegung besteht in einem sog. Verbandsprozess nach UKlG allerdings kein Raum (BGH VIII ZR 25/06 m. w. N.), da es nicht um die Rechtsfolgen der Unwirksamkeit in einem Einzelvertrag geht, sondern darum festzustellen, dass der Verwender es zu unterlassen hat, seine Klausel weiter zu verwenden bzw. sich weiterhin auf diese zu berufen.
[273]   Vgl. Ulmer/Brandner/Hensen-Schmidt, § 306 BGB Rd. 37, 37a („die richtige Mitte finden").
[274]   BGH Z 90, 69 ff. (Tagespreisklausel).
[275]   BGH NJW 1990, 115, 116.
[276]   BGH NJW 1990, 115, 116, siehe insoweit auch Ulmer/Brandner/Hensen-Hensen, § 309 BGB Nr. 1 Rd. 20 sowie allgemein zur ergänzenden Vertragsauslegung § 306 BGB Rd. 33 ff.
[277]   Ulmer/Brandner/Hensen-Schmidt, § 306 BGB Rd. 37.

Gesetzgeber so nicht gewollt[278]. Bei der ergänzenden Vertragsauslegung geht es vielmehr darum, die richtige Mitte zwischen den Parteiinteressen zu finden. Der zur Verfügung stehende Beurteilungsspielraum muss dabei um so mehr zu Lasten des Klauselverwenders gehen, je unspezifischer die unwirksame Klausel ist und je willkürlicher und beliebiger diese die Gelegenheit bietet, die Vergütung anzupassen. Dies kann im Einzelfall auch dazu führen, dass es nicht zu einer Preisanpassung kommt, weil ein so offensichtlicher Verstoß gegen § 307 BGB vorliegt, dass für eine ergänzende Vertragsauslegung kein Raum mehr besteht. Enthält eine Klausel dagegen z. B. die Faktoren für eine Anpassung der Vergütung, ist die Regelung aber aus anderen Gründen gemäß § 307 BGB unwirksam[279], kann die Vergütung im Wege der ergänzenden Vertragsauslegung angepasst werden. Die Möglichkeit einer ergänzenden Vertragsauslegung ist daher kein Freibrief, unwirksame Klauseln zu verwenden und gleichsam auf Heilung durch Auslegung zu hoffen[280]. Dies ist nur möglich, wenn die – unwirksame – Klausel das ernsthafte Bemühen des Instandhaltungsunternehmens erkennen lässt, diese wirksam gestaltet haben zu wollen und zudem so viel Substanz enthält, dass sie einer ergänzenden Vertragsauslegung zugänglich ist. Bei dieser Auslegung können – anders als bei der Beurteilung der Unwirksamkeit – auch sonstige Umstände des Vertrages berücksichtigt werden, insbesondere die von dem Verwender angegebenen Begründungen zu den in der Vergangenheit vorgenommenen Anpassungen, in denen auf Entgelterhöhungen, veränderte Materialkosten oder beispielsweise Arbeitszeitverkürzungen hingewiesen worden ist, zumal der typische Verkehrskreis redlicherweise mit Preisänderungen rechnet[281].

---

[278] Die Situation ist vergleichbar zu der des Kündigungsrechts (siehe S. 89). Allein die Aufnahme eines Kündigungsrechts in eine Preisanpassungsklausel macht diese bei fehlender Transparenz nicht wirksam: Wolf/Lindacher/Pfeiffer-Wolf § 309 Nr. 1 BGB Rd. 131.

[279] Siehe S. 87 ff.

[280] Wolf/Lindacher/Pfeiffer-Wolf § 309 Nr. 1 BGB Rd. 132-143.

[281] Ulmer/Brandner/Hensen-Hensen, § 309 BGB Rd. 20.

9.   Laufzeit und Kündigung von Instandhaltungsverträgen

Instandhaltungsverträge zur kontinuierlichen Betreuung technischer Einrichtungen enthalten regelmäßig Vereinbarungen zur Laufzeit und zur Kündigung. Solche Regelungen sind für Betreiber wichtig, wollen diese nicht von heute auf morgen ohne Betreuung dastehen und sich darum kümmern müssen, wer eine aufgetretene Störung beseitigt, ein betriebsnotwendiges Ersatzteil liefert oder ein nächstes Update für die Software einspielt. Für Serviceunternehmen geht es bei der Laufzeit von Instandhaltungsverträgen in erster Linie um Kundenbindung. Daneben spielen so praktische Aspekte wie die Routenplanung für Servicetechniker und die Bevorratung mit Ersatzteilen, also organisatorische Maßnahmen zur Vorhaltung des Wartungsdienstes eine Rolle.

a.   Laufzeit und ordentliche Kündigung

Die Praxis unterscheidet zwischen der sog. Erstlaufzeit eines Instandhaltungsvertrages und deren mögliche Verlängerungen nach dem Ablauf der jeweils vorangegangenen Periode. Zudem ist in der Regel bestimmt, in welcher Frist der Vertrag ordentlich gekündigt werden kann[282]. Nicht selten ist ferner geregelt, unter welchen Voraussetzungen eine Kündigung aus wichtigem Grund möglich ist. Die Wirksamkeit solcher Regelungen hängt in erster Linie davon ab, ob diese dem – strengen – Geltungsbereich der gesetzlichen Regelungen zur Gestaltung rechtsgeschäftlicher Schuldverhältnisse durch Allgemeine Geschäftsbedingungen (§§ 305 ff. BGB) unterliegen oder nicht[283].

aa.   Erstlaufzeit (§ 309 Nr. 9a BGB)

Vorformulierte Instandhaltungsverträge, die Hersteller oder Kundendienstunternehmen verwenden[284], dürfen im Verkehr gegenüber Verbrauchern (§ 13 BGB) keine Bestimmung enthalten, die den Vertragspartner länger als zwei Jahre bindet (§ 309 Nr. 9a BGB). Eine Klausel, die gegen diese Vorschrift verstößt, ist unwirksam[285].

Die Vorschrift ist nur auf den ersten Blick eindeutig. Sie regelt nicht mit ausreichender Klarheit, ob die Erstlaufzeit eines Vertrages mit dessen Abschluss oder mit dem Einsetzen der vertraglichen Leistungspflichten beginnt.

---

[282] Vgl. als Beispiel die Regelung jeweils in Ziffer 8.1 der AMEV-Vertragsmuster Wartung 2006 (Anhang 2) sowie Instandhaltung 2006 (Anhang 3), in beiden Fällen mit der Alternative, dass die Parteien eine Verlängerung des Vertrages auch ausschließen können.

[283] Siehe allgemein hierzu S. 37 ff.; für Instandhaltungsverträge, die vor dem 31. 12. 2001 abgeschlossen worden sind, gelten seit dem 01. 01. 2003 die §§ 305 ff. BGB ohne Einschränkungen (siehe S. 41).

[284] Auf Klauseln zur Laufzeit und zur Kündigung in Formularverträgen, die Betreiber technischer Einrichtungen gegenüber Kundendienstunternehmen verwenden, findet die Vorschrift des § 309 Nr. 9 BGB keine Anwendung. Hier gilt ausschließlich § 307 BGB (siehe S. 102 f.).

[285] Siehe als Beispiel OLG Köln EwiR § 11 Nr. 12 AGBG 1/88 S. 7 f. zu einem für drei Jahre abgeschlossenen Wartungsvertrag für Fotokopiergeräte; siehe zum unternehmerischen Verkehr S. 101 f.

(1) Der Beginn der Erstlaufzeit

Die Bindungswirkung im Sinne von § 309 Nr. 9a BGB beginnt nach Auffassung der Rechtsprechung und der überwiegenden Meinung in der juristischen Literatur mit dem Zeitpunkt des Vertragsabschlusses[286]. Demgegenüber will ein Teil der Literatur auf den Beginn der wechselseitigen Leistungspflichten abstellen[287].

> Die von der Rechtsprechung und Teilen der Literatur vertretene Auffassung, maßgeblicher Anknüpfungspunkt für den Beginn der zweijährigen Laufzeit sei der Zeitpunkt des Vertragsabschlusses, wird – im Grundsatz zu recht – damit begründet, dass der Vertragspartner von diesem Zeitpunkt an im Sinne des § 309 Nr. 9a BGB gebunden ist. Diese strenge Betrachtung ist im Instandhaltungsgeschäft allerdings häufig unpraktikabel. Sie bringt eine Reihe von Problemen mit sich, die nicht nur Serviceunternehmen als Klauselverwender, sondern auch Auftraggeber betreffen. So fallen Vertragsabschluss und Leistungsbeginn gerade in der Praxis des Instandhaltungsgeschäfts häufig auseinander. Dies ist von den Parteien zumeist sogar gewollt und zeigt damit die Grenzen auf, die die Rechtsprechung den Parteien durch ihre Rechtsauffassung auferlegt. Kündigt z. B. ein Verwalter für eine Wohnungseigentümergemeinschaft den laufenden Wartungsvertrag für die Heizungsanlage, den Aufzug oder die Alarmanlage zum Jahresende, weil er für die Eigentümer mit Beginn des Folgejahres für die nächsten zwei Jahre ein anderes Unternehmen mit der Wartung beauftragen soll, schließt er den neuen Vertrag in der Regel vor dessen Leistungsbeginn, ggf. bereits vor der Kündigung des bisherigen Vertrages ab. Bestimmt in einem solchen Fall der Formularvertrag des neuen Servicepartners, dass die Laufzeit mit dem Einsetzen der Leistungspflichten beginnt, sind die Wohnungseigentümer länger als zwei Jahre an den Vertrag gebunden. Diese Regelung wäre nach der geltenden Rechtsprechung und der überwiegenden Auffassung der Literatur im Sinne von § 309 Nr. 9a BGB unwirksam[288]. Dies widerspricht in der Regel aber sowohl dem Willen des Instandhaltungsunternehmens als auch dem der Wohnungseigentümer, denen es ggf. gerade auf die zweijährige Bindung ab Beginn der beiderseitigen Leistungspflichten ankommen mag[289]. Dieses Problem ist auch durch vertragliche Gestaltung nicht recht lösbar[290], da der BGH eine Klausel zu prüfen hatte, bei der die zweijährige Laufzeit ab Beginn der Leistungspflichten vorgegeben war und die Parteien nur den Beginn dieser Leistungspflichten nachträglich in den Vertrag einzutragen hatten.

---

[286] So u. a. Ulmer/Brandner/Hensen-Christensen, § 309 Nr. 9 BGB Rd. 11, Münchener Kommentar-Kieninger, § 309 Nr. 9 BGB Rd. 12; Thamm/Pilger, Anhang § 9 AGB-Gesetz, Kundendienstvertrag Rd. 4; BGHZ 122, 63 ff. = BGH NJW 1993, 1651 ff. Die Entscheidung des BGH ist in einem Verfahren nach §§ 12 ff. AGB-Gesetz (jetzt: UnterlassungsklagenG, siehe S. 38 f.) zu einem Wartungsvertrag für Videogeräte ergangen, den der Verwender zugleich mit deren Kauf anbot, dessen Leistungspflichten aber erst nach Ablauf der sechsmonatigen Gewährleistung dann für die Dauer von zwei Jahren einsetzen sollten. Die Entscheidung erging also zu einem Sachverhalt, der anders als bei der Instandhaltung technischer Einrichtungen das Geschäft mit typischen Endverbrauchern betraf.

[287] So Wolf/Lindacher/Pfeiffer-Dammann, § 309 Nr. 9 BGB Rd. 42-44; siehe auch die Nachweise in BGHZ 122, 63, 66.

[288] BGHZ 122, 63 ff. = BGH NJW 1993, 1651 ff.

[289] Dass der Klauselverwender verpflichtet sein mag, sich auf die Unwirksamkeit der von ihm selbst verwendeten Klausel nicht berufen zu dürfen, löst die grundsätzliche Rechtsfrage nicht.

[290] Die Aufnahme eines Rücktrittsrechts innerhalb einer bestimmten Frist (vgl. BGHZ 120, 109) mag eine Lösung im Geschäft mit Verbrauchern sein. Dies dürfte allerdings wenig praktikabel sein, zumal wegen des Umgehungsverbotes des § 306a BGB gegen eine solche Regelung Bedenken bestehen.

Den Beginn der Laufzeit im Sinne des § 309 Nr. 9a BGB an den Abschluss des Vertrages knüpfen zu wollen, ist häufig auch dann nicht sachgerecht, wenn mit einem Kauf- oder Werkvertrag zugleich ein Instandhaltungsvertrag abgeschlossen wird[291] und das Kundendienstunternehmen seine Leistungen erst nach Lieferung bzw. nach Abnahme des Vertragsgegenstandes erbringen soll. So kann der Auftraggeber einer Bauleistung für die Bauteile von maschinellen und elektronischen/elektrotechnischen Anlagen, bei denen die Wartung Einfluss auf deren Sicherheit hat, die für diese Bauteile geltende zweijährige Verjährungsfrist für Mängel durch Übertragung der Wartung auf den Auftragnehmer (in der Praxis: Abschluss eines Wartungsvertrages) auf vier Jahre verlängern (§ 13 Abs. 4 Nr. 2 VOB/B)[292]. Will er den Auftragnehmer bereits bei Abschluss des Bauvertrages auf diese verlängerte Frist verpflichten, schließt er ggf. sofort mit dem Bauvertrag den vorformulierten Vertrag des Instandhaltungsunternehmens ab, dessen Leistungen zu einem um mehrere Wochen oder Monate späteren Zeitpunkt beginnen und den Hersteller von diesem Zeitpunkt an für vier Jahre verpflichten sollen. Dass die Laufzeit in einem solchen Fall dann unwirksam wäre, ist nicht im Interesse beider Parteien[293].

Die Tatsache, dass bei Wartungsverträgen eine Laufzeit von zwei Jahren als untere Grenze der Wirtschaftlichkeit gilt[294], ist ein weiteres Argument dafür, dass der Beginn der Laufzeit im Sinne des § 309 Nr. 9a BGB nicht der Vertragsabschluss sein kann[295], sondern der vereinbarte Beginn der jeweiligen Leistungspflichten. Besteht in Einzelfällen Korrekturbedarf, weil beispielsweise Vertragsabschluss und Beginn der Leistungspflichten zeitlich sehr weit auseinanderfallen, kann der im Sinne des § 309 Nr. 9a BGB zulässigen Regelung immer noch gemäß § 307 BGB die Wirksamkeit versagt werden, wenn der Vertragspartner des Instandhaltungsunternehmens entgegen den Geboten von Treu und Glauben unangemessen benachteiligt wird[296].

---

[291] Es handelt sich hier nicht um einen Fall des § 309 Nr. 9, 2. Halbsatz BGB, wonach bei Verträgen über die Lieferung zusammengehörig verkaufter Sachen § 309 Nr. 9 BGB keine Anwendung findet.

[292] Diese Regelung ist 1996 in die VOB aufgenommen und 2006 modifiziert worden, also nach der Entscheidung des BGH, in der dieser die Rechtsfrage grundlegend entschieden hat (BGH Z 122, 63 ff.).

[293] In diesem Sinne würde die vierjährige Laufzeit des Vertrages ohnehin bereits gegen § 309 Nr. 9a BGB verstoßen. Nicht immer kann aber in einem solchen Fall eine Individualabrede im Sinne des § 305b BGB angenommen werden, die dem § 309 Nr. 9a BGB entgegenstehen würde.

[294] Ulmer/Brandner/Hensen-Hensen, zu § 11 Nr. 12 AGBG Rd. 3 (AGB-Gesetz, 9. Auflage – Vorauflage). Die Laufzeit des vormaligen § 11 Nr. 12a AGB-Gesetz war bereits im Gesetzgebungsverfahren in den siebziger Jahren umstritten. Die Regelung ist seinerzeit erst nach Anhörung betroffener Interessenverbände aufgenommen worden (siehe hierzu Strauß, Langfristige Laufzeitklauseln in vorformulierten Verträgen über technische Anlagen, NJW 1995, 697, 698).

[295] Siehe dazu, dass § 309 Nr. 9 BGB nicht berücksichtigt, dass diese starre Vorschrift ganz verschiedenartige Dauerschuldverhältnisse erfasst Ulmer/Brandner/Hensen-Christensen, § 309 Nr. 9 BGB Rd. 3. Zu erwägen wäre gewesen, in der Entscheidung BGH Z 122, 63 ff. die Klausel gemäß § 9 AGB-Gesetz (jetzt: § 307 BGB) für unwirksam zu erklären, da sie die Erwerber von Videogeräten als Endverbraucher unangemessen benachteiligt, weil der Wartungsbeginn erst nach Ablauf der Gewährleistungsfrist einsetzen sollte. Klauselverwender könnten dann im Interesse auch ihrer Vertragspartner bei der vertraglichen Gestaltung flexibler den Bedürfnissen ihres jeweiligen Geschäfts Rechnung tragen.

[296] Siehe S. 100; vgl. BGH NJW 1997, 739 f.: im Sinne dieser Entscheidung mag das Auseinanderfallen von Vertragsschluss und Leistungsbeginn ein besonderer Grund sein, der bei einer Laufzeit eines Vertrages von zwei Jahren (oder weniger) dennoch wegen der konkreten vertraglichen Situation eine unangemessene Benachteiligung im Sinne des § 307 BGB darstellt und zur Unwirksamkeit der entsprechenden Klausel führt; einschränkend Palandt-Grüneberg, § 309 BGB Rd. 87).

(2) Auf unbestimmte Zeit abgeschlossene Instandhaltungsverträge

Sind Verträge auf unbestimmte Zeit abgeschlossen worden, fallen diese nicht unter § 309 Nr. 9a BGB[297]. Die Vorschrift verbietet eine Laufzeit, die den Vertragspartner des Instandhaltungsunternehmens länger als zwei Jahre bindet. Ein auf unbestimmte Zeit abgeschlossener Instandhaltungsvertrag kann dagegen jederzeit innerhalb der vereinbarten Kündigungsfrist oder bei fehlender Vereinbarung in den Fristen des § 621 BGB gekündigt werden[298]. Eine unzulässig lange und damit unwirksame Bindung im Sinne des § 309 Nr. 9a BGB entsteht allenfalls dann, wenn durch die Gestaltung des Zusammenspiels von Erstlaufzeit und Kündigungsfrist der Anschein einer längeren vertragliche Bindung als zwei Jahre erreicht wird[299].

bb. Stillschweigende Verlängerung der Laufzeit (§ 309 Nr. 9b BGB)

Instandhaltungsverträge, die für eine bestimmte Erstlaufzeit abgeschlossen werden, enthalten zumeist eine weiter gehende Regelung, nach der sich der Vertrag nach Ablauf dieser Erstlaufzeit stillschweigend um einen weiteren Zeitraum verlängert, wenn er nicht zuvor innerhalb der im Vertrag bestimmten Frist gekündigt worden ist[300]. Diese stillschweigende Verlängerung in dem Formularvertrag eines Instandhaltungsunternehmens darf gegenüber Verbrauchern nicht zu einer Bindung von mehr als einem Jahr führen (§ 309 Nr. 9b BGB). Eine Klausel, die dagegen verstößt, ist unwirksam.

cc. Kündigungsfristen (§ 309 Nr. 9c BGB)

Von Kundendienstunternehmen oder Herstellern vorformulierte Instandhaltungsverträge regeln zur Laufzeit des Vertrages zumeist ferner, in welchen Fristen der Vertrag nach Ablauf der Erstlaufzeit, der jeweiligen Verlängerungsperiode oder bei einem für eine unbestimmte Dauer abgeschlossenen Vertrag gekündigt werden kann. Kündigungsfristen von mehr als drei Monaten sind gegenüber Verbrauchern unwirksam (§ 309 Nr. 9c BGB).

---

[297] Statt vieler: Ulmer/Brandner/Hensen-Christensen § 309 Nr. 9 BGB, Rd. 11; ein auf unbestimmte Zeit abgeschlossener Softwarepflegevertrag, der in einer Frist von drei Monaten zum Ablauf eines jeden Vertragsjahres kündbar war, lag auch der Entscheidung OLG Koblenz, CR 2005, 482 ff. zugrunde. Das Gericht hat in dieser vertraglichen Regelung weder einen Verstoß gegen § 309 Nr. 9a BGB noch gegen § 307 BGB feststellen können. Bei einer Kündigung durch den Anbieter der Leistung wird im IT-Bereich gelegentlich argumentiert, dass dieser eine Kündigung nicht zur Unzeit aussprechen dürfe (§ 242 BGB): siehe hier OLG Koblenz, CR 2005, 482 ff.; Hören, IT-Vertragsrecht, Rd. 462; Kaufmann, Kündigung langfristiger Softwarepflegeverträge oder Abschlusszwang, CR 2005, 841 ff.; Grapenin/Ströbl, Third Party Maintenance: Abschlusszwang und Kopplungsverlangen, CR 2009, 137, 138 f.

[298] Siehe hierzu Ulmer/Brandner/Hensen-Christensen, § 309 Nr. 9 BGB, Rd. 9 mit Verweis auf OLG Frankfurt NJW 1981, 2760, 2762.

[299] Münchener Kommentar-Kieninger, § 309 Nr. 9 BGB Rd. 13 mit Hinweis auf OLG Frankfurt NJW RR 1989, 957, 958 (allerdings bei einer Erstlaufzeit von zunächst zwei Jahren)

[300] Vgl. als Beispiele jeweils die Ziffern 8.1 der AMEV-Vertragsmuster Wartung 2006 sowie Instandhaltung 2006 (Anhänge 2 und 3). Danach verlängert sich der Vertrag in beiden Mustern um ein weiteres Jahr, wenn er nicht spätestens drei Monate vor seinem Ablauf schriftlich gekündigt wird, soweit die Verlängerung des Vertrages von den Vertragsparteien nicht generell ausgeschlossen worden ist.

Bei der Instandhaltung mehrerer Anlagen, für die nur ein Wartungsvertrag abgeschlossen worden ist, soll durch auftraggeberfreundliche Auslegung eine Teilkündigung einzelner Anlagen zugelassen werden, wenn der Auftraggeber eine einzelne Anlage beispielsweise außer Betrieb nimmt und der Vertrag eine Teilbarkeit der Vergütung zulässt[301].

dd. Unwirksamkeit von Laufzeitklauseln gemäß § 307 BGB

(1) Der Rechtsverkehr gegenüber Verbrauchern

Verwendet ein Instandhaltungsunternehmen gegenüber Verbrauchern im Sinne des § 13 BGB[302] Formularverträge oder Allgemeine Geschäftsbedingungen zur Instandhaltung, die zur Laufzeit und Kündigung den Anforderungen des § 309 Nr. 9 BGB genügen, können diese im Sinne des § 307 BGB unwirksam sein, wenn sie den Vertragspartner entgegen den Geboten von Treu und Glauben unangemessen benachteiligen[303]. Für eine solche Unwirksamkeit bleibt jedoch wenig Raum, da eine Laufzeit von zwei Jahren die untere Grenze der Wirtschaftlichkeit von Instandhaltungsverträgen ist[304]. Vielmehr halten im Sinne von § 309 Nr. 9a BGB vereinbarte Erstlaufzeiten von zwei Jahren regelmäßig einer weiter gehenden Inhaltskontrolle nach § 307 BGB stand, wenn nicht Besonderheiten des Einzelfalls zu einer unangemessenen Benachteiligung des Auftraggebers führen[305].

Auch Klauseln zur Verlängerung der Laufzeit und zur Kündigung, die die Anforderungen der § 309 Nr. 9b und Nr. 9c BGB erfüllen, halten in der Regel einer Prüfung nach § 307 BGB stand. Im Instandhaltungsgeschäft werden Vertragspartner durch solche Klauseln regelmäßig nicht unangemessen benachteiligt.

---

[301] Schneider, Handbuch des EDV-Rechts, G Rz. 91; vgl. OLG Hamm CR 1997, 604 ff., das bei einem Wartungsvertrag für sechs Geräte, bei dem die Vergütung teilbar war, eine Teilbarkeit auch für eine Kündigung aus wichtigem Grund angenommen hat. Demgegenüber hat das OLG Köln CR 1998, 720 f. bei einem Vertrag, der den Auftragnehmer zur Lieferung und Installation sowie ferner auch zur Entwicklung, Pflege und Wartung der Software verpflichtete, eine Teilkündigung der Wartungspflichten für unzulässig erachtet.

[302] Vgl. in diesem Zusammenhang S. 40 Fn. 79, wonach in der Rechtsprechung – mit zweifelhafter Begründung – vertreten wird, dass eine Wohnungseigentümergemeinschaft nicht Verbraucher im Sinne des § 13 ist BGB (LG Rostock 4 O 322/06).

[303] Wolf/Lindacher/Pfeiffer-Dammann, § 309 Nr. 9 BGB Rd. 91, 103; Thamm/Pilger, § 11 Nr. 12 AGB-Gesetz Rd. 4; Ulmer/Brandner/Hensen-Christensen, § 309 Nr. 9 BGB Rd. 12 mit kritischer Würdigung der Rechtsprechung. So hat der BGH eine in einem Formularvertrag festgelegte Laufzeit von zwei Jahren für die Ausbildung zum Tänzer und Tanzlehrer, die wegen eines dreimonatigen Kündigungsrechts Bindung nur für 21 Monate bedeutete, gemäß § 9 AGB-Gesetz (jetzt: § 307 BGB) für unwirksam erklärt, weil die Bindung nach Ablauf der Probezeit die Kursteilnehmer unangemessen benachteiligt (BGH Z 120, 108 ff.). Soweit der BGH sich in dieser Entscheidung ausführlich mit dem konkreten Sachverhalt auseinandersetzt, bestätigt dies die gegen die Entscheidung in BGH Z 122, 63 ff. = BGH NJW 1993, 1651 ff. zum Beginn der Laufzeit geäußerten Bedenken (siehe S. 97 f.).

[304] Siehe S. 98 Fn. 294.

[305] Dies wäre eine Möglichkeit gewesen, der Klausel, um die es in BGH Z 122, 63 ff. = BGH NJW 1993, 1651 ff. ging, die Wirksamkeit zu versagen (siehe S. 97 f., insbesondere S. 98 Fn. 295, 296).

(2)   Der unternehmerische Geschäftsverkehr

Die Vorschrift des § 309 Nr. 9 BGB gilt im Geschäftsverkehr zwischen Unternehmern nicht (§ 310 Abs. 1 BGB). Für die Unwirksamkeit von Klauseln zur Laufzeit und Kündigung gilt ausschließlich § 307 BGB. Da § 309 Nr. 9 BGB zudem einen stark verbraucherbezogenen Charakter hat[306], entfaltet die Vorschrift keinen auf den geschäftlichen Verkehr ausstrahlenden Gerechtigkeitsgehalt[307].

Im ausschließlich unternehmerischen Verkehr kommt es bei der Frage, ob eine Klausel zur Laufzeit sowie zur Kündigung eines von einem Instandhaltungsunternehmen verwendeten Formularvertrages wirksam ist oder nicht, auf den konkreten Fall an. Dabei sind u. a. Art der Anlage und deren Nutzung und Nutzungsdauer, ihr Einsatz und die Dauer der Abschreibung in dem jeweiligen Wirtschaftzweig Anhaltspunkte, die für oder gegen die Wirksamkeit einer konkreten Klausel sprechen.

So sind Erstlaufzeiten von zehn Jahren bei Wartungsverträgen für Telefonanlagen in der Rechtsprechung lange Zeit nicht beanstandet worden[308]. Für den BGH sind solche Laufzeiten allerdings heute nicht mehr haltbar und in Formularverträgen bzw. Allgemeinen Geschäftsbedingungen unwirksam, wenn sie dem unternehmerischen Vertragspartner keinen angemessenen Ausgleich bieten. Ein solcher Ausgleich fehlt jedenfalls dann, wenn der Vertrag dem Instandhaltungsunternehmen zusätzlich die Möglichkeit gibt, Preisanpassungen vorzunehmen, ohne dass der Auftraggeber den Vertrag in diesem Fall kündigen kann[309]. Auch bei einer veralteten, aus den dreißiger Jahren stammenden Anlage ist eine zehnjährige Laufzeit unwirksam[310]. Unwirksam sollten auch solche Regelungen sein, die durch die Art ihrer Gestaltung eine noch längere Bindung erreichen, indem z. B. bei Erweiterungen der Anlage die Laufzeit von zehn Jahren erneut beginnen soll. Auch eine Verknüpfung von Wartungsverträgen mit Versicherungsverträgen, mit denen das gemäß § 11 Abs. 3 VVG dem Versicherungsnehmer zustehende Kündigungsrecht nach drei Jahren faktisch unterlaufen werden soll, benachteiligt den Auftraggeber in der Regel unangemessen und führt zur Unwirksamkeit einer in dem Instandhaltungsvertrag

---

[306] Ulmer/Brandner/Hensen-Christensen, § 309 Nr. 9 BGB Rd. 20; Palandt-Grüneberg, § 309 BGB Rd. 9.

[307] Ulmer/Brandner/Hensen-Christensen, § 309 Nr. 9 BGB Rd. 20; BGH NJW 1985, 2693, 2695; so auch BGH NJW-RR 1997, 942, 942.

[308] So z. B. OLG Stuttgart, NJW-RR 1994, 952 ff.; OLG Rostock 3 U 102/97; LG Berlin, NJW-RR 1999, 1436 f.; aufschlussreich zum Diskussionsstand nach wie vor: Strauß, Langfristige Laufzeitklauseln in vorformulierten Verträgen über technische Anlagen, NJW 1995, 697; Löwe, Langfristige Laufzeitklauseln in vorformulierten Verträgen über technische Anlagen, NJW 1995, 1726 f. in einer Erwiderung auf den Aufsatz von Strauß, in der er auf die erhebliche technische Entwicklung, auf den Preisverfall sowie auf die Verbindung zwischen Laufzeit und Preisanpassungsklauseln hinweist.

[309] Richtung weisend: BGH X ZR 220/01 = DB 2003, 608 ff.; ohne die Verknüpfung zwischen Laufzeit und Preisanpassungsregelung, die der BGH in seiner Entscheidung herstellt, kam das LG Saarbrücken NJW RR 2002, 1715 vor der Entscheidung der BGH bei einer TK-Anlage, die sich als nicht ISDN-fähig erwies, ebenfalls zur Unwirksamkeit eines auf zehn Jahre abgeschlossenen Wartungsvertrages. Der über eine Laufzeit von 20 Jahren abgeschlossene Betreibervertrag für eine Telekommunikationsanlage in Mehrfamilienhäusern ist unwirksam: BGH ZMR 1997, 570 ff. Demgegenüber kann eine Laufzeit von 25 Jahren bei einem Gestattungsvertrag zwischen einer Wohnungsbaugenossenschaft und einer Kabelservicegesellschaft für ca. 7000 Wohneinheiten wegen der langen Amortisierungsphase im Rahmen Allgemeiner Geschäftsbedingungen wirksam vereinbart werden kann (BGH DB 2003, 606, 607).

[310] BGH NJW-RR 1997, 942 f.

festgelegten Laufzeit von zehn Jahren. Diese Entwicklung in der Rechtsprechung folgt einem allgemeinen Trend, der auch bei anderen Verträgen zu beobachten ist. So wird heute auch bei Mietverträgen von Investitionsgütern wie z. B. Telekommunikationsanlagen sowie bei Bierlieferverträgen angenommen, dass eine zehnjährigen Laufzeit durchaus unwirksam sein kann oder beispielsweise wegen erheblicher Investitionen und der damit verbundenen Amortisation einer besonderen Rechtfertigung bedarf[311]. Wohin sich diese Tendenz angesichts des technischen Fortschritts entwickeln wird, muss abgewartet werden.

Ob bei Instandhaltungsverträgen für gebäudetechnische Anlagen wie Heizungen, klimatechnische Anlagen oder Aufzüge, die in der Regel gemäß § 94 BGB wesentlicher Bestandteil eines Gebäudes sind und häufig eine zehn Jahre erheblich überschreitende Lebensdauer haben, im Geschäftsverkehr zwischen Unternehmern Erstlaufzeiten von zehn Jahren zulässig sind, erscheint mit Blick auf die Entwicklung in der Rechtsprechung fraglich. Jedenfalls kann die Tendenz, die zu kürzeren Laufzeiten geht, nicht unberücksichtigt bleiben. Bei der Gestaltung von Vertriebsprozessen und den dazu gehörenden Formularverträgen ist dieser Aspekt mit besonderer Sorgfalt zu regeln[312].

Für IT-Anlagen sollen dagegen bereits Laufzeiten von fast vier Jahren gemäß § 307 BGB unwirksam sein[313]. Dies wird damit begründet, dass IT-Technik sehr schnell veraltet und daher eine verhältnismäßig geringere Lebensdauer hat, als dies bei anderen Anlagen der Fall ist, die regelmäßiger Instandhaltung bedürfen.

(3) Betreiber als Klauselverwender

Verwenden Betreiber technischer Einrichtungen standardisierte Instandhaltungsverträge, sind die Regelungen zur Laufzeit ausschließlich nach § 307 BGB zu beurteilen. Der Betreiber und Klauselverwender lässt Dienst- oder Werkleistungen im Sinne des § 309 Nr. 9 BGB durch seinen Vertragspartner erbringen, so dass diese Vorschrift keine Anwendung findet. Eine Klausel zur Laufzeit in einem solchen vom Betreiber gestellten Vertrag ist unwirksam, wenn der Hersteller oder das Instandhaltungsunternehmen durch die Regelung unangemessen benachteiligt wird. Dies kann z. B. der Fall sein, wenn die

---

[311] Ulmer/Brandner/Hensen-Fuchs § 307 BGB Rd. 186 ff.; siehe zu Franchiseverträgen Stoffels, Laufzeitkontrolle bei Franchiseverträgen, DB 2004, 2871 ff.; bei Bierbelieferungsverträgen, bei denen auch Amortisierungsfragen eine Rolle spielen mögen, sieht der BGH in DB 2001, 1715 f. eine zehnjährige Laufzeit als wirksam an, weil dem Gastwirt eine Gegenleistung in Form eines Darlehns zufloss. Für die Bierbelieferung sind in der Europäischen Gemeinschaft jedenfalls die kartellrechtlichen Grenzen enger gezogen worden und verbieten Bindungen von mehr als fünf Jahren; ob dies Leitbildfunktion im Rahmen einer Prüfung nach § 307 BGB hat (siehe Ulmer/Brandner/Hensen-Hensen, Anh. §§ 310 Rd. 220) und auch auf andere Vertragsverhältnisse ausstrahlen mag, muss abgewartet werden. Jedenfalls bleibt festzuhalten, dass Literatur wie auch Rechtsprechung im Rahmen des § 307 BGB in der Tendenz längeren Laufzeiten eher die Wirksamkeit versagen als dies in der Vergangenheit der Fall war.

[312] Siehe als interessanten Hinweis zu dem nach Ansicht des BGH nur losen Zusammenhang zwischen Abschreibung eines wirtschaftlichen Gutes und dessen Amortisierung BGH DB 2003, 606, 607 zum Gestattungsvertrag von Hausverteil- und Breitbandkommunikationsverteilanlagen.

[313] Schneider, Handbuch des EDV-Rechts, G Rz. 86 unter Berücksichtigung der Praxis, zu Beginn eines Jahres zunächst ein sog. Rumpfjahr zu vereinbaren, um die Laufzeit an das Kalenderjahr anzupassen.

Klausel eine lange Bindung des Instandhaltungsunternehmens – beispielsweise auf 10 Jahre – vorsieht, während es dem Betreiber erlaubt ist, den Vertrag jederzeit oder jährlich kündigen zu können[314]. Bei der Frage der Zulässigkeit von Laufzeitklauseln mit langer Bindung muss allerdings das Bedürfnis des Betreibers angemessen berücksichtigt werden, die Vorhaltung von Ersatzteilen und eines schnell präsenten Reparaturdienstes sicherzustellen, wenn die Anlage über einen langen Zeitraum betrieben werden soll[315]. Gegen eine Laufzeit von zehn Jahren, die das Instandhaltungsunternehmen in die Pflicht nimmt, können sich daher nur aus den besonderen Umständen des Einzelfalls Bedenken ergeben, die zur Unwirksamkeit der Regelung nach § 307 BGB führen.

ee. Rechtsfolgen der Unwirksamkeit

Ist in einem Wartungsvertrag die Regelung zur Laufzeit gemäß § 309 Nr. 9a, Nr. 9b oder § 307 BGB unwirksam, tritt an die Stelle der unwirksamen Klausel die gesetzliche Regelung (§ 306 Abs. 2 BGB). Da bei Instandhaltungsverträgen wegen des Dauerschuldcharakters das freie Kündigungsrecht des Werkvertragsrechts (§ 649 BGB) für den Betreiber keine angemessene Lösung ist[316], sollte im Wege ergänzender Vertragsauslegung § 620 Abs. 2 BGB Anwendung finden[317]. Kundendienstverträge sind damit auf unbestimmte Zeit abgeschlossen und können in den vertraglich wirksam vereinbarten Fristen[318] oder in den Fristen des § 621 BGB gekündigt werden.

Die gesetzliche Regelung des § 621 BGB gilt auch in den Fällen, in denen eine Klausel zur Kündigungsfrist gemäß § 309 Nr. 9c BGB unwirksam ist. Danach kann der Vertrag bei einer nach Monaten bemessenen Vergütung spätestens am Fünfzehnten eines Monats zum Schluss des Kalendermonats, bei einer nach Quartalen oder längeren Zeitabschnitten bemessenen Vergütung unter Einhaltung einer Frist von sechs Wochen zum Quartalsende gekündigt werden (§ 621 Nr. 3 bzw. Nr. 4 BGB)[319].

---

[314] Zu asymmetrischen Kündigungsregelungen Ulmer/Brandner/Hensen-Hensen, § 309 Nr. 9 BGB Rd. 17, ferner OLG Koblenz CR 2004, 228 zu einer Klausel in Verträgen mit Verbrauchern.

[315] In dem AMEV-Vertragsmuster Instandhaltung 2006 (Anhang 3) wird in den Anmerkungen zu Ziffer 8.1 davon ausgegangen, dass die Laufzeit in der Regel vier Jahre betragen sollte. Auch hier zeigt sich die Tendenz zu kürzeren Laufzeiten. In der Vorauflage des Musters hieß es noch, dass eine Laufzeit von wenigstens fünf Jahre gewählt werden sollte, der Vertrag im Einzelfall aber auch für zehn Jahre oder die gesamte Lebensdauer der Anlage Gültigkeit besitzen soll. Eine Vereinbarung, nach der eine Anlage für die gesamte Lebensdauer instand zu halten ist, kann aber allenfalls als Individualvereinbarung Vertragsinhalt werden. Im Zweifel dürfte eine solche Regelung nach § 138 BGB unwirksam sein, weil bei langlebigen Geräten das Serviceunternehmen nicht überblicken kann, wie lange es in die Pflicht genommen werden wird (Ulmer/Brandner/Hensen-Fuchs, § 307 BGB Rd. 188 zu § 138 BGB).

[316] Ulmer/Brandner/Hensen-Christensen, § 309 Nr. 9 BGB Rd. 19, der bei Werkverträgen den Betreiber und Auftraggeber mit dem jederzeitigen Kündigungsrecht eher belastet sieht und deswegen den Vertrag ergänzend auslegen will. Strenger Wolf/Lindacher/Pfeiffer-Dammann, § 309 Nr. 9 BGB Rd. 80-89.

[317] In BGH NJW-RR 1997, 942, 943 kommt das Gericht zur direkten Anwendung dieser Vorschrift, weil es den dort abgeschlossenen Vertrag über die Erbringung von Serviceleistungen an Telefonanlagen, Feuermeldern sowie Stechuhren als einen Dienstleistungsvertrag betrachtete.

[318] OLG Köln EWiR § 11 Nr. 12 AGBG 1/88 S. 7 f.; OLG Frankfort NJW 1981, 2760, 2762.

[319] Die Bemessung der Vergütung nach einem Zeitraum, z. B. nach Monaten (vgl. S. 77 f.) hat damit Bedeutung für die Kündigungsfrist, wenn der Vertrag keine Regelung enthält oder diese unwirksam ist.

ff.   Individualabreden zur Laufzeit

Eine Regelung, die die Parteien eines vorformulierten Instandhaltungsvertrages zur Laufzeit oder zur Kündigung treffen, kann als Individualvereinbarung im Sinne der §§ 305b, 305 Abs. 1 S. 3 BGB ausgehandelt sein. Solche Regelungen sind dann der Prüfung nach § 309 Nr. 9 sowie § 307 BGB entzogen. Aushandeln setzt dabei voraus, dass die Vereinbarung individuell ausgehandelt worden ist. Hierzu muss der Verwender insbesondere den gesetzesfremden Kerngehalt der Klausel ernstlich zur Disposition gestellt und dem Vertragspartner die Möglichkeit gegeben haben, den Inhalt der Vertragsbedingungen zu beeinflussen[320].

Sollen durch die gewählte Gestaltung des Vertrages die § 309 Nr. 9 bzw. § 307 BGB lediglich umgangen werden, finden diesen Vorschriften gleichwohl Anwendung (Umgehungsverbot des § 306a BGB). Ein Aushandeln kommt auch dann nicht in Betracht, wenn der Verwender durch die Gestaltung des Formularvertrages so auf die Entscheidung des Vertragspartners Einfluss nehmen kann, dass dieser eine vorgebliche Wahlfreiheit in Wirklichkeit nicht hat[321]. Aus diesem Grunde sind Klauseln, die dem Vertragspartner des Serviceunternehmens eine Wahlmöglichkeit zwischen verschiedenen Laufzeiten einräumen, Allgemeine Geschäftsbedingungen und nicht individuell vereinbart, da beispielsweise das Ankreuzen von Alternativen den Anforderungen einer Individualvereinbarung nicht genügt[322]. Eine solche Regelung, die eine Allgemeine Geschäftsbedingung im Sinne der §§ 305 ff. BGB bleibt, ist unwirksam, wenn die konkret gewählte Laufzeit gegen § 309 Nr. 9a oder § 307 BGB verstößt[323]. Allerdings bleibt auch in einem solchen Fall der Weg offen für ein Aushandeln der Laufzeit im Sinne des § 305 Abs. 1 S. 3 BGB bzw. § 305b BGB. Insbesondere der BGH möchte bei Vertragsalternativen mit unterschiedlichen Vergütungsregelungen nicht generell den Weg zum Aushandeln bzw. zur Individualabrede verstellt sehen[324].

Unwirksam ist in jedem Fall eine in einem Vertrag vorformulierte Klausel, nach der die Regelung zur Laufzeit individuell ausgehandelt sein soll[325]. Auch die planmäßige, also vorformulierte Abweichung von einer in dem Formularvertrag vorgegebenen Laufzeit (z. B.: „Die Vertragslaufzeit wird abweichend von Ziffer ... des Vertrages auf 5 Jahre

---

[320]   Palandt-Grüneberg, § 305 BGB Rd. 21 m. w. N.; zu dem erweiterten Begriff der Individualabrede siehe Palandt-Grüneberg, § 305b BGB Rd. 2.

[321]   Siehe in diesem Zusammenhang zu dem Thema der Überlagerung die Hinweise in BGH DB 2003, 606.

[322]   Ulmer/Brandner/Hensen-Christensen, § 309 Nr. 9 BGB Rd. 11; Wolf/Lindacher/Pfeiffer-Dammann, § 309 Nr. 9 BGB Rd. 53-59; Palandt-Grüneberg, § 309 BGB Rd. 84; allgemein zur Wahlmöglichkeit Ulmer/Brandner/Hensen-Ulmer, § 305 BGB Rd. 53 f.

[323]   Verstoßen in einem solchen Fall nicht sämtliche Wahlmöglichkeiten gegen §§ 309 Nr. 9, 307 BGB, ist die Klausel nicht in jedem Falle unwirksam. Jedenfalls soll bei Teilbarkeit der Klausel eine im Sinne von §§ 309 Nr. 9, 307 BGB zulässige Regelung wirksam bleiben (vgl. BGH Z 122, 63, 70 m. w. N.).

[324]   Siehe BGH DB 2003, 606, 606, ferner Ulmer/Brandner/Hensen-Christensen, § 309 Nr. 9 BGB Rd. 11; die Probleme sowohl bei der Gestaltung des unternehmerischen Verkaufsprozesses einschließlich der Formularverträge bleiben bestehen. Dies sollten insbesondere Unternehmen beachten, zu deren Vertragspartner Verbraucher im Sinne des § 13 BGB zählen, wenn Laufzeiten von mehr als zwei Jahre in dem konkreten Markt in Frage kommen können. Im unternehmerischen Geschäftsverkehr sind dagegen bis auf weiteres fünf Jahre wirksam, ausgenommen ggf. die IT-Branche.

[325]   Siehe S. 39.

festgelegt.") bleibt eine Allgemeine Geschäftsbedingung, deren Wirksamkeit sich nach § 309 Nr. 9a bzw. § 307 BGB richtet[326]. Wird dagegen im Einzelfall hand- oder maschinenschriftlich ein Vertrag geändert oder eine Vertragslücke ausgefüllt, spricht dies für eine Individualabrede im Sinne des § 305b BGB[327]. Dies gilt insbesondere dann, wenn das Instandhaltungsunternehmen den Auftraggeber frei darüber entscheiden lässt, welche Laufzeit der Vertrag haben soll und dieser die Laufzeit in dem Vertrag selbst einträgt. Handelt ein Instandhaltungsunternehmen als Verwender allerdings dabei wiederum planmäßig und versucht insbesondere systematisch, durch seine Vertriebsmitarbeiter darauf hinzuwirken, dass die Auftraggeber möglichst lange Laufzeiten eintragen oder eintragen lassen, hilft dieser äußere Anschein einer Individualabrede nicht. Die §§ 309 Nr. 9a, 307 BGB finden in solchen Fällen Anwendung[328].

Eine Individualabrede im Sinne des § 305b BGB bzw. ein Aushandeln im Sinne des § 305 Abs. 1 S. 3 BGB kann dagegen angenommen werden, wenn in einem vorformulierten Kundendienstvertrag die Regelung zur Laufzeit offengelassen oder die vorgegebene Laufzeit geändert und der entsprechende hand- oder maschinengeschriebene Eintrag vom Auftraggeber durch Unterschrift oder Kurzzeichen (Paraphe) bestätigt worden ist. Hier gibt bereits die äußere Gestaltung des Vertrages einen Hinweis darauf, dass die Parteien die Dauer des Vertrages erörtert und sich ernsthaft Gedanken darüber gemacht haben, für welchen Zeitraum der Vertrag Gültigkeit besitzen soll[329].

gg. Hinweise zur Gestaltung

(1) Der Rechtsverkehr gegenüber Verbrauchern

Eine Klausel zur Laufzeit sowie zur Kündigungsfrist hat sich im Rechtsverkehr gegenüber Vertragspartnern, die nicht Unternehmer im Sinne der §§ 14, 310 Abs. 1 BGB sind, nach § 309 Nr. 9 BGB zu richten[330]. Jede andere Regelung ist unwirksam[331].

---

[326] Ulmer/Brandner/Hensen-Ulmer, § 305 BGB Rd. 57.

[327] BGH DB 1998, 616 ff.; Ulmer/Brandner/Hensen-Ulmer, § 305 BGB Rd. 63, 63a; OLG Frankfurt NJW 1981, 2760, 2762.

[328] Siehe die Hinweise in BGH DB 1998, 616, 618; Ulmer/Brandner/Hensen-Ulmer, § 1 Rd. 63, 63a; siehe auch LG Saarbrücken NJW-RR 2002, 1715 f., das ausführt, dass bei dem in Wiederholungsabsicht handschriftlich vorgenommenen Eintrag das beweispflichtige Serviceunternehmen weiteres vortragen muss, will es damit gehört werden, die Laufzeit sei individuell im Sinne des § 305b BGB ausgehandelt.

[329] Siehe in diesem Zusammenhang die Hinweise zum Sachverhalt in der Entscheidung des OLG Köln BB 1984, 1388, 1389, in der es um einen Wartungsvertrag mit einer Laufzeit von 25 Jahren ging.

[330] Schwierigkeiten bereitet offenbar die Einordnung von Wohnungseigentümergemeinschaften, die nach Auffassung des OLG Rostock 4 O 322/06 keine Verbraucher sein sollen (problematisch).

[331] Den hier gemachten Vorschlag zum abweichenden Beginn der Leistungspflichten der BGH gegenüber Verbrauchern für unzulässig erachtet (BGH Z 122, 63 ff., siehe auch S. 97 Fn. 286). Hierauf sei ausdrücklich hingewiesen. Im Instandhaltungsgeschäft lässt sich häufig den Umständen, insbesondere der Vorkorrespondenz entnehmen, dass die Parteien z. B. nach der Abnahme einer Anlage oder dem Auslaufen eines Instandhaltungsvertrages mit einem anderen Unternehmen einen bestimmten Beginn und die sich daran anschließende Laufzeit im Auge haben. Die Hürde zu einer Individualvereinbarung im Sinne des § 305 Abs. 1 S. 3 BGB bzw. § 305b BGB sollte nicht über Gebühr hoch sein.

> Der Vertrag wird für die Dauer von zwei Jahren abgeschlossen. Er verlängert sich jeweils um ein weiteres Jahr, wenn er nicht spätestens drei Monaten vor dessen Ablauf schriftlich gekündigt wird.
>
> Der Beginn der vertraglichen Pflichten ist der ....

(2)   Der unternehmerische Geschäftsverkehr

Im Geschäftsverkehr zwischen Unternehmern im Sinne der §§ 14, 310 Abs. 1 BGB gilt § 309 Nr. 9 BGB nicht. Die Erstlaufzeit kann fünf Jahre, bei langlebigen Wirtschaftsgütern ggf. auch zehn Jahre betragen. Soweit nicht wegen der Besonderheiten des Einzelfalls eine andere Regelung sinnvoll ist, empfiehlt sich, bei der Verlängerung der Laufzeit und zur Kündigungsfrist den Regeln des § 309 Nr. 9b und Nr. 9c BGB zu folgen.

> Der Vertrag wird für die Dauer von fünf[332] Jahren abgeschlossen. Er verlängert sich jeweils um ein/zwei weitere(s) Jahr(e), wenn er nicht spätestens drei/sechs Monaten vor dessen Ablauf schriftlich gekündigt wird.
>
> Der Beginn der vertraglichen Pflichten ist der ... .

Besteht der Kundenkreis des Serviceunternehmens sowohl aus gewerblichen bzw. selbstständig Tätigen im Sinne der §§ 14, 310 Abs. 1 BGB als auch aus Verbrauchern gemäß § 13 BGB, muss dies bei der Gestaltung der Verkaufsprozesse wie auch der Verträge entsprechend berücksichtigt werden. Im Instandhaltungsgeschäft mag dies z. B. bei Kopiergeräten, IT- oder Telefonanlagen sowie haustechnischen Anlagen denkbar sein. Auftraggeber können Unternehmen, sonstige Gewerbetreibende oder freiberuflich Tätige, bei haustechnischen Anlagen aber auch Wohnungseigentümer sein. Bei einheitlichen Formularverträgen, die den Anforderungen des § 309 Nr. 9 BGB genügen sollen, würde gegenüber Unternehmern im Sinne der §§ 14, 310 Abs. 1 BGB auf eine zulässige längere Bindung von beispielsweise fünf Jahren verzichtet. Unterschiedliche Regelungen zur Laufzeit und zur Kündigungsfrist, die sich an dem jeweiligen Kundenkreis (Verbraucher/Unternehmer) orientieren, erfordern dagegen rechtlich entsprechend geschultes Verkaufspersonal sowie ggf. eine Differenzierung der Kunden und damit einhergehend unterschiedliche Vertragsmuster für diese jeweiligen Kundenkreise.

---

[332] Siehe S. 101 f.; eine zehnjährige Laufzeit muss im unternehmerischen Verkehr heute als kritisch betrachtet werden und kann daher nicht mehr empfohlen werden.

b. Die Kündigung von Instandhaltungsverträgen aus wichtigem Grund

Ein Instandhaltungsvertrag kann zunächst als Dauerschuldverhältnis innerhalb der vertraglich vereinbarten Frist ordentlich gekündigt werden. Daneben besteht zudem die Möglichkeit, gemäß § 314 BGB jederzeit ohne Einhaltung einer Kündigungsfrist aus wichtigem Grund zu kündigen[333]. Dies setzt gemäß § 314 Abs. 1 BGB zunächst voraus, dass unter Berücksichtigung aller Umstände des Einzelfalls und unter Abwägung der Interessen beider Seiten dem Kündigenden die Fortsetzung des Vertragsverhältnisses bis zum Ablauf der Kündigungsfrist oder bis zur vereinbarten Beendigung des Vertrages nicht zugemutet werden kann.

Die Kündigung aus wichtigem Grund ist innerhalb einer angemessenen Frist ab Kenntnis der für die Kündigung maßgeblichen Tatsachen zu erklären (§ 314 Abs. 3 BGB). Zudem bedarf es vor Ausspruch der Kündigung eines erfolglosen Abhilfeverlangens bzw. erfolglosen Abmahnung, wenn der wichtige Grund in der Verletzung einer vertraglichen Pflicht besteht (§ 314 Abs. 2 BGB).

In der Praxis des Instandhaltungsgeschäfts ergeben sich vielfältige Anlässe für eine Kündigung aus wichtigem Grund. Sie können sich insbesondere aus den Pflichten des Vertrages ergeben, aber auch der Risiko- und Interessensphäre einer der beiden Parteien entspringen, in der Praxis häufig aus der des Betreibers und Auftraggebers oder andere, objektive Umstände haben, auf die keiner der Parteien Einfluss hat. Nicht selten sind die Parteien eines Instandhaltungsvertrages unterschiedlicher Meinung darüber, ob der geltend gemachte Anlass für eine Kündigung aus wichtigem Grund ausreicht.

aa. Die Verletzung von Vertragspflichten

Ein Recht zur außerordentlichen Kündigung besteht zunächst bei der Verletzung von vertraglichen Pflichten, insbesondere Hauptleistungspflichten[334], wie z. B. das Auslassen fest vereinbarter Wartungen, die mangelhafte Ausführung einer Instandsetzungsmaßnahme oder Zahlungsverzögerungen. Diese berechtigen den jeweils anderen Vertragspartner, den Vertrag aus wichtigem Grund zu kündigen, wenn die weiteren Voraussetzungen des § 314 BGB vorliegen, es insbesondere der kündigenden Partei wegen der Vertragsverletzung nicht mehr zugemutet werden kann, an dem Vertragsverhältnis festzuhalten. Das Kündigungsrecht aus wichtigem Grund ersetzt dabei bei Dauerschuldverhältnissen, also auch bei Instandhaltungsverträgen das Rücktrittsrecht wegen Mängeln (§§ 634 Nr. 3, 636, 323 BGB) oder sonstiger Pflichtverletzungen[335]. Dabei reicht allerdings die lediglich einmal ausgelassene vertraglich vereinbarte Wartung für eine Kündigung aus wichtigem

---

[333] Dieses allgemeine Kündigungsrecht für Dauerschuldverhältnisse ist im Zuge der Schuldrechtsreform im Jahre 2002 in das BGB eingeführt worden. Die Vorschrift des § 627 BGB findet dagegen auf Instandhaltungsverträge in der Regel keine Anwendung, da Instandhaltungsleistungen keine Dienste höherer Art im Sinne dieser Vorschrift sind. Ob für die Informationstechnologie anderes gelten mag (siehe hierzu Schneider, Handbuch des EDV-Rechts, G Rz. 83), sei dahingestellt.

[334] Siehe hier auch S. 114 f., 118.

[335] Palandt-Heinrichs, § 314 BGB Rd. 5, 12 m. w. N. und zu Ausnahmen von dieser Regel.

Grund nicht aus[336], ebenso nicht die nur allgemeine Begründung, mit der Wartungsqualität nicht zufrieden zu sein[337]. Selbst die Insolvenz des Instandhaltungsunternehmens reicht nach Auffassung des BGH als ein nur abstraktes Risiko, dass Serviceleistungen nicht mehr erbracht werden können, nicht für eine Kündigung aus wichtigem Grund[338].

In dieser Entscheidung setzte sich der BGH zunächst damit auseinander, ob der Mieter einer Patienten-TV-Anlage wegen des Konkurses des Vermieters und Dienstleisters – die Insolvenzordnung galt in diesem Fall noch nicht – den zusammen mit dem Mietvertrag abgeschlossenen Instandhaltungsvertrag aus wichtigem Grund kündigen konnte. Bei dem Mietvertrag verneinte der BGH dies mit Blick auf § 321 BGB und führte an, der Schutz durch § 542 BGB a. F. genüge. Ohne weiter gehende Gründe auszuführen, soll dies auch für den Instandhaltungsvertrag gelten. Letzteres erscheint zweifelhaft, weil die vor Insolvenz überlassene Sache (Mietvertrag) und die ständige Bereitschaft, Dienstleistungen zu erbringen (Wartungsvertrag), voneinander zu unterscheiden sind. Das Instandhaltungsunternehmen, das schnelle Instandsetzungseinsätze z. B. mangels Servicetechniker oder bereitzustellender Ersatzteile nicht mehr sicherstellen kann, ist hier ein ‚unsicherer' Vertragspartner, so dass dem Auftraggeber im Prinzip ein Recht zur Kündigung aus wichtigem Grund eingeräumt werden sollte. In der Vertragsordnung für Bauleistungen (VOB/B) ist ein Kündigungsrecht für den Auftraggeber bei Zahlungseinstellung, Antrag auf Eröffnung eines Insolvenzverfahrens sowie bei Eröffnung des Insolvenzverfahrens jedenfalls ausdrücklich vorgesehen (§ 8 Abs. 2 VOB/B). Im entschiedenen Fall führte der BGH als weiteren Grund dafür, dass ein Kündigungsrecht nicht in Betracht kam, den Umstand an, dass ein Nachunternehmer des insolventen Dienstleisters die Wartungsleistungen übernommen und nach der Insolvenz auch fortgeführt hatte. Im Rahmen der Erwägungen zur Zumutbarkeit mag dies ein Grund sein, das Recht zur Kündigung aus wichtigem Grund im konkreten Fall abzulehnen. Im Allgemeinen muss aber der Auftraggeber den Instandhaltungsvertrag bei Insolvenz seines Vertragspartners aus wichtigem Grund kündigen können.

Hat dagegen der Auftraggeber und Betreiber jedenfalls nach bereits wiederholten Betriebsstörungen, zu denen das Instandhaltungsunternehmen Arbeiten ausgeführt hat, erneut einen Servicetechniker angefordert und erscheint dieser dann nicht, ist die Kündigung aus wichtigem Grund nach entsprechendem Abhilfeverlangen dagegen wirksam[339].

Ist die Verletzung einer vertraglichen Pflicht Grund für die Kündigung, hat der Kündigende zudem zunächst eine Frist zur Abhilfe zu setzen bzw. den Vertragspartner abzumahnen, bevor die Kündigung ausgesprochen werden darf (§ 314 Abs. 2 S. 1 BGB). Nur unter den Voraussetzungen des § 323 Abs. 2 BGB darf die Kündigung sofort erklärt werden (§ 314 Abs. 2 S. 2 BGB)[340].

---

[336] OLG München CR 1989, 283, 286.
[337] LG Berlin, DB 1986, 797 f.
[338] BGH XII ZR 5/00.
[339] OLG Schleswig, MDR 2000, 632 f.
[340] Auch bei Mängeln findet § 314 BGB Anwendung.

bb. Die Verletzung von Aufklärungs-, Beratungs- und Schutzpflichten (§ 241 Abs. 2 BGB)

Auch die Verletzung von Vertragspflichten, die nicht Hauptleistungspflichten sind, kann zur Kündigung aus wichtigem Grund berechtigen. Zu solchen Pflichten zählen insbesondere Aufklärungs-, Beratungs- und Hinweispflichten, die Kundendienstunternehmen wegen ihrer Sachkompetenz und Nähe zu dem vertraglich zu betreuenden Gegenstand verpflichten, Wissen an den Betreiber weiterzugeben, wenn dies angezeigt ist, aber auch Schutzpflichten, wenn z. B. der Vertragsgegenstand in der eigenen Werkstatt repariert wird[341]. Solche Pflichten können sich darauf beziehen, wie eine Anlage aufzustellen und zu bedienen ist, aber auch, welche Betriebs- und Umgebungsbedingungen sowie gesetzliche Vorschriften und deren Änderungen durch den Betreiber zu beachten sind. Auch die Empfehlung zur Generalüberholung, zu einer Erweiterung der Anlage oder der Hinweis auf neue Produkte können Gegenstand von Beratungs- und Hinweispflichten sein[342].

Verletzt ein Instandhaltungsunternehmen eine solche Nebenpflicht schuldhaft, hat der Vertragspartner, in den meisten Fällen also der Betreiber der Anlage, einen Anspruch auf Schadensersatz, wenn er wegen der Pflichtverletzung einen Schaden erleidet (§§ 241 Abs. 2, 280 Abs. 1 BGB)[343]. Daneben kann die Verletzung einer solchen Pflicht den Betreiber auch zur Kündigung aus wichtigem Grund berechtigen, wenn durch die Pflichtverletzung das Vertrauensverhältnis so nachhaltig gestört ist, dass ihm nicht zugemutet werden kann, an dem Vertrag festzuhalten[344]. Während ein Anspruch auf Schadensersatz Verschulden voraussetzt, ist die Kündigung aus wichtigem Grund auch dann möglich, wenn den Vertragspartner kein Verschulden trifft[345]. Ein fehlendes Verschulden mag allerdings bei der Interessenabwägung im Rahmen des § 314 BGB Berücksichtigung finden[346]. Auch bei Pflichtverletzungen dieser Art bedarf es vor Ausspruch der Kündigung grundsätzlich zunächst eines erfolglosen Abhilfeverlangens (§ 314 Abs. 2 BGB). Liegen Gründe für eine außerordentliche Kündigung in diesem Sinne vor, so kann der Auftraggeber zudem nach § 282 BGB Schadensersatz statt der Leistung verlangen.

Im Fall des OLG Koblenz[347] hatte die Wartungsfirma eine IT-Anlage für € 33.000,00 umgerüstet. Da diese anschließend nicht mehr ordnungsgemäß funktionierte, kündigte der Betreiber den mit der Firma bestehenden Instandhaltungsvertrag aus wichtigem Grund. In dem Prozess hielt der gerichtlich bestellte Sachverständige die Umrüstung der Anlage für objektiv ungeeignet. Das OLG Koblenz hat die Klage der Wartungsfirma auf Zahlung von Wartungsgebühren in Höhe von ca. € 2.000,00 für den Zeitraum nach der Kündigung, in der keine Wartungen mehr ausgeführt wurden, mit der Begründung abgewiesen, dass dem Auftraggeber die Fortsetzung des Vertragsverhältnisses wegen der objektiv ungeeigneten

---

[341] Padandt-Heinrichs, § 280 BGB Rd. 28 mit Verweis auf BGH NJW 1983, 113.
[342] Siehe hierzu S. 66 Fn. 153 (OLG Hamm CR 1997, 604 ff.).
[343] Im Fall des OLG München CR 1989, 283, 285 hat das Gericht angenommen, dass ein durch das Kundendienstunternehmen unterlassener Hinweis nicht ursächlich für den konkret eingetretenen Schaden, einem sog. Head-crash, war. Zu Möglichkeiten und Grenzen von Haftungsbeschränkungen in Instandhaltungsverträgen siehe S. 134 ff.
[344] So im Fall des OLG Koblenz CR 1987, 107.
[345] Palandt-Grüneberg, § 314 BGB Rd. 7.
[346] Palandt-Weidenkaff, § 626 BGB Rd. 41 zum Dienstvertrag.
[347] OLG Koblenz CR 1987, 107.

Umrüstung der IT-Anlage nicht weiter zumutbar war und er den Wartungsvertrag aus wichtigem Grund kündigen durfte[348].

cc. Gründe aus der Risikosphäre des Betreibers, insbesondere: Veräußern und Stilllegen des Vertragsgegenstandes, Anschaffen einer neuen Anlage

Instandhaltungsverträge werden in der Praxis immer wieder aus wichtigem Grund gekündigt, weil der Betreiber den Vertragsgegenstand veräußern, ersetzen, generalüberholen oder außer Betrieb nehmen will[349]. Bei haustechnischen Anlagen wird ein Wartungsvertrag gelegentlich gekündigt, weil der Eigentümer und Auftraggeber das Gebäude veräußert hat und der Erwerber kein Interesse zeigt, den Vertrag mit dem bisherigen Instandhaltungsunternehmen fortzusetzen.

Ein Recht zur Kündigung aus wichtigem Grund gemäß § 314 BGB besteht in diesen Fällen nicht[350]. Die Umstände, die einen Betreiber in einem solchen Fall zur Kündigung veranlassen, liegen allein in dessen Risikobereich[351]. Wie bei Mietverhältnissen, bei denen der Mieter gemäß § 537 BGB nicht von der Zahlung des Mietzinses frei wird, wenn er durch einen in seiner Person liegenden Grund an der Ausübung des ihm zustehenden Gebrauchsrechtes – beispielsweise wegen eines Aufenthaltes im Ausland – gehindert ist, gilt auch für Instandhaltungsverträge, dass selbst gesetzte Umstände in der Regel kein Recht zur Kündigung aus wichtigem Grund geben[352].

---

[348] Ob das Instandhaltungsunternehmen gut beraten war, die Vergütung in Höhe von € 2.000,00 einzuklagen, muss bezweifelt werden. Wenn es die fehlerhafte Beratung zu vertreten hat – wofür es sich gemäß § 280 Abs. 1 S. 2 BGB entlasten muss – kann der Auftraggeber ohne großes Prozessrisiko auf Schadensersatz (wider)klagen. Unter kaufmännischen Gesichtspunkten wäre der Verzicht auf die Vergütung von hier € 2.000,00 wirtschaftlich ggf. sinnvoller gewesen.

[349] Vgl. hierzu jeweils die Ziffern 8.2 der AMEV-Vertragsmuster Wartung 2006 sowie Instandhaltung 2006 (Anhänge 2 und 3): U. a. bei endgültiger Stilllegung und Verkauf der Anlage besteht danach ein vertragliches Recht zur fristlosen Kündigung. Auch bei wesentlicher Änderung der Anlage darf der Vertrag fristlos gekündigt werden, wenn der Betrieb des Auftragnehmers auf die dann erforderlichen Instandhaltungsarbeiten nicht mehr eingerichtet ist. Diese Regelungen halten einer Prüfung gemäß § 307 BGB stand, wenn die Vertragsmuster mit den betroffenen Unternehmensverbänden abgestimmt worden sind (vgl. hierzu u. a. Ulmer/Brandner/Hensen-Fuchs, § 307 Rd. 154; siehe aber zu den Schranken sog. kollektiven Aushandelns Ulmer/Brandner/Hensen-Ulmer, § 305 Rd. 59, 74).

[350] Palandt-Grüneberg, § 314 Rd. 9; gelegentlich wünschen Betreiber in einem solchen Fall die Beendigung des Vertrages nicht mit Blick auf das Kündigungsrecht nach § 314 BGB, sondern weil sie der Meinung sind, die Geschäftsgrundlage des Vertrages sei gestört. Dies ist nicht richtig. Die Vorschrift des § 313 BGB ist nicht einschlägig, weil sie bei Dauerschuldverhältnissen durch das Recht zur Kündigung aus wichtigem Grund verdrängt wird, soweit es um die Auflösung des Vertrages geht (Palandt-Grüneberg, § 313 BGB Rd. 14); siehe für die Rechtslage vor der Schuldrechtsreform auch OLG Köln EwiR § 11 Nr. 12 AGBG 1/88, S. 7. In diesem Sinne wird man aber ein Kündigungsrecht annehmen dürfen, wenn z. B. nach dem Zerstören eines Gebäudes durch einen Brand eine haustechnische Anlage nicht mehr vorhanden ist und damit auch nicht mehr betreut werden kann.

[351] OLG Oldenburg CR 1992, 722, 723; OLG Rostock 3 U 102/97; zu der Betrachtung nach Risikosphären siehe auch: Palandt-Grüneberg, § 313 BGB Rd. 19; anders für den IT-Bereich jedenfalls nach dem Ablauf der Erstlaufzeit wohl nur Zahrnt, Vertragsrecht für IT-Fachleute, 13. Wartung/Reparatur von Hardware, Ziffer 3.3 (4).

[352] Palandt-Grüneberg, § 314 BGB Rd. 9.

Ähnlich liegt der Fall, wenn das Serviceunternehmen die Leistungen eines Instandhaltungsvertrages an einen Subunternehmer weitergereicht hat. Kündigt der Betreiber der Anlage den Vertrag innerhalb der vereinbarten Frist ordentlich, hat der Vertragspartner nicht das Recht, den Vertrag mit seinem Subunternehmer aus wichtigem Grund zu kündigen[353]. Nicht entsprechend synchronisierte Vertragslaufzeiten gehen zulasten des Serviceunternehmens[354].

Ist ein Instandhaltungsvertrag aus wichtigem Grund gekündigt worden, ohne dass die Voraussetzungen des § 314 BGB vorlagen, haben die Parteien weiterhin ihre vertraglichen Pflichten zu erfüllen. Das Serviceunternehmen, das seine Leistungen weiterhin im Sinne der §§ 293 ff. BGB anbietet, ohne dass der Auftraggeber diese entgegennimmt, behält seinen Vergütungsanspruch, ohne zur Nachleistung verpflichtet zu sein (Rechtsgedanke aus: §§ 326 Abs. 2 S. 2, 615 S. 1 BGB). Es muss sich lediglich dasjenige anrechnen lassen, was es infolge der unterbliebenen Leistungen an Aufwendungen erspart oder durch anderweitige Verwendung seiner Dienste erwirbt oder böswillig zu erwerben unterlässt (vgl. § 615 S. 2 BGB). Instandhaltungsunternehmen behalten den Vergütungsanspruch auch dann, wenn sie ihre Leistungen nicht mehr tatsächlich, sondern nur noch wörtlich im Sinne des § 295 S. 1, 1. Alt. BGB anbieten, wenn der Vertragspartner zuvor ausdrücklich erklärt hat, er werde die Annahme der Leistung in jedem Fall verweigern[355]. Aber auch dann, wenn der Auftraggeber Mitwirkungshandlungen wie z. B. den Zutritt zur Anlage verweigert (Fall des § 295 S. 1, 2. Alt. BGB), bleibt dem Instandhaltungsunternehmen der Vergütungsanspruch erhalten. Bei Stilllegung bzw. Veräußerung des Vertragsgegenstandes ergibt sich der Vergütungsanspruch ohne ausdrückliches Angebot bereits aus § 326 Abs. 2 BGB, da es dem Serviceunternehmen unmöglich geworden ist, seine Leistungen zu erbringen[356]. Auch hier muss sich das Unternehmen allerdings dasjenige anrechnen lassen, was es infolge der unterbliebenen Leistungen an Aufwendungen erspart oder durch anderweitige Verwendung seiner Dienste erwirbt oder böswillig zu erwerben unterlässt[357].

Formularverträge von Instandhaltungsunternehmen sehen für solche Fälle der unwirksamen Kündigung gelegentlich vor, die weiterhin zu zahlende Vergütung zu pauschalieren. So finden sich beispielsweise Vereinbarungen, nach denen bei vorzeitiger Kündigung der Vertrag zwar beendet wird, der kündigende Auftraggeber die Vergütung aber noch für weitere drei Monate zu entrichten hat. Eine solche Klausel ist in einem Instandhaltungs-

---

[353] OLG Karlsruhe CR 1987, 233, 234.

[354] Bei der Gestaltung von Kündigungsrechten in Formularverträgen für Unternehmen, die Dienstleistungen an Nachunternehmer weitergeben, zeigt die Entscheidung des BGH III ZR 293/00 allerdings wiederum Grenzen auf.

[355] Palandt-Heinrichs, § 295 BGB Rd. 4; bei Beharren auf seine Weigerung kann auch ein wörtliches Angebot entbehrlich sein (streitig).

[356] OLG Rostock 3 U 102/97; Einschränkungen wird man zugunsten des Auftraggebers machen müssen, wenn es z. B. aufgrund behördlicher Anordnung zur Stilllegung einer Anlage gekommen ist und der Auftraggeber diese nicht zu vertreten hat.

[357] Vgl. zu Fragen der Darlegung und der Beweislast Palandt-Grüneberg, § 326 BGB Rd. 14 sowie Palandt-Weidenkaff, § 615 BGB Rd. 20. Das LG Berlin, DB 1986, 797 f. hat den nicht substantiiert bestrittenen Vortrag des Serviceunternehmens, die ersparten Aufwendungen würden 20% der Vergütung betragen, als ausreichend und angemessen erachtet und die Darlegungslast für höhere Ersparnisse dem beklagten Betreiber auferlegt; siehe mit gleichem Ergebnis auch LG Berlin NJW-RR 1999, 1436 f.

vertrag zulässig[358], da sie den zu Unrecht kündigenden Vertragspartner nicht im Sinne von § 307 BGB unangemessen benachteiligt. Eine unangemessene Benachteiligung kann allenfalls dann angenommen werden, wenn die Regelung dem Kundendienstunternehmen die Möglichkeit einräumt, zusätzlichen Ertrag abzuschöpfen, der über vertragliche Vergütungsansprüche hinausgeht.

Regelungen dieser Art sind zu einem gewissen Grade vergleichbar mit Klauseln in Miet- oder Leasingverträgen zu Investitionsgütern[359], bei denen sich jeweils Fragen der Amortisation stellen, weil ggf. für den Mietgegenstand bei vorzeitiger Rückgabe keine weitere Verwendungsmöglichkeit mehr besteht[360].

dd. Hinweise zur Gestaltung

Das Recht zur Kündigung aus wichtigem Grund muss in Wartungsverträgen nicht ausdrücklich aufgenommen werden, da die Vorschrift des § 314 BGB als gesetzliche Regelung ohnehin gilt[361]. Eine ausdrückliche Regelung riskiert im Geltungsbereich der §§ 305 ff. BGB zudem, sich in Kasuistik zu verlieren und dadurch einer Kontrolle des § 307 BGB nicht standzuhalten, wenn einzelne Gründe nicht im Sinne der Interessenabwägung des § 314 BGB ausreichen, um eine Kündigung aus wichtigem Grund zu rechtfertigen. Soll beispielsweise bereits bei einfachem Zahlungsverzug (§§ 280, 286 BGB) ein Recht zur Kündigung aus wichtigem Grund gegeben sein, ist dies unzulässig[362]. Nicht ganz zweifelsfrei sind auch Regelungen, die eine Kündigung aus wichtigem Grund z. B. bei Veräußerung oder Stilllegung der Anlage zulassen[363]. Wirksam sollte dagegen eine Klausel sein, die es erlaubt, einen solchen Vertrag aus wichtigem Grund zu kündigen, wenn über das Vermögen des Vertragspartners das Insolvenzverfahren eröffnet wird.

Enthält ein mehrfach verwendeter Instandhaltungsvertrag eine Regelung zur Kündigung aus wichtigem Grund, sollte diese der Vorschrift des § 314 BGB nachgebildet werden. Sie kann den nachfolgenden Inhalt haben und für Instandhaltungsverträge Verwendung finden, die von Kundendienstunternehmen oder von Betreibern im Geschäftsverkehr eingesetzt werden. Bei der Aufnahme einzelner Kündigungsgründe ist allerdings Vorsicht geboten, soll die Regelung nicht wegen unangemessener Benachteiligung des Vertragspartners gemäß § 307 BGB unwirksam sein.

---

[358] OLG Celle BB 1984, 808, 809; die konkrete Klausel ist nach richtiger Auffassung des BGH (NJW-RR 1988, 819, 820) deswegen unwirksam, weil sie nicht ausdrücklich festhält, dass die Auflösungspauschale bei zulässiger Kündigung aus wichtigem Grund nicht gilt.

[359] Siehe z. B. OLG Düsseldorf NJW-RR 1987, 1191 zu einem Mietvertrag über eine Fernsprechnebenstellenanlage.

[360] Vgl. hierzu Ulmer/Brandner/Hensen-Schmidt, Anh. § 310 BGB Rd. 453 ff. Allerdings muss bei Wartungsverträgen erkennbar sein, dass diese Regelung nicht im Falle der berechtigten Kündigung aus wichtigem Grund gilt: BGH NJW 1985, 2328, 2329; siehe auch Fn. 359.

[361] Siehe S. 108 f.

[362] Ulmer/Brandner/Hensen-Fuchs Anh. § 310 BGB Rd. 1029; siehe auch Schneider, Handbuch des EDV-Rechts G Rz. 189.

[363] Vgl. z. B. Ziffer 8.2 des AMEV-Vertragsmusters Wartung 2006 (Anhang 2). Das wirtschaftliche Interesse des Auftraggebers an einer Kündigung sollte zur Wirksamkeit auch bei Formularverträgen des Auftraggebers führen. Zur Frage der Wirksamkeit im zitierten Muster siehe S. 110 Fn. 349.

> Die Parteien haben das Recht, den Vertrag aus wichtigem Grund ohne Einhaltung einer Kündigungsfrist zu kündigen. Dieses Recht besteht in Fällen, in denen eine Partei mehrfach vertragliche Pflichten verletzt und dem anderen Vertragspartner deshalb nicht zugemutet werden kann, das Vertragsverhältnis fortzusetzen. Vor der Kündigung ist der Partei Gelegenheit zu geben, in bestimmter Frist Abhilfe zu schaffen. Die Kündigung muss zudem in einer angemessenen Frist ausgesprochen werden, nachdem der Kündigende von dem Kündigungsgrund Kenntnis erlangt hat.
>
> Ein solches Recht zur Kündigung aus wichtigem Grund besteht insbesondere in Fällen, in denen
> - ...
> - ...

Eine pauschale Abgeltung von Vergütungsansprüchen bei unzulässiger Kündigung darf nicht gegen § 308 Nr. 7 sowie § 309 Nr. 5 BGB verstoßen. Sie muss zudem eindeutig bestimmen, dass die Pauschale nicht zu zahlen ist, wenn der Vertrag ordentlich oder zu Recht aus wichtigem Grund gekündigt worden ist[364].

> Kündigt der Auftraggeber den Vertrag, ohne hierzu berechtigt zu sein, kann der Auftragnehmer nach seiner Wahl Vertragserfüllung oder die Zahlung einer Auflösungspauschale von drei Monatsbeträgen, maximal jedoch die bis zum Ende der vereinbarten Laufzeit zu zahlende Vergütung verlangen.
>
> Wählt der Auftragnehmer die Zahlung einer Auflösungspauschale von drei Monatsbeträgen, hat der Auftraggeber das Recht, niedrigere Aufwendungen nachzuweisen.

Ob in vorformulierten Wartungsverträgen eine solche Pauschalisierung sinnvoll ist, hängt von dem konkreten Instandhaltungsgeschäft ab. Sind beispielsweise die Wartungsgebühren niedrig und die Fluktuation im Kundenkreis hoch, kann durch eine Pauschalisierung für beide Seiten unnötiger Streit vermieden werden.

---

[364] BGH NJW 1988, 819, 821. Diesen Gesichtspunkt hat nach Auffassung des BGH die Vorinstanz, das OLG Celle in seiner Entscheidung (vgl. OLG Celle BB 1984, 808, 809) unberücksichtigt gelassen.

10. Die mangelhafte Leistung

Betreiber technischer Einrichtungen gehen davon aus, dass Instandhaltungsunternehmen ihre vertraglich vereinbarten Pflichten erfüllen und die betreute Maschine oder Anlage möglichst störungsfrei ihren Dienst tut. Aber auch im Instandhaltungsgeschäft kommt es gelegentlich zu fehlerhaften Leistungen. Bei einer Wartung kann mit falschem Öl geschmiert oder ein Bauteil nicht richtig eingestellt werden, eine Reparatur oder Störungsbeseitigung nicht zu dem gewünschten Erfolg führen. Hat dies einen Ausfall oder einen Schaden an der technischen Einrichtung zur Folge, möchte der Betreiber diesen ohne eigene Aufwendungen behoben, ggf. auch die Kosten eines Produktionsausfalls oder sonstige Schäden ersetzt haben oder sich aus der vertraglichen Bindung lösen wollen.

a. Die mangelhaft ausgeführte Instandhaltungsleistung

Bei einem Werkvertrag ist die erbrachte Leistung, das Werk, dann frei von Sachmängeln, wenn es die vereinbarte Beschaffenheit hat (§ 633 Abs. 2 S. 1 BGB). Fehlt es an der Vereinbarung der Beschaffenheit, ist das Werk sachmängelfrei, wenn es sich für die nach dem Vertrag vorausgesetzte, sonst für die gewöhnliche Verwendung eignet und eine Beschaffenheit aufweist, die bei Werken der gleichen Art üblich ist und die der Besteller nach der Art des Werkes erwarten kann (§ 633 Abs. 2 S. 2 BGB)[365]. Ob eine nach den Regeln des Werkvertrages hergestellte Sache mangelhaft ist, lässt sich u. a. feststellen, indem geprüft wird, ob die vereinbarten Beschaffenheiten, insbesondere also die Merkmale, die die Leistung beschreiben, eingehalten worden sind oder nicht. Ggf. kann nur durch einen Sachverständigen festgestellt werden, ob die ausgeführte Leistung von der vereinbarten Beschaffenheit abweicht und das Werk damit mangelhaft ist.

Eine werkvertragliche Leistung ist auch dann mangelhaft, wenn die anerkannten Regeln des Fachs nicht eingehalten werden, insbesondere bei Ausführung der Leistung geltende DIN- oder EN-Normen, Unfallverhütungsvorschriften etc. nicht beachtet worden sind, soweit im Vertrag nichts anderes vereinbart ist[366].

Dieser Mangelbegriff des § 633 BGB gilt auch für Instandhaltungsverträge. Geschuldet wird allerdings nicht eine Sache, sondern Instandhaltungstätigkeiten an technischen Einrichtungen. Nicht gegenständlicher werkvertraglicher Erfolg ist dabei der möglichst störungsfreie Betrieb der technischen Einrichtung[367]. Ein Ausfall, eine Störung oder ein Schaden der betreuten Anlage bedeutet damit nicht ohne weiteres, dass die Leistung des Instandhaltungsunternehmens mangelhaft ist. Ursache kann z. B. auch ein Defekt des

---

[365] Dieser Begriff des Sachmangels deckt sich nicht vollständig mit dem Wortlaut, aber doch dem Inhalt nach mit dem Sachmangelbegriff des § 434 Abs. 1 S. 1 und S. 2 BGB im Kaufrecht (vgl. Palandt-Sprau, § 633 BGB Rd. 2). Soweit im Kaufrecht auch Werbeaussagen im Sinne des § 434 Abs. 1 S. 3 BGB einen Sachmangel begründen können, fehlt es an einer entsprechenden Regelung im Werkvertragsrecht. Aber auch hier können Werbeaussagen als stillschweigend vereinbarte Beschaffenheit Eingang in den Mangelbegriff finden (vgl. Palandt-Sprau, aaO).

[366] Palandt-Sprau, § 633 BGB Rd. 6a).

[367] Siehe S. 31 ff.

Vertragsgegenstandes sein, der mit der Instandhaltung nicht im Zusammenhang steht, dessen normale Abnutzung, insbesondere Verschleiß oder unsachgemäßer Gebrauch. Instandhaltungsunternehmen haben in diesen Fällen zumeist nicht ihre Vertragspflichten verletzt, sondern sind gerade jetzt gefragt.

aa.   Einfache Wartungsverträge

Schuldet ein Serviceunternehmen im Sinne der DIN 31051 nur Inspektions- und Wartungsarbeiten[368], ist seine Leistung mangelhaft, wenn die Tätigkeiten nicht ordnungsgemäß ausgeführt werden, die sich aus dem konkreten, vertraglich vereinbarten Leistungsinhalt ergeben. Fehlt eine solche Leistungsbeschreibung, ist die ausgeführte Leistung mangelhaft, wenn sie sich nicht für die nach dem Vertrag vorausgesetzte Verwendung eignet[369] oder die für den Vertragsgegenstand üblichen Inspektions- und Wartungsarbeiten nicht ordnungsgemäß ausgeführt werden[370]. Branchenübliche Instandhaltungstätigkeiten bestimmen bei Fehlen einer Leistungsbeschreibung damit, ob sich das Werk, also eine tatsächlich ausgeführte Inspektion und/oder Wartung, für die nach dem Vertrag vorausgesetzte, jedenfalls aber für die übliche Verwendung eignet[371].

Konkret ist beispielsweise die Leistung eines Wartungsvertrages dann mangelhaft, wenn der vertragliche Gegenstand nicht in den gemäß Leistungskatalog festgelegten Zeitabständen geschmiert oder ein bestimmtes Bauteil unzureichend kontrolliert und daher nicht im erforderlichen Umfang nachgestellt wird. Auch die teilweise unvollständige Wartung, bei der z. B. eine Schmierung vergessen oder eine Komponente nicht kontrolliert wird, ist mangelhaft im Sinne des § 633 Abs. 2 BGB[372]. Mangelhaft kann eine Inspektions- oder Wartungsleistung auch dann sein, wenn das Instandhaltungsunternehmen Herstelleranweisungen nicht nachkommt[373].

In der Praxis nehmen Betreiber solche ganz oder teilweise mangelhaft ausgeführten Wartungstätigkeiten häufig erst dann wahr, wenn die betreute Anlage nicht mehr voll funktionsfähig ist und sich Symptome eines Mangels wie z. B. Geräusche, schlechtere Toleranzwerte, langsamere Gebrauchszeiten oder Störungen zeigen. Mangelhaft ist die Wartungsleistung allerdings bereits dann, wenn solche Auswirkungen nicht oder noch nicht eingetreten sind. Es reicht für einen Mangel aus, wenn die Anlage wegen ungenügender

---

[368] Siehe S. 24 f.

[369] Liegt der Mangel der Leistung nicht offensichtlich auf der Hand, ist eine solche Feststellung im Zweifel nur einem Sachverständigen zugänglich.

[370] Tätigkeitskataloge wie z. B. die VDMA-Einheitsblätter (siehe S. 29 Rd. 36) oder Arbeitskarten im Sinne des AMEV-Vertragsmusters Wartung 2006 (siehe S. 44 f., 51) können dazu dienen festzustellen, ob sich eine Leistung zur vertraglich vorausgesetzten oder üblichen Verwendung eignet.

[371] Dieser vom Gesetzgeber gewollte Rückgriff auf die nach dem Vertrag vorausgesetzte bzw. die gewöhnliche Verwendung ist für die Bestimmung eines Mangels sicherlich kein ‚Königsweg' und zeigt, wie wichtig es ist, in einem Vertrag den Leistungsumfang genau und abschließend festzulegen.

[372] Siehe zum vollständigen Auslassen einer Wartung S. 68 f.

[373] Siehe BGH VII ZR 164/08: nach Überholung eines Bauteils tauschte das Serviceunternehmen Schrauben entgegen der Herstellerempfehlung nicht aus, sondern zog diese lediglich wieder an. Der BGH verpflichtete das Unternehmen zum Schadensersatz des entstandenen Maschinenschadens, ohne allerdings darauf einzugehen, ob die Leistung mangelhaft war oder sonst Vertragspflichten verletzt wurden.

Wartungsarbeiten in einen Zustand gerät, in dem Erscheinungen wie Geräusche und dergleichen, insbesondere Störungen zu erwarten sind[374]. Solche Geräusche, schlechtere Toleranzwerte, erhöhter Ausschuss etc. sind also nicht Mangel der Leistung, sondern in der Regel dessen Folgen[375]. Wird beispielsweise bei der Wartung falsches Öl verwendet, stehen dem Vertragspartner Mängelansprüche auch dann zu, wenn dies im Betrieb der Anlage noch ohne Folgen geblieben ist. Der werkvertragliche Erfolg auch einfacher Wartungsverträge hat nicht nur zum Inhalt, die Anlage infolge der Wartungsarbeiten möglichst von Störungen freizuhalten. Geschuldet wird vielmehr eben auch, die Betriebsbedingungen der Anlage so optimal zu gewährleisten, wie dies im Rahmen der vertraglich geschuldeten Tätigkeiten möglich ist. Dies kann in dem gewählten Beispiel nur durch Verwendung des für die konkrete technische Einrichtung empfohlenen Öls geschehen.

Der Auftraggeber muss dem Serviceunternehmen darlegen und beweisen, dass dessen Leistung mangelhaft ist. Geräusche oder schlechtere Toleranzwerte, aber auch Störungen können zwar Symptom oder Folge eines Mangels der Wartungsleistung sein, müssen dies aber nicht. Als Ursache kommen auch das Alter der Anlage, Verschleiß oder unsachgemäßer Umgang etc. in Betracht. Da nicht die Betriebsbereitschaft des Vertragsgegenstandes selbst geschuldet wird, sondern lediglich dessen möglichst störungsfreier Betrieb, reicht der bloße Hinweis auf solche Erscheinungen nicht aus, um eine erbrachte Leistung als mangelhaft einstufen zu können. In der betrieblichen Praxis ist bei einfachen Wartungsverträgen das Anfordern des Störungsdienstes daher auch in der Regel nicht von dem Willen getragen, das Serviceunternehmen auf Nachbesserung seiner mangelhaften Leistung zu verpflichten, sondern von dem Verständnis, im Zweifel eine vergütungspflichtige Tätigkeit beauftragt zu haben[376]. Zwar lassen sich Streitigkeiten an dieser Stelle nicht vollständig ausschließen. Eine detaillierte Dokumentation sowohl der Wartungstätigkeiten als auch der Arbeiten zur Störungsbeseitigung, insbesondere deren Abnahme sowie das Abzeichnen von Arbeitszetteln, auf denen die Arbeiten, der Anlass sowie der mutmaßliche Grund der Störung (z. B. die Verwendung nicht zugelassener Werkzeuge etc.) vermerkt sind, helfen aber in der Praxis, Auseinandersetzungen zu vermeiden[377].

---

[374] OLG München CR 1989, 283, 284 zu einem Vollwartungsvertrag. Dieser Fehlerbegriff gilt auch für einfache Wartungsverträge.

[375] OLG München CR 1989, 283, 283 (Leitsatz Nr. 5 der Redaktion).

[376] Zwar reicht für eine Mängelrüge, mit der der Auftraggeber Nacherfüllung in Form der Nachbesserung begehrt, die Beschreibung des Symptoms des Mangels aus, ohne dessen eigentliche Ursachen benennen zu müssen (Palandt-Sprau, § 635 BGB Rd. 3; Ingenstau/Korbion, § 13 Abs. 5, Rd. 36). Dennoch kann im Instandhaltungsgeschäft eine Mängelrüge nicht bereits dann angenommen werden, wenn der Betreiber den Störungsdienst ruft. Vielmehr muss der Auftraggeber seine Anforderung auf zuletzt konkret ausgeführte Tätigkeiten beziehen, die aus seiner Sicht nicht ordnungsgemäß ausgeführt worden sind. Dies gilt in gleicher Weise für Vollwartungsverträge, bei denen auch die Instandsetzung geschuldet wird, ohne dass das Kundendienstunternehmen eine zusätzliche Vergütung erhält (siehe S. 25 ff.), auch wenn in diesem Fall das Anfordern des Störungsdienstes nicht vom Willen getragen ist, eine vergütungspflichtige Leistung auszulösen (siehe zu eventuellen Schadensersatzansprüchen des zu Unrecht zur Störung gerufenen Serviceunternehmens S. 65 Fn. 155, S. 121 Fn. 396).

[377] Vielfach ist das Instandhaltungsunternehmen verpflichtet, ein Wartungsbuch zu führen, in dem die ausgeführten Wartungen sowie Reparaturen verzeichnet werden; siehe z. B. Ziffer 4.1 des AMEV-Vertragsmusters Wartung 2006 (Anhang 2).

Bemerkt der Servicetechniker anlässlich der Wartung bei einfachen Wartungsverträgen Betriebszustände wie erhöhte Toleranzen, Geräusche etc., besteht zudem die vertragliche Nebenpflicht, den Auftraggeber hierauf hinzuweisen[378]. Verletzt das Instandhaltungsunternehmen diese Pflicht in zu vertretender Weise (§ 276 BGB) und hat dies zur Folge, dass die Behebung einer Störung zu einem späteren Zeitraum einen höheren Aufwand als bei rechtzeitigem Hinweis verursacht oder deswegen ein weiterer Schaden eintritt, hat der Auftraggeber gegenüber dem Serviceunternehmen einen Anspruch auf Schadensersatz wegen dieser Pflichtverletzung (§ 280 Abs. 1 BGB)[379].

bb. Vollwartungsverträge

Haben die Parteien einen Vollwartungsvertrag abgeschlossen, schuldet das Serviceunternehmen weiter gehende Pflichten. Diese betreffen insbesondere die Instandsetzung des Vertragsgegenstandes[380]. Bei solchen Vollwartungsverträgen bereitet es gelegentlich größere Schwierigkeiten festzustellen, ob die Leistung mangelhaft ist oder nicht. Instandhaltungsunternehmen schulden als werkvertraglichen Erfolg zwar auch hier nur den möglichst störungsfreien Betrieb der technischen Einrichtung. Anders als bei einfachen Wartungsverträgen besteht bei Vollwartung aber regelmäßig[381] die Pflicht, Störungen zu beheben oder nach billigem Ermessen defekte Teile auszutauschen, ohne dass es eines gesonderten Auftrages durch den Betreiber bedarf.

Die Leistung eines Vollwartungsvertrages ist im Sinne des § 633 BGB zunächst immer dann mangelhaft, wenn das Instandhaltungsunternehmen geschuldete Inspektions- und Wartungstätigkeiten fehlerhaft ausführt. Insoweit besteht gegenüber einfachen Wartungsverträgen kein Unterschied. Die bei Vollwartungsverträgen weiter reichenden Pflichten führen aber dazu, dass ein Mangel auch vorliegt, wenn Instandsetzungen nicht ordnungsgemäß ausgeführt werden oder Störungsbeseitigungen fehlschlagen. Solche Fälle können mit einer mangelhaften Reparatur verglichen werden. Ein Mangel liegt darüber hinaus aber auch dann vor, wenn eine vorbeugende Instandsetzungsmaßnahme[382] unterblieben ist, die nach dem vertraglich geschuldeten Ermessen hätte ausgeführt werden müssen[383].

Ob in diesem Sinne die Leistung eines Instandhaltungsunternehmens mangelhaft ist, kann bei Vollwartungsverträgen nicht immer ohne weiteres festgestellt werden. Da der Auftraggeber den Mangel darzulegen und zu beweisen hat, reicht wie auch bei einem einfachen Wartungsvertrag ein bloßer Hinweis nicht aus, der Vertragspartner sei verpflichtet, den vertraglichen Gegenstand im Fall einer Störung kostenfrei instand zu setzen. Auch die Feststellung, der zu betreuende Gegenstand funktioniere unzulänglich, begründet

---

[378] Siehe zu Nebenpflichten und der Frage, ob deren Verletzung zur Kündigung berechtigt S. 109 f.

[379] Siehe zur Frage der Verjährung solcher Ansprüche S. 127 Fn. 416; auf die Schwierigkeit, in der Praxis nachzuweisen, dass das Instandhaltungsunternehmen eine solche Nebenpflicht verletzt hat, muss allerdings hingewiesen werden.

[380] Siehe S. 25 ff.

[381] Siehe zu Leistungsausschlüssen S. 54 ff.

[382] Siehe S. 26 f.

[383] Siehe zu der nicht immer ganz einfachen Abgrenzung zwischen Verzug und mangelhafter Leistung S. 71 Fn. 174.

noch keine Schlechtleistung[384]. Im Gegensatz allerdings zu einfachen Wartungsverträgen ist der Hinweis des Auftraggebers auf eine Störung regelmäßig von dem Willen getragen, dass die Störung von dem Instandhaltungsunternehmen ohne zusätzliche Vergütung beseitigt wird[385]. Solche Hinweise sind Mitwirkungspflichten des Auftraggebers, ohne die das Instandhaltungsunternehmen seiner vertraglichen Pflicht zur Störungsbeseitigung nicht nachkommen kann.

Das OLG München und das OLG Düsseldorf haben sich in ihren Entscheidungen mit der Darlegungs- und Beweislast auseinandergesetzt. Beide Gerichte kommen zu dem Ergebnis, dass das jeweilige Serviceunternehmen nicht mangelhaft geleistet hat. Im Fall des OLG München verlangte der Auftraggeber Schadensersatz wegen eines sog. Head-Crashs einer IT-Anlage. Er konnte nicht beweisen, dass der eingetretene Schaden auf eine mangelhafte Leistung des Vertragspartners zurückzuführen war. Das Gericht hat daher die Klage abgewiesen[386]. In der Entscheidung des OLG Düsseldorf ging es um die Vergütung für die Wartung eines Kopierers, die der Auftraggeber mindern wollte, weil das Gerät unzulänglich arbeiten würde. Diese pauschale Behauptung reichte dem Gericht nicht aus, um einem Beweisangebot des Auftraggebers zu folgen. Vielmehr hat der beklagte Auftraggeber nach Auffassung des Gerichts nicht ausreichend substantiiert dargelegt, warum das Serviceunternehmen seine vertraglichen Pflichten verletzt haben sollte[387].

Auf den ersten Blick mögen die Entscheidungen nicht befriedigen. Sie sind gleichwohl richtig. Beide Spruchkörper verkennen jeweils nicht die Schwierigkeiten des Auftraggebers und Betreibers, bei Instandhaltungsverträgen ihrer Darlegungs- und Beweislast zu genügen. Die Urteile zeigen aber Wege auf, welche Möglichkeiten sich für Auftraggeber bieten. So kann es zu einer Darlegungs- und Beweiserleichterung zugunsten des Auftraggebers kommen, wenn die Anlage eine erhöhte Störungshäufigkeit aufweist und gleichartige Defekte trotz zuvor erfolgter Reparaturen wiederholt auftreten[388]. Ist das Instandhaltungsunternehmen in einem solchen Fall nicht in der Lage, Gründe für die Störungshäufigkeit zu nennen, die sich negativ auf den Betrieb der Anlage auswirken, z. B. erhöhte Staubentwicklung, ungewöhnliche Erschütterungen oder wiederholt unsachgemäßer Gebrauch etc., kann es seinerseits verpflichtet sein, darzulegen und ggf. zu beweisen, dass die konkrete Betriebsbeeinträchtigung bzw. -störung nicht auf fehlerhaften Service der Anlage zurückgeht. Dies ist der berechtigte Tribut an die Pflicht, für einen möglichst störungsfreien Betrieb des Vertragsgegenstandes zu sorgen. Hilfreich ist daher, dass Instandhaltungsunternehmen ihre ausgeführten Leistungen dokumentieren und auf Aspekte wie ungünstige Betriebsbedingungen, wiederholten unsachgemäßen Gebrauch etc. möglichst schriftlich hinweisen. Hierdurch können sie sich bei häufiger Störanfälligkeit von dem Vorwurf entlasten, ihren vertraglichen Pflichten nicht nachgekommen zu sein. Die Auftraggeber können ihrerseits aufgrund solcher Hinweise die Umstände beseitigen, die die Anlage störanfällig gemacht haben, so dass im Ergebnis beiden Seiten gedient ist[389].

---

[384] OLG Düsseldorf CR 1988, 31 32; allgemein dazu in Baurecht: Ingenstau/Korbion, § 13 Abs. 5 Rd. 32.

[385] Beansprucht dagegen das Instandhaltungsunternehmen eine zusätzliche Vergütung, muss es darlegen und beweisen, dass die ausgeführte Leistung nicht mit der vereinbarten Vergütung abgegolten ist.

[386] OLG München CR 1989, 283, 283.

[387] OLG Düsseldorf CR 1988, 31, 32.

[388] OLG Düsseldorf CR 1988, 31, 32.

[389] Einmal mehr zeigt sich, wie wichtig gerade bei Instandhaltungsverträgen gegenseitiges Vertrauen, aber auch so kooperative Elemente wie Mitwirkungs- und Nebenpflichten sind, soll der vertragliche Zweck verwirklicht werden, eine möglichst hohe Verfügbarkeit der Anlagen zu erreichen.

Die Anforderungen an die Darlegungs- und Beweislast des Auftraggebers sind geringer, wenn Instandhaltungsunternehmen vertraglich den störungsfreien Betrieb des Vertragsgegenstandes garantieren[390]. Hier genügt die konkrete Behauptung des Auftraggebers, die Maschine, die Anlage oder das Gerät funktioniere nicht störungsfrei, um seinen Auftragnehmer zu verpflichten, sei dies als originäre Leistungspflicht oder als Nachbesserung zu zuvor unzureichenden Leistungen. Der Auftragnehmer muss darlegen und beweisen, dass ein vereinbarter Leistungsausschluss oder ein sonstiger Grund vorliegt, der gegen seine Leistungspflicht oder gegen den Mangel der ausgeführten Leistung spricht. Im Umgang mit solchen Garantien ist aus der Sicht des zur Leistung verpflichteten Instandhaltungsunternehmens daher Vorsicht geboten[391]. Es besteht insoweit u. a. die Möglichkeit, schnell auf Schadensersatz in Anspruch genommen zu werden.

> Eine von einem Betreiber in einem Formularvertrag oder seinen Einkaufsbedingungen gestellte Klausel im Sinne des § 305 BGB, die eine solche Garantie zum Inhalt hat, sollte gemäß § 307 BGB unwirksam sein. Instandhaltungsunternehmen schulden als vertraglichen Erfolg den möglichst störungsfreien Betrieb des Vertragsgegenstandes. Dessen störungsfreien Betrieb in Allgemeinen Geschäftsbedingungen als solchen garantieren zu müssen, würde daher von dem wesentlichen Grundgedanken von Instandhaltungsverträgen abweichen und Instandhaltungsunternehmen im Sinne von § 307 BGB unangemessen benachteiligen. Eine Garantie für den störungsfreien Betrieb einer Maschine, einer Anlage oder eines Gerätes ist bei Instandhaltungsverträgen, die der Betreiber stellt, daher nur durch Individualvereinbarung im Sinne der §§ 305 Abs. 1 S. 3, 305b BGB möglich. Vor der Übernahme solcher Garantien muss jedoch gewarnt werden, da die Inhalte und damit die Folgen bei einer Individualvereinbarung nur im Rahmen der Garantiezusage beschränkt werden können (§ 639 BGB). Eventuelle Haftungsbeschränkungen in Allgemeinen Geschäftsbedingungen müssen zudem Garantien davon ausnehmen, um wirksam zu sein[392].

Dass sich anders als beispielsweise im privaten Baurecht zu Instandhaltungsverträgen nur wenige Entscheidungen finden, die sich mit dem Begriff des Mangels auseinander setzen, zeigt einmal mehr die Besonderheit dieser Verträge. Vertrauen der Parteien, aber auch die Macht des Faktischen spielen eine wichtige Rolle. Parteien, die über Jahre hinweg zusammengearbeitet haben, suchen eine einvernehmliche Regelung oder trennen sich ggf., indem der Auftraggeber ordentlich kündigt oder das Instandhaltungsunternehmen eine unwirksame außerordentliche Kündigung hinnimmt[393].

---

[390] Siehe insoweit Seitz, CR 1988, 33, 34 (Anmerkungen zu OLG Düsseldorf CR 1988, 31 ff.).

[391] Vgl. Ullrich, Vertragsgestaltung im Inland - Die VDMA-Geschäftsbedingungen, S. 81 zu Beschaffenheitsgarantien; siehe auch S. 52 zur Formulierung bei Vollwartungsverträgen.

[392] Siehe S. 133 ff.

[393] Der Fall des OLG München zeigt dies. Der Auftraggeber hat nach einer Kündigung aus wichtigem Grund Schadensersatz wegen mangelhafter Erfüllung des Instandhaltungsvertrages verlangt. Das Wartungsunternehmen hat erst in diesem Verfahren durch eine Widerklage die restliche Wartungsvergütung von ca. € 2.300,00 geltend gemacht. Im Zweifel hätte es eine Zahlungsklage nicht erhoben, da in dem Zusammenhang mit der Frage, ob der Auftraggeber den Vertrag aus wichtigem Grund kündigen durfte, zugleich darüber zu entscheiden gewesen wäre, ob die Leistung mangelhaft ausgeführt worden ist. Dies wäre angesichts der eingeklagten Schadensersatzforderung des Auftraggebers in Höhe von ca. € 15.000,00 nicht ohne Risiko gewesen (siehe insoweit auch S. 110 Fn. 348 zum Fall des OLG Koblenz, CR 1987, 107, in dem sich genau dieses Risiko für das Serviceunternehmen realisiert hat.).

Auf der anderen Seite kann die erwähnte Macht des Faktischen für den Betreiber und Auftraggeber auch Nachteile bringen. Da er die Maschine oder Anlage nutzen, z. B. mit ihr in einem Produktionsprozess Arbeitsergebnisse erzielen möchte, ist ihm bei möglichen Mängeln der Weg zu einer gerichtlichen Beweissicherung nach §§ 485 ff. ZPO häufig verwehrt, da er die zu Produktionszwecken dienende Anlage ggf. nicht nutzen könnte. Da dies das typische Betriebsrisiko des Betreibers einer Anlage ist, sollte dies bei der Anforderung an die Bewertung von Mängelrügen und an die Darlegung von Beweisen berücksichtigt werden.

b.   Die Rechtsfolgen bei mangelhafter Leistung

aa.   Übersicht

Ist die Leistung eines Instandhaltungsvertrages im Sinne des § 633 Abs. 2 BGB mangelhaft, ergeben sich die Rechtsfolgen aus den gesetzlichen Vorschriften, wenn die Parteien in dem Vertrag keine wirksame abweichende Regelung getroffen haben. Gemäß § 634 BGB sind dies folgende Rechte:

– Nacherfüllung durch Beseitigung des Mangels oder durch Neuherstellung des Werkes nach Wahl des Unternehmers (§ 635 BGB),
– Beseitigung des Mangels durch den Besteller (sog. Selbstvornahme, § 637 BGB),
– Kündigung des Vertrages nach den allgemeinen Regeln (§§ 636, 314 BGB) oder Minderung der Vergütung (§ 638 BGB),
– Schadensersatz nach allgemeinen Regeln (§§ 636, 280, 281, 283, 311a) oder Ersatz vergeblicher Aufwendungen (§ 284 BGB).

(1)   Nacherfüllung (§ 635 BGB)

Im Fall eines Mangels der Leistung hat der Besteller zunächst einen Anspruch darauf, dass sein Vertragspartner den Mangel behebt (Nacherfüllung). Dieser Verpflichtung kann der Unternehmer nachkommen, indem er nach seiner Wahl den Mangel beseitigt oder das Werk neu herstellt. Der Anspruch auf Nacherfüllung besteht unabhängig davon, ob der Auftragnehmer den Mangel zu vertreten hat. Ein Verschulden ist nicht erforderlich. Die Mängelbeseitigung erstreckt sich darauf, das mangelhafte Werk nachträglich in einen mangelfreien Zustand zu versetzen und schließt erforderliche Vorbereitungs- und Nebenarbeiten ein[394]. Außerdem sind zum Zweck der Nacherfüllung erforderliche Aufwendungen, insbesondere Transport-, Wege-, Arbeits-, und Materialkosten vom Unternehmer zu tragen (§ 635 Abs. 2 BGB).

Der Besteller muss mit seinem Recht, Nacherfüllung zu verlangen sorgfältig umgehen. Dies gilt nicht nur für das durch Rüge eines Mangels geltend gemachte Verlangen der Nacherfüllung aus dem Instandhaltungsvertrag. Häufig rügt der Besteller gerade zu Beginn eines Lebenszyklus einer technischen Einrichtung einen Mangel und verlangt Nacherfül-

---

[394] BGH NJW 1986, 922, 923.

lung, weil er meint, ihm stünde ein noch nicht verjährter Mangelanspruch aus dem Liefervertrag zu[395]. Dies ist zwar grundsätzlich das ihm zustehende Recht. Ist dieses Verlangen der Nacherfüllung durch den Besteller allerdings in der Sache nicht berechtigt und hat er dies fahrlässig nicht erkannt, verletzt er schuldhaft Nebenpflichten aus dem Liefervertrag. Der Lieferer hat in diesem Fall einen Anspruch auf Schadensersatz, wenn er die von ihm gelieferte Anlage aufsucht, nur um beispielsweise festzustellen, dass das Bedienpersonal des Auftraggebers eine Störung verursacht hat, die der Lieferer sogleich beseitigt[396].

Bei einfachen Wartungsverträgen muss im Zuge der Nacherfüllung beispielweise die nicht ordnungsgemäße Schmierung nachgeholt oder die fehlerhafte Einstellung der Anlage korrigiert werden. Hat die mangelhafte Wartungsleistung darüber hinaus zu einer Störung oder einem Schaden an der Anlage geführt, ist das Instandhaltungsunternehmen nicht im Rahmen der Nacherfüllung des § 635 BGB verpflichtet, die Störung oder den Schaden auch zu beheben. Diese Pflicht ergibt sich vielmehr gemäß §§ 634 Nr. 4, 280 Abs. 1 BGB als Schadensersatzanspruch und setzt voraus, dass das Serviceunternehmen den Mangel als vertragliche Pflichtverletzung zu vertreten, insbesondere verschuldet hat[397]. Da der Auftraggeber bei diesem Schadensersatzanspruch bei der Wahl seiner Rechte aus §§ 249 ff. BGB, aber auch in der Verwendung des in Geld erhaltenen Schadensersatzes frei ist[398], hat das Instandhaltungsunternehmen insoweit zwar keinen Anspruch darauf, im Wege des Schadensersatzes einen durch fehlerhafte Wartung an der Anlage verursachten Schaden zu beheben. In der Praxis geschieht dies allerdings dennoch vielfach auch unaufgefordert, so dass das Serviceunternehmen hinsichtlich des von ihm verursachten weiter gehenden Schadens an der Anlage durch Wiederherstellung Schadensersatz im Sinne des § 249 S. 1 BGB leistet.

Bei Vollwartungsverträgen ist eine mangelhafte Inspektion oder Wartung ebenfalls in dem Umfang zu beseitigen, wie dies bei einfachen Wartungsverträgen der Fall ist. Schlägt eine Instandsetzung der Anlage fehl, hat also eine Reparatur keinen Erfolg, wird eine Störung nicht beseitigt oder ein defektes bzw. verschlissenes Bauteil nicht so ausgetauscht, dass die Anlage wieder betriebsfähig ist, muss das Serviceunternehmen ebenfalls nacherfüllen (§ 635 BGB), indem es die Störung endgültig beseitigt oder die Reparatur abschließend behebt (Mängelbeseitigung) bzw. den Austausch des Bauteils erneut vornimmt (Neuherstellung)[399]. Erleidet die Anlage durch eine misslungene Reparatur einen

---

[395] Siehe zu Zusammenhängen zwischen Servicevertrag und Liefergeschäft bei der Verjährung S. 129 f.

[396] Siehe BGH VIII ZR 246/06: Einen Vergütungsanspruch (für einen Störungseinsatz) hat der BGH zu Recht nicht angenommen. Dieser Wille kann dem Besteller bei seinem Beseitigungsverlangen nicht unterstellt werden. Soweit der Schadensersatzanspruch Verschulden des Bestellers Anlage voraussetzt, gilt die Beweislastregel des § 280 Abs. 1 S. 2 BGB, die den Besteller in die Pflicht der Entlastung bringt.

[397] Palandt-Sprau, § 634 Rd. 6 mit Verweis auf § 437 Rd. 32. Das daneben bestehende Recht, Schadensersatz statt Erfüllung zu verlangen (§§ 636, 281, 280 BGB), ist im Instandhaltungsgeschäft nicht relevant.

[398] Palandt-Heinrichs, § 249 BGB Rd. 6.

[399] Anders als bei der einfachen Reparatur, die fehlschlagen kann, weil ein technisches Gerät sich als nicht mehr reparabel erweist, gehen die Parteien eines Vollwartungsvertrages davon aus, dass das technische Gerät durch Reparatur oder Austausch eines Bauteils weiterhin funktionsfähig bleibt. Hier ist es den Parteien überlassen, am Ende des Lebenszyklus den Weg der Kündigung des Vertrages zu wählen, wenn die Anlage für den Betreiber keine befriedigenden Arbeitsergebnisses erzielt oder aus der Sicht des Serviceunternehmens wegen des erheblichen Aufwandes mit nicht mehr kalkulierbaren Kosten verbunden ist. Vernünftige Vertragsparteien beachten diesen Aspekt durch die zeitlich richtige Entscheidung der Generalüberholung oder Erneuerung der Anlage (zum Lifecycle bei Ersatzteilen S. 61 f.).

weiter gehenden Schaden, ist das Instandhaltungsunternehmen durch den Vollwartungsvertrag verpflichtet, auch diesen Schaden zu beseitigen. Obwohl auch hier durch die fehlerhafte Reparatur ein weiter gehender Schaden an der Anlage eingetreten ist, kommt es
anders als bei einfachen Wartungsverträgen auf ein Vertretenmüssen, insbesondere auf
ein Verschulden als weitere Voraussetzung nicht an, soweit das Instandhaltungsunternehmen die Beseitigung des Schadens selbst im Rahmen seiner Leistungspflichten schuldet, weil eine Leistungsgrenze oder ein Leistungsausschluss nicht vorliegt.

Nacherfüllung im Sinne des § 635 BGB und die Pflicht zur Störungsbeseitigung oder Reparatur als Leistungsbestandteil bei Vollwartungsverträgen decken sich in diesem Zusammenhang allerdings nur zum Teil und in tatsächlicher Hinsicht. Bleibt eine mangelhafte
Instandsetzung, beispielsweise eine erfolglose Reparatur ohne weitere Folgen und wird
diese von dem Instandhaltungsunternehmen nach entsprechender Rüge erfolgreich nachgeholt, ist es dem Auftraggeber und Betreiber in der Regel gleichgültig, ob die nachgehol-
te Instandsetzung rechtlich im Sinne des § 635 BGB als Nacherfüllung oder im Rahmen
der – ohnehin bestehenden – vertraglichen Leistungspflichten ausgeführt worden ist. Bedeutung erlangt die Differenzierung erst dann, wenn es um mögliche weiter gehende
Rechtsfolgen geht. Verlangt der Betreiber beispielsweise nach erfolgreich nachgeholter
Instandsetzung wegen des zwischenzeitlichen Ausfalls Schadensersatz[400], kommt es gemäß
§§ 634, 280 Abs. 1 BGB darauf an, ob das Instandhaltungsunternehmen bei dem ersten In-
standsetzungsversuch mangelhaft geleistet und dies zu vertreten hat[401].

In der Praxis kommt es vielfach nicht zu solchen Überlegungen, da die Parteien zumeist
daran interessiert sind, den Vertrag fortzuführen, solange das Vertrauensverhältnis nicht
nachhaltig gestört ist. Ergeben sich jedoch bei komplexen Anlagen wegen der mangelhaft
ausgeführten Störungsbeseitigung erhebliche Folgen beispielsweise durch einen Produktionsausfall, kann bei Vollwartungsverträgen ein Betreiber durchaus das Interesse haben zu
wissen, ob neben der nachgeholten Instandsetzung insbesondere bei zunächst fehlgeschla-
gener Leistung weiter gehende Folgen im Wege des Schadensersatzes auszugleichen sind,
ferner, ob ggf. auch ein Recht zur Kündigung aus wichtigem Grund besteht (§ 314 BGB).

(2)   Recht zur Selbstvornahme (§ 637 BGB)

Hat der Unternehmer den Mangel nicht oder nicht ordnungsgemäß beseitigt, kann der
Besteller nach einer erfolglosen Fristsetzung zur Nacherfüllung den Mangel selbst beseitigen oder beseitigen lassen (sog. Selbstvornahme, in der Praxis auch Ersatzvornahme
genannt).

Die Kosten der Selbstvornahme, die auf das Maß beschränkt bleiben müssen, das ein
vernünftig denkender und wirtschaftlich handelnder Auftraggeber für erforderlich halten
darf[402], hat das Instandhaltungsunternehmen gemäß § 637 Abs. 1 BGB seinem Vertragspartner zu erstatten. Dieser hat zudem das Recht, vor einer solchen Selbstvornahme von
dem Auftragnehmer einen Vorschuss für die erforderlichen Aufwendungen zu verlangen

---

[400] Vgl. als Beispiel den Sachverhalt zu OLG München CR 1989, 283 ff.
[401] Vgl. allgemein zur Haftung auch Schneider, Handbuch des EDV-Rechts, G Rd. 166.
[402] Siehe hierzu z. B. BGH BB 1991, 651, 651 m. w. N.

(§ 637 Abs. 3 BGB). Diesen Vorschuss muss er abrechnen und ggf. verbleibende Überzahlungen zurückgewähren, nachdem er den Mangel beseitigt oder beseitigt lassen hat.

(3)   Minderung der Vergütung und Kündigung (§ 638 sowie §§ 636, 314 BGB)

Setzt der Besteller dem Unternehmer zur Nacherfüllung eine Frist und verstreicht diese erfolglos, stehen ihm weiter gehende Rechte zu. Insbesondere kann der Besteller die Vergütung mindern (§§ 634 Nr. 3, 638 BGB). Übt er dieses Recht aus, verliert der Besteller allerdings die ihm zustehende Rechte auf Nacherfüllung (§ 635 BGB) und auf Selbstvornahme (§ 637 BGB), zudem den Anspruch auf Schadensersatz statt der Leistung (§§ 636, 281, 280 BGB)[403].

Das Recht zum Rücktritt gemäß §§ 634 Nr. 3, 636, 323 BGG bleibt dem Auftraggeber bei Instandhaltungsverträgen wegen deren Charakter als Dauerschuldverhältnisse allerdings verwehrt. Der Auftraggeber kann vielmehr ausschließlich unter den Voraussetzungen des § 314 BGB aus wichtigem Grund für die Zukunft kündigen[404]. Insoweit ist ein Wartungsvertrag, der von den Parteien für einen längeren Zeitraum abgeschlossen worden ist und zu regelmäßigen Instandhaltungsleistungen verpflichtet, nicht bereits dann kündbar, wenn dem Serviceunternehmen einmal ein Fehler bei der Wartung unterlaufen ist, den es auch nach Fristsetzung versäumt zu beseitigen und der keine oder nur geringe weiter gehende Folgen hat. Bei der im Rahmen des § 314 BGB vorzunehmenden Interessenabwägung spielen allerdings die Art des Mangels, das Maß des Verschuldens sowie dessen Auswirkungen bei dem Auftraggeber eine wichtige Rolle, um festzustellen, ob die Fortsetzung des Vertragsverhältnisses zumutbar ist oder nicht. Voraussetzung für eine solche Kündigung aus wichtigem Grund ist in der Regel zudem, dass das Instandhaltungsunternehmen zuvor abgemahnt bzw. zur Abhilfe ausgefordert wird (§ 314 Abs. 2 BGB). Hat der Betreiber unter Fristsetzung zur Nacherfüllung aufgefordert, ist diese Voraussetzung allerdings regelmäßig erfüllt.

Ist der Betreiber einer Anlage an der Mängelbeseitigung durch das Instandhaltungsunternehmen interessiert, sollte er nach erfolgloser Aufforderung zur Mängelbeseitigung auch bei Vorliegen eines wichtigen Grundes zur Vertragskündigung wissen, dass er nach einer Kündigung sein Recht zur Nacherfüllung (Mängelbeseitigung) verliert. Kosten, die der Auftraggeber in diesem Fall für die Beseitigung des Schadens aufwendet, kann er zwar gemäß §§ 634 Nr. 4, 280, 281, 284 BGB als Schadensersatz bzw. Aufwendungsersatz ersetzt verlangen. Dies setzt aber voraus, dass die Leistung mangelhaft war und das Instandhaltungsunternehmen den Mangel zu vertreten hatte. Dabei trägt der Auftraggeber die Beweislast für den Mangel, während das Instandhaltungsunternehmen beweisen muss, dass es den Mangel nicht zu vertreten hatte (§ 280 Abs. 1 S. 2 BGB).

---

[403] Paldandt-Sprau, § 634 BGB Rd. 5 ff.
[404] Vgl. S. 107 f., 126 Fn. 413 sowie Palandt-Grüneberg § 314 BGB Rd. 12; auch das Mietrecht kennt in den §§ 536 ff. BGB bei Mängeln nur unter den Voraussetzungen des § 543 BGB ein außerordentliches Kündigungsrechts.

Minderung und die den Rücktritt ersetzende Kündigung sind im Instandhaltungsgeschäft aber auch deswegen nicht immer von Vorteil für den Betreiber einer technischen Einrichtung, weil ein Dritter die Arbeiten möglicherweise nicht so schnell ausführen kann oder nicht das erforderliche Know-how hat und sich die Beseitigung des Mangels deshalb als schwierig erweist. Scheitert dann ein Schadens- bzw. Aufwendungsersatzanspruch daran, dass das Instandhaltungsunternehmen den Mangel nicht zu vertreten hat oder ist die Höhe eines Schadens beispielsweise nach einem Maschinenstillstand schwer zu belegen, ist dem Auftraggeber wirtschaftlich im Zweifel weder mit der Minderung der Vergütung noch mit einer Kündigung gedient. Auch Probleme bei der Beschaffung von Ersatzteilen sollten trotz möglicher Verpflichtung des Herstellers zur Belieferung gemäß §§ 20 Abs. 1, 33 GWB[405] bedacht werden.

(4)   Schadens- und Aufwendungsersatzansprüche (§§ 636, 280, 281, 284 BGB)

Weiterhin kann der Besteller von dem Unternehmer Ersatz der Schäden sowie der Aufwendungen verlangen, die ihm durch die mangelhafte Leistung entstanden sind. Voraussetzung für diese Rechte des Bestellers ist, dass der Unternehmer den Fehler zu vertreten hat. Der Unternehmer muss dabei allerdings beweisen, dass dies nicht der Fall ist (Beweislastumkehr des § 280 Abs. 1 S. 2 BGB).

Ob ein Mangel im Sinne der §§ 280 Abs. 1 S. 2, 276, 278 BGB von dem Instandhaltungsunternehmen zu vertreten ist, bemisst sich nach einem objektiv-abstrakten Sorgfaltsmaßstab. Für diesen objektiven Maßstab kommt es auf das Maß an Umsicht und Sorgfalt an, das dem Beurteilungsvermögen des zur Erfüllung eingesetzten gewissenhaft arbeitenden und angemessen unterwiesenen und ausgebildeten Servicetechnikers entspricht[406]. Der Erkenntnishorizont eines gerichtlich bestellten Sachverständigen, dem im Prozessfall andere Erkenntniswege offen stehen, der Ingenieur sein mag und sich wesentlich ausführlicher mit dem vorgefundenen Zustand der technischen Einrichtung auseinandersetzen kann und auch soll und dem ggf. andere Werkzeuge zur Verfügung stehen, ist für die Frage des Verschuldens nicht maßgeblich.

Der Auftraggeber hat u. a. Anspruch auf Ersatz derjenigen Schäden, die durch den Mangel insbesondere an seinen Rechtsgütern verursacht werden. Hierzu zählen auch Schäden an der technischen Einrichtung selbst[407], soweit diese nicht wiederum – wie dies bei Vollwartungsverträgen regelmäßig der Fall ist – als Leistungspflicht des Vertrages zu beheben sind. Der Schadensersatzanspruch betrifft darüber hinaus aber auch solche Schäden, die durch Nacherfüllung oder Selbstvornahme nicht behebbar sind, so z. B. entgangener Gewinn sowie sonstige Folgeschäden, aber auch mögliche Personenschäden und deren Folgen, die auf eine zu vertretende fehlerhafte Instandhaltungsleistung zurückzuführen sind. Dieser sich auf Folgeschäden im weitesten Sinne beziehende Schadenser-

---

[405] Siehe hierzu S. 150 ff.
[406] Siehe allgemein zum Verschuldensmaßstab Palandt-Heinrichs, § 276 BGB Rd. 15, 16.
[407] Siehe als Beispiel BGH VII ZR 164/08.

satzanspruch besteht unabhängig davon, ob der Auftraggeber dem Instandhaltungsunternehmen eine Frist zur Nacherfüllung gesetzt hat[408].

Daneben kann der Auftraggeber nach Fristablauf zur Nacherfüllung in den Fällen des § 636 BGB auch ohne eine Fristsetzung Schadensersatz statt der Leistung verlangen. Voraussetzung ist dabei allerdings, dass die Pflichtverletzung nicht unerheblich ist (§§ 280 Abs. 3, 281 Abs. 1 S. 2 bzw. 3 BGB). Im Instandhaltungsgeschäft, bei dem mit Wartung und Instandsetzung Leistungen am Vertragsgegenstand geschuldet werden, dürfte der Anwendungsbereich des Schadensersatzanspruchs statt der Leistung wegen eines Mangels aber gering sein. Dem Auftraggeber stehen mit den Rechten der Nacherfüllung, hier insbesondere der Mängelbeseitigung, der Selbstvornahme, der Kündigung aus wichtigem Grund (§ 314 BGB) und der Minderung sowie des Schadensersatzanspruchs nach § 280 BGB ausreichende Rechte zur Verfügung[409].

bb. Sonderprobleme bei Mängeln im Instandhaltungsgeschäft

(1) Die nicht ausgeführte Wartung

Gelegentlich unterlässt es das Instandhaltungsunternehmen, die vertraglich vereinbarte Wartung auszuführen. Haben die Parteien einen festen Wartungsturnus, beispielsweise eine Wartung je Jahresquartal vereinbart, ist die Wartung bis zum Ende des jeweiligen Zeitabschnitts noch möglich, kann also nachgeholt werden. Führt das Unternehmen die Leistung dagegen innerhalb eines solchen Abschnitts nicht aus, wird die Leistung teilweise unmöglich, da die in dem nächsten Zeitabschnitt erneut fällig werdende Wartung die zuvor unterlassenen Arbeiten auch dann nicht ausgleichen kann, wenn sie gleichen Inhalts sind. Die vereinbarte Vergütung muss der Auftraggeber für den konkreten Zeitraum nicht entrichten (§§ 326 Abs. 1 S. 2, 441 Abs. 3 BGB). Hat er dies bereits getan, kann er den entsprechenden Teil zurückverlangen[410].

Haben die Parteien keinen festen Wartungsturnus vereinbart, muss bei einem Streit im Zweifel durch einen Sachverständigen ermittelt werden, ob die Leistung noch sinnvoll möglich oder durch Zeitablauf bereits verfallen war[411]. Ist Zeitablauf bereits eingetreten, muss der Auftraggeber die Vergütung bezogen auf die unterlassene Wartung anteilig

---

[408] Dies betrifft nach dem Begriffsverständnis vor Inkrafttreten der Schuldrechtsreform den (nahen und entfernten) Mangelfolgeschaden (Palandt-Sprau, § 634 BGB Rd. 8) sowie Schäden, die der Nacherfüllung nicht zugänglich sind (siehe auch Palandt-Heinrichs, § 280 BGB Rd. 18 ff.).

[409] Die Beispiele in Paldandt-Heinrichs, § 280 BGB Rd. 19, 20 zeigen, dass der Anwendungsbereich des § 280 Abs. 3 BGB bei Instandhaltungsverträgen – von dem Risiko ev. Produktionsausfallschäden während der Nachbesserung ausgenommen – gering sein dürfte: Schäden aus den Kosten für die Ersatzbeschaffung, die Reparatur oder ein verbleibender Minderwert der technischen Einrichtung, Gutachterkosten oder Stillstandskosten sind bei Instandhaltungsverträgen, bei denen Leistungen an einem Gegenstand erbracht wurden, im Zweifel Schäden, die nach § 280 Abs. 1 BGB zu ersetzen sind.

[410] Siehe hierzu im Einzelnen auch S. 68 f. sowie OLG Stuttgart, BB 1977, 118, 119.

[411] Vgl. hierzu OLG München CR 1989, 283, 284, das sich in dem konkreten Fall auf den von dem Versicherer der Klägerin eingesetzten Sachverständigen stützte, der das regelmäßige Wartungsintervall als noch nicht abgelaufen betrachtet hatte.

nicht entrichten bzw. kann bereits Gezahltes anteilig zurückfordern. Ist das Serviceunternehmen durch einen Vollwartungsvertrag auch zur Instandsetzung verpflichtet, entfällt die Vergütung allerdings nur anteilig für die unterbliebene Wartung[412].

Beide geschilderten Fallgestaltungen können also durch die Regeln zur Teilunmöglichkeit gelöst werden. Eines Rückgriffes auf die Vorschriften zur Mängelhaftung bedarf es nicht.

(2)   Kündigung aus wichtigem Grund statt Rücktritt

Das Recht des Auftraggebers zum Rücktritt gemäß §§ 634 Nr. 3, 636, 323 BGB wird bei Instandhaltungsverträgen, bei denen es sich um Dauerschuldverhältnisse handelt, durch die Kündigung aus wichtigem Grund (§ 314 BGB) ersetzt[413]. Diese wirkt nur in die Zukunft. Rücktritt bedeutet dagegen die Rückabwicklung einmaliger Austauschverträge und vollzieht sich nach den §§ 346 ff. BGB.

(3)   Minderung der konkret fehlerhaften Leistung (§ 638 BGB)

Verlangt der Auftraggeber wegen mangelhaft ausgeführter Leistung die Herabsetzung der Vergütung, können sich die Rechtsfolgen des § 638 BGB nur auf die konkret beanstandete Leistung beziehen. Bei Instandhaltungsverträgen bemisst sich die Höhe der Minderung daher nach dem Zeitraum, in dem der Mangel aufgetreten ist[414]. Zugleich verliert der Auftraggeber auch nur hinsichtlich der konkret mangelhaft ausgeführten Leistung seinen Anspruch auf Nacherfüllung, wenn er Minderung verlangt. Für zukünftig zu erbringende Leistungen bleiben die vertraglichen Pflichten dagegen bestehen.

Bei Vollwartungsverträgen soll der Auftraggeber sein Recht zur Beseitigung einer Störung nicht verlieren dürfen, wenn er Minderung der Vergütung verlangt[415]. Dies ist richtig, soweit der Vertrag auch zur Störungsbeseitigung verpflichtet. Hier darf bei Wahl der Minderung der Verlust des Nacherfüllungsanspruches nicht dazu führen, dass der inhaltlich häufig identische vertragliche Anspruch zur Beseitigung einer Störung dann nicht mehr besteht. Minderung kann daher für die (in der Vergangenheit) mangelhafte Leistung verlangt werden, ohne dass dies den weiterhin bestehenden vertraglichen Anspruch auf Störungsbeseitigung ausschließt.

---

[412] Das OLG Stuttgart BB 1977, 118, 119 hat den Anteil gemäß § 287 ZPO geschätzt und ist davon ausgegangen, dass ca. ein Drittel der Vergütung auf vorbeugende Wartung entfällt.

[413] Siehe S. 107 ff., 124 sowie S. Hering, Erfolgsorientierte Softwarewartung: Gewährleistung und Haftung, CR 1991, 398, 402; Zahrnt, Vertragsrecht für IT-Fachleute, 13. 3. 1. (2) sowie 13. 3. 3. (1), der ein außerordentliches Kündigungsrecht annimmt; so auch Schneider, Handbuch des EDV-Rechts, G Rz. 153. Bei Dauerschuldverhältnissen kommt ein Rücktritt dann in Betracht kommen, wenn die Rückabwicklung unschwer möglich und zudem sachgerecht ist (vgl. Palandt-Heinrichs zu § 314 Rd. 12). Bei Instandhaltungsverträgen, bei denen sich die Leistungen jeweils an dem Vertragsgegenstand manifestieren, sei dies durch eine Wartung oder eine Reparatur, besteht hierfür kein Raum.

[414] OLG Düsseldorf CR 1989, 31, 32.

[415] Beise, Gewährleistungsprobleme bei Wartungsverträgen, DB 1979, 1214, 1216.

c.   Verjährung von Mängelansprüchen (§ 634a BGB)

aa.   Verjährungsfrist

Für Mängelansprüche aus Instandhaltungsverträgen gilt eine Verjährungsfrist von zwei Jahren (§ 634a Abs. 1 Nr. 1 BGB). Diese Frist beginnt gemäß § 634a Abs. 2 BGB mit der Abnahme der Leistung (§ 640 BGB). Dies sind bei Instandhaltungsverträgen die jeweils konkret ausgeführten Instandhaltungstätigkeiten, also beispielsweise eine Wartung oder eine Reparatur. Fehlt es an einer Abnahme, was bei Wartungs- und Instandsetzungstätigkeiten der Fall sein kann, kommt es für den Beginn der Verjährungsfrist auf die Vollendung (§ 646 BGB) dieser Tätigkeit an[416].

Bei Vollwartungsverträgen kann es gelegentlich schwierig sein, den Beginn der Verjährungsfrist zu bestimmen, wenn der Mangel nicht auf eine konkret fehlerhafte Tätigkeit zurückzuführen ist, sondern auf das Unterlassen rechtzeitiger vorbeugender Instandsetzung. Dies ist beispielsweise der Fall, wenn das Instandhaltungsunternehmen ein Bauteil hätte austauschen müssen, dies aber unterlassen hat. Der Beginn der Verjährungsfrist ist hier der Zeitpunkt, zu dem die Leistung hätte ausgeführt werden müssen. Dieser ist im Streitfall im Zweifel durch einen Sachverständigen zu bestimmen. Ist dies nicht möglich oder nur auf einen bestimmten Zeitraum eingrenzbar, geht dies zulasten des Instandhaltungsunternehmens, wenn es sich auf den Einwand der Verjährung beruft.

Mängelansprüche bei Instandhaltungsleistungen an haustechnischen Anlagen verjähren gemäß § 634a Abs. 1 Nr. 1 BGB ebenfalls nach zwei Jahren. Dies gilt auch für Vollwartungsverträge, bei denen Leistungen zum Vertragsinhalt gehören, die der Instandsetzung dienen. Zwar sind gemäß § 1 VOB Teil A Maßnahmen der Instandhaltung von baulichen Anlagen Bauleistungen im Sinne der VOB. Dies führt jedoch nicht dazu, für Mängelansprüche aus Instandhaltungsverträgen im Sinne des § 634a Abs. 1 Nr. 2 BGB die für Bauwerke geltende Verjährungsfrist von fünf Jahren anzunehmen. Die VOB gilt für die einmalige Erstellung, Instandhaltung, Änderung etc. einer baulichen Anlage, Instandhaltungsverträge sind dagegen auf eine fortwährende Leistungsverpflichtung ausgerichtet.

> Wollte man für den Verjährungsbeginn bei Instandhaltungsverträgen auf den Erfolg des Werkes, also den möglichst störungsfreien Betrieb einer technischen Einrichtung abstellen, wäre die Leistung im Sinne des § 640 BGB nicht abnahmefähig und würde sich erst mit Ende des Vertrages vollenden (§ 646 BGB)[417]. Dies ist nicht richtig, da sich im Rahmen der Erfüllung des Vertrages immer wieder Tätigkeiten manifestieren, seien dies Wartungsarbeiten, Störungsbeseitigungen oder Arbeiten zur Behebung eines eingetretenen Schadens. In den meisten Fällen nimmt der Auftraggeber von dem Ergebnis der Arbeit Kenntnis, indem er sich beispielsweise vorführen lässt, dass die Anlage wieder funktions-

---

[416] Die Problematik um den sog. entfernten Mangelfolgeschaden, für den die 30jährige Verjährungsfrist des § 195 BGB in der bis zum 31. 12. 2001 geltenden Fassung galt, ist durch die Reform des Schuldrechts überholt (vgl. Palandt-Heinrichs, § 280 BGB Rd. 18). Mängelansprüche einschließlich hieraus folgender Schadensersatzansprüche verjähren in den Fristen des § 634a BGB, bei Instandhaltungsverträgen also innerhalb von zwei Jahren, sonstige (Schadensersatz)Ansprüche beispielsweise aus der Verletzung von Nebenpflichten grundsätzlich innerhalb der gesetzlichen Regelfrist von drei Jahren (§ 195 BGB).

[417] So Beise, Gewährleistungsprobleme bei Wartungsverträgen, DB 1979, 1214, 1216.

fähig ist. Zudem zeichnet er gegenüber dem Servicetechniker häufig einen Arbeitszettel ab, durch den bestätigt wird, dass und welche Arbeiten ausgeführt worden sind[418]. Sind die einzelnen Tätigkeiten in dieser Weise abnahmefähig oder können diese sich vollenden, beginnt für diese Tätigkeiten die Verjährungsfrist jeweils mit diesem Zeitpunkt.

bb. Verjährung während der Laufzeit des Vertrages

Die Verjährungsfrist für Mängelansprüche hat während der Laufzeit eines Instandhaltungsvertrages eine rechtlich eigenständige Bedeutung. Dies gilt auch dann, wenn – wie bei Vollwartungsverträgen – Leistungspflicht und Anspruch auf Nacherfüllung in tatsächlicher Hinsicht den gleichen Inhalt haben können[419]. Wichtig bleibt die Verjährung in diesen Fällen für die über die Nacherfüllung hinausgehenden Ansprüche. Insbesondere die Ansprüche auf Schadensersatz oder Aufwendungsersatz können gemäß § 634a BGB während der Laufzeit des Vertrages verjähren, auch wenn das Instandhaltungsunternehmen die fehlgeschlagene Instandsetzung erfolgreich nachgeholt hat. Insbesondere bei Ansprüchen auf Schadensersatz, bei denen der Auftraggeber z. B. Kosten eines Produktionsausfalls ersetzt haben möchte, kann dies bei erheblicher Schadenshöhe von Bedeutung sein, wenn der Auftragnehmer diesen abwehren will und dabei auch die Auflösung des Vertrages durch ordentliche oder außerordentliche Kündigung in Kauf nimmt[420].

cc. Verjährung von Mängelansprüchen bei Vertragsende

In der Praxis kommt es gelegentlich zum Streit, nachdem ein Instandhaltungsvertrag beendet worden ist. Mängelansprüche des Auftraggebers verjähren nach zwei Jahre ab der jeweiligen Instandhaltungstätigkeit. Nach Vertragsende verjähren sie quasi sukzessiv, so dass spätestens zwei Jahre nach Vertragsende der letzte mögliche Mangelanspruch verjährt, soweit der Vertrag hierzu keine von § 634a Abs. 1 Nr. 1 BGB abweichende Regelung enthält. Auseinandersetzungen zwischen dem Auftraggeber und Betreiber, einem möglichen neuen Instandhaltungsunternehmen sowie der bisherigen Wartungsfirma sind insbesondere bei Vollwartungsverträgen nicht ausgeschlossen, wenn sich herausstellt, dass das bisherige Unternehmen seine Instandsetzungsverpflichtungen nur unzureichend erfüllt hat. Dies geschieht vereinzelt nach einer Kündigung des Vertrages, ohne dass sich vor Vertragsende eine Störung oder ein Schaden einstellt. Das Instandhaltungsunternehmen ist vor Vertragsende und auch nach Ausspruch der Kündigung selbstverständlich verpflichtet, ein Bauteil nach vertragsgemäßem Ermessen vorbeugend auszutauschen, ohne auf den eigenen Vorteil zu schauen. Es handelt insoweit nicht vertragsgerecht, wenn es insbesondere nach einer Kündigung die technische Einrichtung praktisch am Rande ihrer Betriebsfähigkeit laufen lassen würde, um nach der Kündigung Kosten zu sparen,

---

[418] Siehe als Beispiel nur Ziffer 4.3 des AMEV-Vertragsmusters Wartung 2006 (Anhang 2).
[419] Siehe S. 123 f.
[420] Vgl. als Beispiel OLG München CR 1989, 283 ff. In dem Sachverhalt ging es um einen Schaden von ca. € 15.000,00. Hätte der Betreiber den Mangel der Leistung darlegen können, hätte sich das Gericht ggf. mit Fragen der Verjährung befassen müssen, wenn dies im Raum gestanden und der Auftragnehmer sich darauf berufen hätte. Wegen der heute geltenden Verjährungsfrist von zwei Jahre bleibt für diese eigenständige Verjährung aber wenig Raum.

auch wenn keine Störungen oder Schäden dabei auftreten. Wird bei Vertragsende eine Anlage in einem solchen Zustand übergeben, ist der Konflikt zwischen den Beteiligten da. Dies ist insbesondere dann der Fall, wenn der Vertrag mit einem neuen Serviceunternehmen für diese Fälle einen Leistungsausschluss vorsieht oder vom Inhalt her keine Leistungspflicht begründet, weil beispielsweise nur ein einfacher Wartungsvertrag abgeschlossen worden ist, während mit dem bisherigen Unternehmen die Vollwartung vereinbart war. Die Parteien können eine solche Situation durch angemessene Dokumentation[421] vermeiden. Bei Vertragsende empfiehlt sich zudem, ggf. einen neutralen Dritten zur Übergabe der Anlage hinzuzuziehen und deren Zustand und eventuelle Arbeiten schriftlich festzuhalten, die das bisherige Serviceunternehmen noch auszuführen hat[422].

Von Betreibern erklärte Kündigungen, die wegen eines nur geringfügigen Kostenvorteils ausgesprochen worden sind, mögen unter kaufmännischen Aspekten daher nicht immer die richtige Entscheidung sein. Sind mit dem neuen Unternehmen Leistungsausschlüsse vereinbart worden oder ist der Leistungsinhalt ein anderer, muss der Auftraggeber den Austausch von Bauteilen im Zweifel im Rahmen eines Reparaturauftrages bezahlen. Nicht in jedem Fall kann er diese Kosten von dem bisherigen Instandhaltungsunternehmen ersetzt verlangen, da ein Fehler der Wartungsleistung nicht vorliegt, nicht bewiesen werden kann[423] oder der Anspruch bereits verjährt ist. Solche praktischen Erwägungen sollten bei der Kündigung von Instandhaltungsverträgen von dem Betreiber beachtet werden.

dd. Instandhaltungsverträge und Verjährung bei Kauf- oder Werkverträgen

(1) Keine Verlängerung der Verjährungsfrist aus dem Liefergeschäft

Ein weiteres Thema der Praxis des Instandhaltungsgeschäfts besteht darin, dass häufig zugleich der Kauf- bzw. Werkvertrag für eine technische Einrichtung und der Instandhaltungsvertrag abgeschlossen werden. In solchen Fällen verlängern sich die Rechte wegen Mängeln aus dem Kauf- bzw. Werkvertrag nicht bis zum Ende des Instandhaltungsvertrages[424]. Dic Verjährung für Mängelansprüche aus dem Kauf- bzw. Werkvertrag hat den Zweck, die vertragliche Bindung zwischen Käufer und Verkäufer bzw. zwischen Besteller und Unternehmer zu entflechten. Diese vom Gesetzgeber gewollte kurze Bindung bei einmaligen Austauschgeschäften kann nicht durch Abschluss eines Instandhaltungsvertrages bis zu dessen Ende verlängert werden[425].

Das der DIN 31051 zugrunde liegende Verständnis zeigt dies. Der Sollzustand, den das Instandhaltungsunternehmen im Rahmen eines Wartungsvertrages zu erhalten oder im Fall

---

[421] Vgl. in dem AMEV-Vertragsmuster Wartung 2006 Ziffer 4.1, wonach das Instandhaltungsunternehmen die Pflicht hat, Arbeitsberichte zu erstellen (Anhang 2).

[422] Vgl. z. B. Ziffer 8 Abs. 6 des Mustervertrages des VDMA, der dem Instandhaltungsunternehmen ein Recht zur Inspektion einräumt, wenn eine fremde Anlage übernommen wird, eine Anlage bereits in Betrieb oder eine Zeitlang nicht betrieben wurde.

[423] Siehe OLG München CR 1989, 283 ff.

[424] Anders LG Mosbach, BB Beilage 11/1989 Seite 7 mit ablehnender Anmerkung von Zahrnt; LG Hagen, BB Beilage 5/1989 S. 8 f.

[425] Dass ein Instandhaltungsunternehmen, das auch Hersteller der technischen Einrichtung war, nach Verjährungsende solche Ansprüche aus kaufmännischen Gründen noch bedient, ist eine andere Frage.

eines Vollwartungsvertrages wiederherzustellen hat, bestimmt sich nach dem Zustand der Anlage zu Vertragsbeginn. Ist dieser Sollzustand im Sinne der kauf- oder werkvertraglichen Vereinbarung nicht erreicht, hat der Käufer bzw. Besteller die sich aus dem Liefervertrag ergebenden gesetzlichen oder vertraglichen Rechte, insbesondere das Recht auf Mängelbeseitigung durch Nacherfüllung. Diese Rechte bis zum Ende eines zugleich abgeschlossenen Instandhaltungsvertrages – Beweisfragen einmal dahingestellt – gewähren zu wollen, überspannt die Pflichtenstellung des Verkäufers bzw. Unternehmers[426]. Dieser könnte sonst auch nach zehn Jahren noch wegen eines Mangels aus dem Kauf- oder Werkvertrag in die Pflicht genommen werden, und zwar nicht nur auf Nacherfüllung, sondern auch auf Minderung oder Schadensersatz. Die Vorschrift des § 13 Abs. 4 Nr. 2 VOB/B geht bei Bauleistungen von dem genau umgekehrten Verständnis aus. Danach gilt für die Verjährung von Mängelansprüchen für Bauteile von maschinellen und elektrotechnischen/elektronischen Anlagen, bei denen die Wartung Einfluss auf deren Sicherheit und Funktionsfähigkeit hat, eine Frist von zwei Jahren, die durch die Übertragung der Wartung auf den Auftragnehmer auf die im Übrigen geltende vierjährige Regelfrist des § 13 Abs. 4 Nr. 1 VOB/B oder die sonst, häufig auf 5 Jahre vereinbarte Frist verlängert werden kann. Eine Verlängerung der Verjährungsfrist für Mängelansprüche bei Fortbestand des Wartungsvertrages über diese Frist hinaus kennt die VOB/B dagegen nicht.

Auch soweit es um die Pflege von Software geht, kann die Auffassung des LG Mosbach nicht überzeugen. Rechtlich besteht ein Unterschied, ein Softwareprogramm (mit Fehlern) zu entwickeln und dieses im Anschluss daran zu pflegen. Hat die Software schwerwiegende Fehler, so dass der Auftraggeber diese nicht zu nutzen vermag, kann er innerhalb der gesetzlichen oder vertraglich vereinbarten Verjährungsfrist die ihm zustehenden Rechte, insbesondere das vertragliche Rücktrittsrecht ausüben. Nach Eintritt der Verjährung hat der Vertragspartner das Recht, Ansprüche durch Berufung auf die Verjährung abzuwehren. Es bedarf daher bei zusammenhängenden Verträgen einer ausdrücklichen vertraglichen Vereinbarung, durch die die Verjährungsfrist durch den Abschluss des Instandhaltungsvertrages sinnvoll verlängert wird[427].

(2) Mögliche Mängel aus dem Liefergeschäft und einfache Wartungsverträge

Ein Problem der Praxis sind gelegentliche Erwartungen von Betreibern während noch laufender Gewährleistung des Liefergeschäfts. Hat der Betreiber zugleich einen Servicevertrag mit dem Hersteller abgeschlossen, mag er bei Störungen der Meinung sein, der Hersteller, der die Anlage zugleich im Service betreut, sei verpflichtet, die Störung ohne zusätzliche Vergütung zu beseitigen. Eine solche Erwartungshaltung ist jedenfalls bei Vollwartungsverträgen – bis auf vertragliche Leistungsausschlüsse[428] – durchaus berech-

---

[426] Dass eine solche Auslegung zudem zu Problemen bei der Bildung von Rückstellungen für Mängelansprüche (§ 249 Abs. 1 S. 1 HGB) führen kann, sei nur am Rande erwähnt. Es ist lediglich ein weiteres Argument gegen die Auffassung der LG Mosbach und Hagen.

[427] Auf einem anderen Blatt steht, ob das Serviceunternehmen aus dem abgeschlossenen Softwarepflegevertrag verpflichtet ist, derartige Fehler zu beseitigen. Dies hat allerdings mit einer Verlängerung der Verjährungsfrist des Liefergeschäftes nichts zu tun.

[428] Siehe S. 54 ff.

tigt, da Mängelansprüche und Instandsetzungstätigkeiten im Regelfall tatsächlich nahtlos aneinander anschließen bzw. ineinander übergehen[429].

Bei einfachen Wartungsverträgen ist diese Erwartungshaltung rechtlich nicht berechtigt, da dem Betreiber (und Besteller eine Anlage) hier die Aufgabe obliegt, den Mangel aus dem Liefergeschäft nicht nur qualifiziert zu rügen, sondern diesen im Streitfall auch zu beweisen. Da es häufig ‚schnell gehen muss', bleibt für gutachterliche Stellungnahmen wenig Raum, vor allen Dingen dann, wenn der Aufwand für die Beseitigung einer Störung nicht erheblich ist. Hat der Hersteller, der zugleich Servicepartner ist, eine solche Störung beseitigt und kann diese nicht eindeutig und einvernehmlich auf einen Mangel aus dem Liefergeschäft zurückgeführt werden, bleibt die Frage der Kosten für die Beseitigung der Störung im Raume: Der Hersteller, der hier, ggf. wiederholt Rechnung legt, geht das Risiko ein, den Betreiber als Kunden zu verlieren, möchte aber gleichwohl nicht jedes Mal die entstandenen Kosten tragen. Aus diesem gewissermaßen systemimmanenten Konflikt gibt es jedenfalls in der betrieblichen Praxis keinen Königsweg, der das Problem klar und fair löst. Hilfreich sind hier für beide Parteien sicherlich zunächst exakte Dokumentationen zu Störungen und ausgeführten Tätigkeiten, heute sicherlich auch moderne Steuerungen mit sog. Fehlerspeichern, die ggf. einen ersten Beweisanschein erzeugen können. Auch Überlegungen, wie sie aus der Softwarepflege bekannt sind, können als Ausweg dienen: Wegen der möglichen Identität der Instandsetzungsleistung im Tatsächlichen mag der Abschluss eines Vollwartungsvertrages mit reduzierter Vergütung während der Verjährungsfrist für Mängelansprüche ein Lösungsansatz sein[430].

Festzuhalten ist allerdings bei der Softwarepflege zunächst, dass dort die Fehlerbeseitigung zumeist rechtlich geschuldet wird[431]. Sind also zugleich ein Liefer- und Softwarepflegevertrag abgeschlossen worden, stellt sich die Frage einer Leistungspflicht aus zwei Verträgen, die mit dem Pflegevertrag in der Tat nochmals bezahlt werden würde. Dies allerdings ist der Unterschied zur Wartung von Erzeugnissen des Maschinen- und Anlagenbaus. Bei einfachen Wartungsverträgen besteht diese Doppelverpflichtung ohnehin nicht, sondern ergibt sich in erster Linie aus Erwartungshaltungen der Betreiber. Selbst bei Vollwartungsverträgen ließe sich argumentieren, dass eine Rückführung in den ursprünglichen Zustand im Sinne der Ziffer 4.1.4 der DIN 31051 nur dazu verpflichtet, die technische Einrichtung in den konkreten ursprünglichen – aus dem Liefergeschäft aber mangelhaften – Zustand zurückzuführen, während sich daran – mit den geschilderten Beweisproblemen – die Mängelansprüche aus dem Liefergeschäft anschließen. Diese zugegebenermaßen differenzierte Betrachtung macht sich die Praxis in der Regel nicht zu Eigen, wenn Hersteller und Servicepartner identisch sind. Sie ließe sich aber zum Beispiel als weiterer Leistungsausschluss definieren („Ausgeschlossen sind auch Instandsetzungstätigkeiten, die die Beseitigung von Mängeln aus dem Liefergeschäft betreffen."). Seine praktische Bedeutung hat eine solche Regelung dort, wo Hersteller und Servicepartner der Anlage nicht identisch sind.

---

[429] Siehe S. 122.

[430] Vgl. zur Softwarepflege Runte, Vergütung für Softwarepflege bei laufender ‚Gewährleistung', ITBR 2003, 253 ff., der für die Softwarepflege verschiedene Lösungsansätze anbietet, weil er in einer solchen doppelten Verpflichtung, durch die der Hersteller für die Fehlerbeseitigung eine Vergütung erhält, eine unangemessene Benachteiligung des Betreibers im Sinne des § 307 BGB sieht.

[431] Siehe S. 48.

d.   Beweisvereitelung durch Entsorgung ausgetauschter Ersatzteile

Instandhaltungsunternehmen übernehmen es häufig, ausgetauschte Teile auch zu entsorgen. In vielen Fällen ist dies ausdrücklich vertraglich vereinbart[432], ansonsten wird die Entsorgung auch ohne ausdrückliche Vereinbarung übernommen, wenn das Serviceunternehmen eher in der Lage ist, diese fachgerecht auszuführen. Streiten die Parteien nach dem Austausch eines Bauteils darüber, ob die Leistung mangelhaft war, kann dies anhand des ausgetauschten Teils nicht mehr nachvollzogen werden, wenn es zwischenzeitlich entsorgt worden ist. Dies kann bei einfachen Wartungsverträgen der Fall sein, wenn der Auftraggeber Zweifel an der Notwendigkeit eines gesondert erteilten Reparaturauftrages hat. Aber auch bei Vollwartungsverträgen ist dies denkbar, wenn es um mögliche Schadens- oder Aufwendungsersatzansprüche geht[433], weil das Instandhaltungsunternehmen das Teil nicht rechtzeitig ausgetauscht hat und dem Betreiber hierdurch Schaden zum Beispiel durch erhöhten Ausschuss entstanden ist.

Trotz dieses Interessenkonflikts besteht grundsätzlich keine Pflicht, ausgetauschte Teile aufzubewahren, wenn die Parteien nichts anderes vereinbart haben. Ist allerdings bei Austausch oder zu einem Zeitpunkt, zu dem das ausgetauschte Bauteil noch nicht entsorgt oder an den Hersteller zurückgegeben worden ist, erkennbar, dass diesem Bauteil wegen einer Auseinandersetzung Bedeutung zukommen kann, sollte das Instandhaltungsunternehmen dieses so lange aufbewahren, bis der Streit beigelegt ist. Anderenfalls besteht bei einer gerichtlichen Auseinandersetzung das Risiko, dass das Gericht feststellt, dass durch die Entsorgung bewusst ein Gegenstand dem Beweis entzogen worden ist und unterstellt den Vortrag des Auftraggebers ggf. als richtig[434]. Es empfiehlt sich daher für Instandhaltungsunternehmen, ausgetauschte Teile vorsorglich so lange aufzubewahren, bis ein möglicher Streit beigelegt ist, wenn beispielsweise der Auftraggeber um Aufbewahrung bittet, es während oder unmittelbar nach einer Instandsetzungsmaßnahme oder einer Reparatur zum Streit zwischen den Parteien kommt oder die zu betreuende technische Einrichtung vor dem Austausch der Komponente häufig gestört, die Störung auf das ausgetauschte Bauteil zurückzuführen war und das Instandhaltungsunternehmen die Ursache erst nach wiederholten Bemühungen entdeckt hat[435].

Hat dagegen der Auftraggeber einen Reparaturauftrag erteilt, die Rechnung bezahlt und macht er erst einige Zeit danach Schadensersatzansprüche geltend[436] oder hat er im Rahmen eines Vollwartungsvertrages die Leistung ohne Beanstandung entgegengenommen,

---

[432] Vgl. Ziffer 3.4 des AMEV-Vertragsmusters Instandhaltung 2006 (Anhang 3). Der Auftragnehmer wird Eigentümer der ausgetauschten Teile und hat damit auch das Verwertungsrecht. Dies schließt die Pflicht zur fachgerechten Entsorgung ein.

[433] Vgl. OLG München CR 1989, 283, 284: hier hatte das Serviceunternehmen die ausgetauschten Teile bereits an den Hersteller zurückgegeben. Zum Gebrauchtwagenkauf BGH BB 2006, 68 ff.

[434] Vgl. die Überlegungen in OLG München CR 1989, 283, 284.

[435] So der Sachverhalt im Fall des LG Köln, Beilage zum BB 11/1989, S. 7: die Erdung eines Verbindungskabels konnte erst nach vielen vergeblichen Störungsbeseitigungsversuchen festgestellt werden.

[436] Dies war bei der Entscheidung des OLG München CR 1989, 283 ff. der Fall.

darf das Instandhaltungsunternehmen das ausgetauschte Bauteil entsorgen bzw. weitergeben. Eine Beweisvereitelung liegt dann nicht vor[437].

e.   Hinweise zur Gestaltung

In Formularverträgen sollte im Rahmen der vom Gesetzgeber vorgegebenen Möglichkeiten versucht werden, eine Regelung zu finden, die sich an das jeweilige Geschäft anpasst und dabei die Besonderheiten zur Mangelhaftigkeit der Instandhaltungsleistung und deren auch schadensersatzrechtliche Folgen berücksichtigt. Ein Vorschlag für einfache technische Einrichtungen ohne hohe Schadensrisiken bei geringen jährlichen Wartungsgebühren könnte lauten:

Mängelansprüche

Führt der Auftragnehmer die ihm übertragenen Leistungen nicht vollständig oder nicht wie geschuldet aus, hat er diese nach seiner Wahl unentgeltlich nachzuholen oder nachzubessern (Nacherfüllung).

Kommt der Auftragnehmer dieser Verpflichtung nicht nach, kann der Auftraggeber die Vergütung herabsetzen. Nach fruchtlosem Ablauf einer dem Auftragnehmer gesetzten angemessenen Frist zur Nacherfüllung kann der Auftraggeber den Mangel auf Kosten des Auftragnehmers selbst oder durch einen Dritten beseitigen oder den Vertrag fristlos kündigen. Einer Fristsetzung bedarf es in den Fällen nicht, in denen diese nach dem Gesetz entbehrlich ist.

Weiter gehende Ansprüche, insbesondere solche auf Schadensersatz wegen mangelhafter Leistung sind ausgeschlossen, es sei denn, der Auftragnehmer hat dafür gemäß nachfolgender Ziffer ... (Haftung) einzustehen.

Dieser Vorschlag ist insoweit unvollständig, als er nur im Zusammenhang mit der Regelung zur Haftung gesehen werden kann und darf[438]. Zudem gibt er dem Auftraggeber unter vereinfachten Voraussetzungen die Möglichkeit zur Kündigung, die eigentlich nur unter den weiteren Voraussetzungen des § 314 BGB möglich ist.

---

[437] OLG München CR 1989, 283, 284.
[438] Vgl. S. 134 ff., insbesondere S. 137 ff.

11. Die Haftung der Vertragsparteien

Von vertraglicher Haftung spricht man nicht nur im Instandhaltungsgeschäft dann, wenn eine der Parteien von seinem Vertragspartner Ersatz wegen eines bei ihm eingetretenen Schadens verlangt, dem die Verletzung einer vertraglichen Pflicht zugrunde liegt. In Betracht kommen dabei Schäden an Sachen (Sachschäden) und Schäden an Leben, Körper oder Gesundheit (Personenschäden). Neben Schäden an der Substanz von Rechtsgütern kennt unser Rechtssystem aber auch solche Schäden, die sich nicht als eine Substanzeinbuße eines bestimmten Rechtgutes verstehen, sondern zu Einbußen am Vermögen führen (Vermögensschäden). Für bestimmte Fälle kennt das Gesetz zudem den finanziellen Ausgleich des immateriellen Schadens, der in Geld nicht bemessen werden kann[439].

Das BGB sowie sonstige Gesetze kennen eine Vielzahl von Vorschriften, die Schadensersatzansprüche begründen können. Grundlage für vertragliche Schadensersatzansprüche ist im Bürgerlichen Gesetzbuch der § 280 Abs. 1 BGB. Danach hat derjenige, der eine Pflicht aus einem Schuldverhältnis, insbesondere aus einem Vertrag verletzt (Schuldner), dem anderen (Gläubiger) Schadensersatz zu leisten, wenn er die Pflichtverletzung zu vertreten hat. Zu vertreten hat der Schuldner dabei gemäß § 276 BGB in der Regel Vorsatz und Fahrlässigkeit (sog. Verschulden). Der Schuldner muss sich dabei das Verhalten seiner gesetzlichen Vertreter sowie sog. Erfüllungsgehilfen zurechnen lassen (§ 278 BGB). Erfüllungsgehilfen sind im Instandhaltungsgeschäft u. a. die Servicetechniker und eingesetzte Nachunternehmer. Je nach Art der Pflichtverletzung stellt das Gesetz für einen Schadensersatzanspruch nach § 280 Abs. 1 BGB zusätzlich Anforderungen, so z. B. im Fall der verspäteten Leistung (Verzug) die in § 286 BGB genannten weiteren Voraussetzungen (vgl. § 280 Abs. 2 BGB) oder bei Schadensersatz statt der Leistung gemäß § 280 Abs. 3 BGB die Vorgaben aus den dort genannten weiteren Vorschriften[440].

a.   Schadensersatz wegen mangelhafter Leistung (§§ 634, 280, 281 BGB)

Wird in Wartungsverträgen von Haftung gesprochen, sind damit zumeist Schadensersatzansprüche gemeint, die sich aus der mangelhaften Ausführung der Hauptleistungspflichten ergeben. Gemäß §§ 634 Nr. 4, 280 Abs. 1 BGB kann der Auftraggeber Ersatz des durch einen Mangel verursachten Schadens verlangen. Dieser ist der Höhe nach unbegrenzt, hat also insbesondere keinen Bezug zur Vergütung des Vertrages. Ein solcher Schadensersatzanspruch kann im Einzelfall hoch, im Extremfall für ein Instandhaltungsunternehmen auch existenzbedrohend sein, wenn beispielsweise die Kosten eines längeren Produktionsausfalls einer Werkzeugmaschine oder Ertragseinbußen eines Einkaufszentrums wegen einer nicht funktionsfähigen Anlage geltend gemacht werden.

---

[439] Vgl. z. B. § 651f Abs. 2 BGB (Reisevertrag). Der Anspruch auf Schmerzensgeld gemäß § 253 Abs. 2 BGB ist die gemeinhin bekannteste Vorschrift, die für einen nicht materiellen Schaden eine Entschädigungsregelung vorsieht.

[440] Weitere bekannte und auch im Instandhaltungsgeschäft relevante Anspruchsgrundlagen sind die Haftungsansprüche aus unerlaubter Handlung nach den §§ 823 ff. BGB. Diese sollen hier nicht näher behandelt werden (siehe aber S. 21 f. zu den Verkehrssicherungspflichten des Betreibers).

Für solche Ansprüche auf Ersatz der Folgeschäden von Mängeln der Leistung muss der Auftraggeber keine Frist zur Nacherfüllung setzen[441]. Eine solche Fristsetzung ist unter den gesetzlichen Voraussetzungen der §§ 636, 281 BGB nur dann erforderlich, wenn der Auftraggeber Schadensersatz statt der Leistung verlangen möchte (Ersatz des Mangelschadens selbst). Dies dürfte aber eine Fallgestaltung sein, die im Instandhaltungsgeschäft eher die Ausnahme ist.

Für Schadensersatzansprüche wegen mangelhafter Leistung gelten die Verjährungsregeln der §§ 634 Nr. 4, 634a BGB. Im Servicegeschäft bedeutet dies, dass Ansprüche der zweijährigen Verjährungsfrist des § 634a Abs. 1 Nr. 1 BGB unterliegen[442].

b.   Schadensersatz wegen der Verletzung sonstiger Pflichten

Neben Schadensersatzansprüchen infolge eines Mangels der Leistung können sich in der Instandhaltung auch aus anderen Gründen Schadensersatzansprüche ergeben. So kann der Auftraggeber u. a. Schadensersatz wegen verspäteter Leistung im Sinne des Verzuges nach §§ 286, 280 BGB[443] oder allgemein gemäß § 280 Abs. 1 BGB wegen der Verletzung von Beratungs- und Hinweispflichten im Sinne des § 241 Abs. 2 BGB verlangen[444]. Solche Pflichten können darin bestehen, auf ungünstige Umgebungsbedingungen wie z. B. erhöhte Staubentwicklung hinzuweisen. Auch die Weitergabe von Herstellerempfehlungen[445] oder der Hinweis auf neue Produkte können Nebenpflichten sein. Zur Beratung gehört auch die Empfehlung einer notwendigen Reparatur oder Modernisierung[446], im Bereich der Informationstechnologie insbesondere ferner, wie sich der Vertragsgegenstand in die vorhandene IT-Landschaft des Kunden einfügt.

Werden solche Pflichten verletzt und hat das Instandhaltungsunternehmen diese Verletzung zu vertreten (vgl. § 280 Abs. 1 S. 2 BGB)[447], hat der Auftraggeber Anspruch auf

---

[441] Siehe Palandt-Sprau § 634 Rd. 8; siehe auch S. 125 f.; so z. B. in BGH VII ZR 164/08.

[442] Seit der Schuldrechtsreform sind die bisherige Abgrenzung zwischen Mangelschaden und Mangelfolgeschaden und die Begriffe des sog. „nahen" und „entfernten" Mangelfolgeschadens obsolet geworden (siehe Palandt-Sprau, § 634 Rd. 6, 8); siehe hierzu auch S. 125 Rd. 408.

[443] Siehe hierzu S. 68 (einfacher Wartungsvertrag) und S. 71 f. (Vollwartungsvertrag)

[444] Siehe zur Frage, ob der Auftraggeber bei Verletzung von Beratungs- oder Hinweispflichten den Kundendienstvertrag kündigen kann S. 109 f.

[445] OLG München CR 1989, 283, 285.

[446] Im Fall des OLG Hamm CR 1977, 604 ff. empfahl das Instandhaltungsunternehmen die Anschaffung eines zweiten Gerätes, um durch Redundanz Ausfallrisiken zu vermeiden. Da der Betreiber nach Auffassung des Gerichts dieser Schadensabwendungspflicht nicht nachkam, schied ein Schadensersatzanspruch wegen möglicher mangelhafter Wartung wegen des ganz überwiegenden Mitverschuldens (§ 254 BGB) des Betreibers aus (siehe S. 66 Fn. 153).

[447] Nach der gesetzlichen Regelung muss derjenige, der die vertragliche Pflicht verletzt, sich entlasten, wenn es um den Beweis geht, ob er die Pflichtverletzung zu vertreten hat (§ 280 Abs. 1 S. 2 BGB). Gibt beispielsweise ein Instandhaltungsunternehmen einen Hinweis des Herstellers eines Gerätes weiter, der fehlerhaft ist, hat es zwar eine vertragliche Pflicht verletzt (fehlerhafte Beratung). Diese Pflichtverletzung hat es jedoch nicht zu vertreten, es sei denn, es hat den Hinweis des Herstellers als fehlerhaft erkannt oder hätte dies erkennen müssen.

Ersatz des ursächlich entstandenen Schadens[448]. Dies kann z. B. bei einem unterlassenen Hinweis auf bestimmte Betriebsbedingungen der Anspruch auf Kostenersatz für die Beseitigung einer Störung sein, die sonst hätte vermieden werden können. Schadensersatzansprüche, die nicht auf eine mangelhafte Leistung im Sinne der §§ 634, 280, 281 BGB zurückgehen, verjähren in des Regelfrist des § 195 BGB innerhalb von drei Jahren[449], soweit nicht der Vertrag eine andere zulässige Regelung hierzu trifft[450].

Unter den weiter gehenden Voraussetzungen des § 282 BGB kann der Auftraggeber Schadensersatz statt der Leistung verlangen. Ein solcher umfassender Schadensersatzanspruch berechtigt zugleich zur außerordentlichen Kündigung des Instandhaltungsvertrages unter den Voraussetzungen des § 314 BGB[451].

c.   Hinweise zur Gestaltung

Sowohl zu den Voraussetzungen als auch zu den Rechtsfolgen von Mängelansprüchen und der Haftung enthalten Instandhaltungsverträge häufig an das jeweilige Geschäft angepasste Regelungen, die von den gesetzlichen Vorgaben abweichen[452]. Bei Formularverträgen sowie Allgemeinen Geschäftsbedingungen zu Instandhaltungsleistungen, die von Serviceunternehmen vorformuliert sind, müssen die gesetzlichen Regelungen der §§ 305 ff. BGB zur Gestaltung rechtsgeschäftlicher Schuldverhältnisse durch Allgemeine Geschäftsbedingungen beachtet werden. So darf zum Verschulden im Rechtsverkehr gegenüber Verbrauchern weder die Haftung für Personenschäden (Verletzung von Leben, Körper und Gesundheit: § 309 Nr. 7a BGB) noch die Haftung für Vorsatz oder grobe Fahrlässigkeit der gesetzlichen Vertreter oder Erfüllungsgehilfen (§ 309 Nr. 7b BGB) ausgeschlossen werden. Auch darf bei Verzug bzw. Unmöglichkeit das Recht zum Schadensersatz nicht unzulässig beschränkt werden (§ 307 BGB[453]). Zu sonstigen Haftungsausschlüssen wegen Pflichtverletzungen ist zudem § 309 Nr. 8 BGB sowie die Generalklausel des § 307 BGB zu beachten. Im unternehmerischen Verkehr sind zur Haftung in Allgemeinen Geschäftsbedingungen zwar weiter gehende Einschränkungen zulässig, da die §§ 308, 309 BGB und damit auch die hier relevanten § 309 Nr. 7 und 8 BGB nicht unmittelbar gelten (§ 310 Abs. 1 BGB). Diese weiter gehenden Gestaltungsspielräume sind jedoch im Bereich der Haftung verhältnismäßig gering[454].

Die Rechtsprechung hat über diese gesetzlichen Vorgaben hinaus die Möglichkeit weiter eingeengt, durch Allgemeine Geschäftsbedingungen die gesetzlichen Regeln zu Mängel-

---

[448]   Das OLG München CR 1989, 283, 285 verneint einen Ursachenzusammenhang zwischen einer Pflichtverletzung des Kundendienstunternehmens und dem von dem Auftraggeber geltend gemachten Schaden.

[449]   Siehe Palandt-Sprau § 634 Rd. 9. Verjährungsbeginn ist dabei in der Regel der Beginn des Folgejahres.

[450]   Siehe z. B. Ziffer 7 des Mustervertrages des VDMA, wonach Ansprüche 12 Monate nach Abnahme der jeweiligen Instandhaltungsleistung verjähren.

[451]   Siehe S. 109 f.

[452]   Vgl. z. B. Ziffer 6 des Mustervertrages des VDMA; Ziffer 7 des AMEV-Vertragsmusters Wartung 2006 (Anhang 2), Ziffer 7 des Vertragsmusters Instandhaltung 2006 (Anhang 3) jeweils zugunsten des Auftragnehmers, obwohl die Muster vom Auftraggeber gestellt werden.

[453]   Das Verbot des § 11 Nr. 8 AGB-Gesetz wird heute von die Generalklausel des § 307 BGB erfasst.

[454]   Vgl. zu Einzelheiten umfassend Ulmer/Brandner/Hensen-Fuchs, § 307 Rd. 269 ff.

ansprüchen und zur Haftung zu beschränken[455]. Dies macht es nicht nur im Instandhaltungsgeschäft, sondern allgemein schwierig, Empfehlungen zu geben, die den Anforderungen der Rechtsprechung genügen. Als ein Beispiel für eine mögliche Regelung kann der Mustervertrag des VDMA zur Wartung und Instandhaltung dienen[456], der für den kaufmännischen Geschäftsverkehr bestimmt ist. Die Regelung in diesem Muster versucht, die umfassende Schadensersatzverpflichtung in den vom Gesetz vorgegebenen Grenzen einzuschränken. Sie berücksichtigt dabei insbesondere auch die Rechtsprechung, die in Allgemeinen Geschäftsbedingungen auch den Ausschluss leichter Fahrlässigkeit bei Verletzung sog. vertragswesentlicher Pflichten für unzulässig erachtet[457].

Der nachfolgende Vorschlag für eine knappe Regelung zur Haftung soll zusammen mit dem Gestaltungshinweis zu Mängelansprüchen[458] Instandhaltungsunternehmen als Klauselverwender die Möglichkeit geben, den Anforderungen der gesetzlichen Regelungen zur Gestaltung rechtsgeschäftlicher Schuldverhältnisse durch Allgemeine Geschäftsbedingungen (§§ 305 ff. BGB) und denen der Rechtsprechung Rechnung zu tragen. Die Regelung ist zugleich geeignet, im Verkehr mit Verbrauchern im Sinne des § 13 BGB verwendet werden zu können. Dabei wird die Haftung nicht bis zu der möglichen von der Rechtsprechung gezogenen Grenze eingeschränkt. In einem Geschäft, das keine erheblichen Risiken birgt, also beispielsweise die Wartung einzelner Kopierer, unvernetzter IT-Anlagen, kleiner Telefonanlagen oder auch bei einfacher Haustechnik wie z. B. Rolltore, kleine Heizungsanlagen oder Aufzüge in Wohngebäuden, kann die Regelung als ausreichend betrachtet werden. Der Haftungsbeschränkung zugunsten des Auftragnehmers steht der Vorteil des Auftraggebers gegenüber, wonach schuldhaft am Vertragsgegenstand verursachte Schäden ohne jede Einschränkung zu ersetzen sind.

Sind die Risiken – wie z. B. im klassischen Maschinenbau – erheblich größer, weil durch den Ausfall einer Werkzeugmaschine oder einer sonstigen Anlage größere Schäden durch Produktionsausfall oder einen sonstigen betrieblichen Stillstand entstehen können, die technische Einrichtung von hohem Wert ist oder werden Anlagen in einem komplexen und vernetzten IT-Umfeld betreut, sollte als Haftungsklausel eine Regelung verwendet werden, die unter Beachtung der gegenwärtigen Rechtsprechung der Regelung des

---

[455] Dass Regelungen zur Begrenzung der Haftung in Allgemeinen Geschäftsbedingungen gänzlich sinnlos seien, ist sicherlich bewusst auf den Punkt formuliert, zeigt aber wie gering der Spielraum für Verwender heute ist (v. Westphalen, Die Nutzlosigkeit von Haftungsfreizeichnungs- und Haftungsbegrenzungsklauseln im kaufmännischen Verkehr, DB 1997, 1805 ff.). Die Schuldrechtsreform hat hier nach Auffassung von v. Westphalen zudem nochmals zu Einschränkungen geführt (BB 2002, 209 ff., Nach der Schuldrechtsreform: Neue Grenzen für Haftungsfreizeichnungs- und Haftungsbegrenzungsklauseln).

[456] Siehe S. 42 f.; siehe aber auch die differenzierte Regelung in §§ 10, 11 des Vertrages über die Pflege von Software in: Münchener Vertragshandbuch, Band 3, VI. 9. – Wirtschaftsrecht II mit Anmerkung 19.

[457] Das AMEV-Vertragsmuster Wartung 2006 enthält in Ziffer 7 zugunsten der Vertragspartner bei leicht fahrlässig verletzten Pflichten eine Haftungsbegrenzung (Anhang 2), die gemäß § 307 BGB wirksam ist, wenn die öffentliche Hand das Muster als Auftraggeber verwendet. Setzen dagegen Anbieter dieses Muster ein, ist die Regelung gemäß § 307 BGB unwirksam. Dies ist zu beachten, wenn Instandhaltungsunternehmen dieses Musters als Vorlage für eigene Verträge verwenden wollen; vgl. allgemein zur Haftung und zu den sog. wesentlichen Vertragspflichten auch: Ulmer/Brandner/Hensen-Fuchs, § 307 Rd. 273 ff., 287 ff. (Ausschluss der Haftung für leichtes Verschulden).

[458] Siehe S. 133.

VDMA entspricht. Lässt auch dies keine faire Verteilung von Risiken zu, bleibt nur der Weg in eine individuelle Haftungsregelung nach §§ 305 Abs. 1 S. 3, 305b BGB[459].

Haftung

Der Auftragnehmer beseitigt alle an dem Vertragsgegenstand schuldhaft verursachten Schäden.

Weitere Ansprüche wegen der Verletzung vertraglicher Pflichten, insbesondere Ansprüche auf Ersatz solcher Schäden, die nicht an dem Vertragsgegenstand entstanden sind, stehen dem Auftraggeber – gleich aus welchem Rechtsgrund – nur zu

-    bei vorsätzlicher oder grob fahrlässiger Pflichtverletzung,
-    bei schuldhafter Verletzung einer vertragswesentlichen Pflicht,
-    bei schuldhafter Verletzung von Leben, Körper oder Gesundheit,
-    bei arglistigem Verschweigen von Mängeln,
-    im Rahmen einer Garantiezusage[460],
-    wenn nach dem Produkthaftungsgesetz gehaftet wird.

Die sog. vertragswesentlichen Pflichten[461], auch Kardinalpflichten genannt, für die bei leichter Fahrlässigkeit eine Haftungsfreizeichnung nicht bzw. im unternehmerischen Verkehr allenfalls auf die vertragstypischen und vernünftigerweise vorhersehbaren Schäden möglich ist, in einer Haftungsklausel im Einzelnen benennen zu wollen, ist kaum möglich. Eine solche Regelung trägt das Risiko in sich, unwirksam zu sein, sollte nach Auffassung eines erkennenden Gerichts eine vertragswesentliche Pflicht nicht berücksichtigt worden sein. Die hier gewählte Lösung überlässt es dem im Einzelfall entscheidenden Gericht, ob die Pflicht, die das Wartungsunternehmen verletzt hat, vertragswesentlich ist oder nicht[462].

Für die Gestaltung einer Haftungsbegrenzung bei Softwareprodukten müssen die dortigen Besonderheiten des Produkts und die daraus erwachsenden Risiken beachtet werden[463].

---

[459] Siehe die Empfehlung des VDMA in: Die Instandhaltung als produktbegleitende Dienstleistung, S. 9, Fn. 4 zum Wartungs- und Instandhaltungsvertrages.

[460] Das Verbot, die Haftung im Fall der Übernahme von Garantien auszuschließen, gilt selbst dann, wenn dies individualvertraglich im Sinne der §§ 305 Abs. 1 S. 3, 305b BGB vereinbart worden ist. Der Gesetzgeber hat allerdings auf Kritik aus der Industrie reagiert und den ursprüngliche Gesetzeswortlaut der § 444 und § 639 BGB geändert. Nunmehr kann der Garantiegeber durch die inhaltliche Ausgestaltung der Garantie den Umfang seiner Einstandspflicht selbst bestimmen (vgl. Palandt-Sprau, § 639 Rd. 5).

[461] Zu vertragswesentlichen Pflichten zählt in der Regel auch die zeitlich vertragsgerechte Erfüllung, so dass bei Verzug umfassend gehaftet wird (vgl. zu Einzelheiten Ulmer/Brandner/Hensen-Fuchs, § 307 Rd. 291 m. w. N.).

[462] Siehe zur dadurch erzeugten Rechtsunsicherheit Ullrich, Vertragsgestaltung im Inland - Die VDMA-Geschäftsbedingungen, S. 89 f.

[463] Weiter führende Hinweise und Kommentierungen verschiedener Haftungsklauseln bei Schneider, Handbuch des EDV-Rechts, G Rz. 166, 168, 168a.

d. Versicherbarkeit der Haftungsrisiken

Bei der Gestaltung von Instandhaltungsverträgen achten die Parteien auch darauf, ob das Instandhaltungsunternehmen die übernommenen Risiken durch eine betriebliche Haftpflichtversicherung angemessen abgesichert hat. Hierdurch stellt der Betreiber sicher, dass nicht allein das Instandhaltungsunternehmen ihm mit seinen Möglichkeiten als Haftungssubstrat zur Verfügung steht, sondern auch ein in der Regel finanzstarker Versicherer. Zum anderen kann in der betrieblichen Praxis die Regulierung jedenfalls nicht erheblich hoher Schadensfälle zusammen mit einem Haftpflichtversicherer häufig zu pragmatischen Lösungen für alle Beteiligte führen. Hierdurch wird zudem nicht sofort das Vertragverhältnis der Parteien so nachhaltig beschädigt, dass der Instandhaltungsvertrag durch Kündigung beendet wird.

Die Parteien eines Instandhaltungsvertrages sollten aber auch darum wissen, dass Versicherer auf der Basis des deutschen Versicherungsstandards in ihren Allgemeinen Haftpflichtbedingungen (AHB) nicht alle Risiken in Deckung nehmen (Leistungsausschlüsse). So sind Schäden, denen kein Personen- oder Sachschaden vorausgeht (sog. echte oder isolierte Vermögensschäden) in der Regel nur eingeschränkt durch eine Haftpflichtversicherung gedeckt. Deckungslos bleiben zudem regelmäßig solche Schadensersatzansprüche, die auf Schlechtleistungen des Instandhaltungsunternehmens wie z. B. Verzug oder mangelhafter Leistung zurückgehen und zu Schäden führen, die mit oder ohne vorlaufenden Sachschaden z. B. erhöhten Verschleiß oder gar Produktionsstillstand verursachen. Hierfür steht der betriebliche Haftpflichtversicherer regelmäßig nicht ein. Serviceunternehmen sollten hierauf bei der Gestaltung ihres Versicherungsschutzes achten. Bei einer im Einzelnen zwischen den Parteien eines Instandhaltungsvertrages ausgehandelten Haftungsregelung sollte dieser Aspekt von beiden Seiten bedacht werden. Hier gibt es Verbandsempfehlungen, die insbesondere das Risiko, für Produktionsausfall und damit für entgangenen Gewinn haften zu müssen, in Einkaufsbedingungen zulasten der Verbandsmitglieder zurücknehmen[464], um zwischen den Vertragsparteien einen fairen Ausgleich zu schaffen, der sowohl das betriebliche Risiko des Auftraggebers als auch die Nichtversicherbarkeit bestimmter Risiken beachtet.

In Formularverträgen lässt sich überlegen, die hier vorgeschlagene Haftungsregelung[465] zu erweitern und den Versicherungsschutz ggf. mit einer Wertgrenze in den Vertrag aufzunehmen[466].

---

[464] Siehe Ziffer VII. Nr. 1 S. 2, XI. Nr. 7 der Einkaufsempfehlungen des Verbandes der Automobilindustrie (VDA) vom 05. Dezember 2002.

[465] Siehe S. 138.

[466] Klauseln, nach denen nur dann gehaftet werden soll, wenn die betriebliche Haftpflichtversicherung eintrittspflichtig, sind unwirksam. Sie haben heute in der Praxis kaum mehr Bedeutung (vgl. Palandt-Heinrichs, § 307 BGB Rd. 52).

e.   Freistellungsklauseln

Betreiber von Anlagen verlangen gelegentlich die Aufnahme einer Freistellungsregelung in den Instandhaltungsvertrag. Hierdurch soll das Instandhaltungsunternehmen z. B. bei einem Personenschaden für den Betreiber die Haftungsregulierung übernehmen, also entweder einen unberechtigten Schaden abwehren oder diesen direkt regulieren. Solche Klauseln formulieren den in § 257 BGB nur recht knapp geregelten Befreiungsanspruch umfassender und ausführlicher, der insbesondere im anglo-amerikanischen Rechtssystem verbreitet ist[467].

Solche Freistellungsregelungen sollten mit vergleichbarer Genauigkeit formuliert werden, wie die Haftungsregelung selbst. Insbesondere das Instandhaltungsunternehmen kann sich hierdurch ggf. weiter gehenden Ansprüchen ausgesetzt sehen oder bleibt bei unberechtigter Inanspruchnahme durch den Dritten auf den Rechtsabwehrkosten sitzen, ohne diese sodann von dem Betreiber der Anlage verlangen zu können. Allgemeine Empfehlung an Instandhaltungsunternehmen ist es, durch eine Freistellungsvereinbarung die Haftung nicht erheblich zu erweitern und darauf zu achten, dass für solche Ansprüche nach Möglichkeit Deckung durch die eigene Betriebshaftpflichtversicherung besteht.

---

[467] Im deutschen Rechtssystem formuliert § 10 Abs. 6 VOB/B einen solchen Freistellungsanspruch deutlicher als der § 257 BGB (vgl. insoweit Ingenstau/Korbion, VOB/B § 10 Abs. 6).

12. Teleservice

Seit geraumer Zeit werden Instandhaltungsleistungen teilweise mit Mitteln der Tele-
kommunikation erbracht. Verbreitet sind sog. Hotlines, bei denen der Betreiber einer Anlage vorwiegend der Informationstechnologie[468], aber auch des Maschinenbaus dem
Dienstleister ein Problem, insbesondere einen aufgetretenen Fehler am Telefon schildert
und sodann gemeinsam versucht wird, die aufgetretene Störung zu beseitigen. Aus Aufzügen werden Notrufe in eine Zentrale weitergeleitet, die die Befreiung einer in dem
Aufzug eingeschlossenen Person veranlasst. Bei solchen Tätigkeiten handelt es sich nicht
um Teleserviceleistungen in dem hier verstandenen Sinne. Das Telefon wird lediglich in
seiner herkömmlichen Funktion genutzt, ohne dass Maßnahmen der Instandhaltung mit
telekommunikativen Mitteln ausgeführt werden.

Technischer Fortschritt ermöglicht es heute, über Telefonnetze, aber auch über Satelli-
tenverbindungen oder Internet eine Vielzahl von Daten von technischen Einrichtungen
einschließlich Bilder zu übertragen. Hersteller und Instandhaltungsunternehmen können
dadurch den Zustand einer Anlage hinsichtlich ihrer wesentlichen Parameter erfassen und
beurteilen, ohne einen Servicetechniker an die Anlage schicken zu müssen. Der Betreiber, der wegen einer Störung oder eines Fehlers den Hersteller oder das Serviceunternehmen online zuschaltet, kann effektiver als bei einer herkömmlichen Hotline bei der
Fehlersuche und Störungsbeseitigung unterstützt werden. Sollte sich dabei ein Einsatz an
der Anlage selbst als erforderlich erweisen, kann sogleich das richtige Ersatzteil mitge-
nommen oder auf den Weg geschickt werden. Unnötige Reisekosten[469] und nicht erforderliche Einsätze gut qualifizierter Servicetechniker lassen sich sparen, Stillstandszeiten
verkürzen.

Nach dem begrifflichen Verständnis der DIN 31051 sind Teleserviceleistungen, die den
Zustand einer technischen Einrichtung feststellen, diagnostische Maßnahmen im Sinne
einer Inspektion. Sie können als Ferndiagnose bezeichnet werden, an die sich herkömmliche Instandhaltungstätigkeiten an der Anlage selbst anschließen. Noch weiter gehen
Maßnahmen, bei denen über die jeweilige Teleserviceeinrichtung Wartungs- oder Instandsetzungsarbeiten ausgeführt werden, indem beispielsweise die Temperatur einer
Klimaanlage oder sonstige Parameter nicht nur überprüft, sondern auch nachreguliert
werden. Andere denkbare Maßnahmen sind das Einspielen von Upgrades oder Updates
einer Software, aber auch die Einweisung des Bedien- und Instandhaltungspersonals mittels Bildtelefon[470]. Nachfolgend soll auf solche Teleserviceleistungen eingegangen werden, die im weitesten Sinne der Instandhaltung (DIN 31051) zugerechnet werden können.

---

[468] Siehe z. B. § 2 Abs. 2 des Hardware-Wartungsvertrages des Münchener Vertragshandbuchs, 4. Auflage,
    Band 3, Wirtschaftsrecht, 1. Halbband, V. 3 (Altauflage).
[469] Diese machten Mitte des vergangenen Jahrzehnts nach Schätzungen des VDMA ca. 20% der Kunden-
    dienstkosten aus: Maschinenbaunachrichten 05-1996, S. 11.
[470] Vgl. allgemein zu Kundendienstleistungen im Bereich des Maschinen- und Anlagenbaus: Maschinen-
    baunachrichten 06-2009 S. 27 ff.; siehe ferner: Mike Körner, E-Service-Support im Maschinen- und
    Anlagenbau, Frankfurt 2002 (VDMA-Verlag).

a.   Der Leistungsinhalt bei Teleservicediensten

Wie bei allen Instandhaltungsverträgen bestimmt auch bei Teleservicediensten die konkret zu betreuende technische Einrichtung, insbesondere deren Betriebsbedingungen, aber
auch der Betreiber Inhalt und Umfang eines entsprechenden den Hersteller oder einen
Dritten verpflichtenden Vertrages. Die nachfolgenden Leistungen kommen bei entsprechender technischer Ausrüstung der Anlage in Betracht.

aa.   Ferndiagnose

An Maschinen und Anlagen, die für Teleserviceleistungen in Frage kommen, können
zunächst Inspektionen im Sinne der DIN 31051 ausgeführt werden (sog. Ferndiagnose)[471]. Eine Ferndiagnose kann dabei entweder kontinuierlich oder bei Bedarf des Betreibers (diskontinuierlich) erbracht werden. Die diskontinuierliche, also unregelmäßige
Ferndiagnose findet häufig statt, wenn der Auftraggeber keinen dauernden, ggf. schwer
nachprüfbaren Zugriff auf seine Anlage wünscht, weil dies für den Betrieb der Anlage
nicht notwendig ist oder er fürchtet, Know-how oder sonstige Geschäftsgeheimnisse
preiszugeben. Der Hersteller oder das Instandhaltungsunternehmen ist Problemlöser und
wird nur auf Wunsch des Betreibers zugeschaltet, um diesen bei der Störungsbeseitigung zunächst durch die Ferndiagnose zu unterstützen. Daran können sich weitere Maßnahmen anschließen, die gelegentlich der Software-Pflege nahe stehen, wenn es dem
Betreiber beispielsweise darauf ankommt, ein in der Steuerung der Anlage aufgetretenes
Problem in den Griff zu bekommen.

Geht es dagegen um technische Einrichtungen, bei denen der Betreiber den reibungslo-
sen Betrieb nicht selbst regelmäßig kontrollieren kann oder will, kommt eine kontinuierliche Ferndiagnose in Betracht. Denkbare Anwendungsfälle sind beispielsweise haustechnische Anlagen (Klimaanlagen, Alarmanlagen etc.), Baumaschinen, aber auch sonstige Maschinen oder Anlagen. Bei solchen Anlagen kann durch die Ferndiagnose der
Zustand regelmäßig kontrolliert und durch rechtzeitiges Eingreifen des Instandhaltungsunternehmens die Verfügbarkeit der technischen Einrichtung erhöht werden, indem beispielsweise ein Servicetechniker rechtzeitig zu einer vorbeugenden Wartung an die Anlage geschickt[472] oder ein Ersatzteil, dessen Austausch sich abzeichnet, auf den Weg
gebracht wird.

bb.   Wartungs- und Instandsetzungsarbeiten

Teleserviceleistungen müssen sich nicht auf diagnostische Maßnahmen im Sinne der
DIN 31051 beschränken. Insbesondere bei der kontinuierlichen Fernüberwachung
kommen Maßnahmen in Betracht, die häufig mit, aber auch ohne Veranlassung des
Betreibers ausgeführt werden. Hierbei handelt es sich in der Regel um Wartungs- und

---

[471] Diesen Begriff verwendet auch Schneider, Handbuch des EDV-Rechts, G Rz. 49; siehe auch VDMA-
Leitfaden „Teleservice-Vertrag", Ziffer 1.1 des dort abgedruckten Mustervertrages.
[472] In diesem Sinne auch Schneider, Handbuch des EDV-Rechts, G Rd. 49.

Instandsetzungsarbeiten im Sinne der DIN 31051. Eine Reihe von Tätigkeiten, insbesondere Nachstellarbeiten können mit Mitteln des Teleservice ausgeführt werden, nachdem durch Ferndiagnose zunächst bei der Überwachung beispielsweise einer Klimaanlage eine veränderte Raumtemperatur oder bei einer Werkzeugmaschine ein erhöhter Toleranzwert festgestellt worden ist. Es wird allerdings weiterhin bei den meisten Maschinen und Anlagen auch in Zukunft erforderlich sein, Instandhaltungsmaßnahmen im herkömmlichen Sinne auszuführen, weil der Serviceleistende entweder nicht sämtliche zur Instandhaltung erforderlichen Daten im Wege der Fernüberwachung erhalten kann oder bestimmte Wartungs- und Instandsetzungstätigkeiten wie eine Schmierung oder das Auswechseln eines verschlissenen Ersatzteils auch in Zukunft einen Einsatz an der Anlage selbst erfordern[473]. Die Tendenz zu wartungsfreien Komponenten oder zumindest solchen, die in längeren Abständen als bisher inspiziert und/oder gewartet werden müssen, sowie weiterer technischer Fortschritt werden das Zusammenspiel zwischen herkömmlichen Instandhaltungstätigkeiten sowie ferndiagnostischen Maßnahmen aber weiter verdichten.

cc. Support

Vielfach leisten Hersteller oder Serviceunternehmen mittels Teleservice dem Instandhaltungspersonal des Betreibers bei der Beseitigung von Störungen lediglich Hilfestellung, ohne selbst Maßnahmen an der Anlage zu ergreifen. Solche Leistungen stehen unterstützenden Maßnahmen näher, die heute bereits mittels herkömmlicher Hotlines ausgeführt werden. Dabei besteht allerdings die Besonderheit, dass das Instandhaltungsunternehmen zu den ggf. telefonisch erhaltenen Informationen weitere, im Wege der Fernübertragung übermittelte Daten erhält. Leistungen dieser Art sind vergleichbar mit der Betreuung von IT-Anlagen oder der Pflege von Software und haben mit der Instandhaltung von Maschinen und Anlagen im Sinne der DIN 31051 nur noch wenig zu tun[474].

dd. Hinweise zur Gestaltung

In einem Vertrag, der Teleserviceleistungen zum Inhalt hat, sollte zunächst festgehalten werden, welche Daten und Parameter einer Maschine oder Anlage im Wege der Ferndiagnose erfasst werden und worauf diese Daten und Parameter im diagnostischen Sinne zu untersuchen sind. Dies kann durch die Beschreibung in einer Arbeitskarte oder in einem Leistungsverzeichnis geschehen[475]. Insbesondere bei kontinuierlicher Fernüberwachung muss zudem vereinbart werden, wann festgestellte Abweichungen weitere Maßnahmen des Instandhaltungsunternehmens auslösen, seien dies die Unterrichtung des Betreibers von der Abweichung, die Ausführung von Wartungs- oder Instandset-

---

[473] Im produzierenden Gewerbe ist nach es immer noch verbreitet, dass der Betreiber seinen Maschinenpark weitgehend selbst instand hält und Dritte nur bei Störungen angefordert werden.

[474] Siehe zur Pflege von Software allgemein: Schneider, Handbuch des EDV-Rechts, K Software-Pflege.

[475] Ziffer 1.1 des Mustervertrages im VDMA-Leitfaden „Teleservice-Vertrag"; allgemein: S. 42 f. (Vertragsmuster des VDMA).

zungstätigkeiten durch weiter gehende Teleservicemaßnahmen bzw. durch Arbeiten an der Anlage selbst oder die sonstige Unterstützung des Betreibers.

Regelungen zur Vergütung können bei Teleserviceleistungen unterschiedlich sein. Bei kontinuierlicher Fernüberwachung bietet sich eine pauschale Vergütung an, mit der die Ferndiagnose sowie ggf. weitere Teleserviceleistungen abgegolten sind[476]. Eine solche Pauschale kann zusätzlich zu der normalen Instandhaltungspauschale[477] vereinbart werden oder ist in dieser bereits enthalten. Bei ferndiagnostischen Maßnahmen mit Unterstützungscharakter kommt dagegen in Betracht, die Vergütung nach dem tatsächlichen Aufwand zu bemessen, den das Instandhaltungsunternehmen hat[478].

In Instandhaltungsverträgen, die die Betreuung einfacher Anlagen betreffen, ließe sich die Ferndiagnose z. B. so formulieren:

> Der Auftragnehmer erbringt mittels der installierten telekommunikativen Einrichtung folgende Leistungen:
> – Anzeigen und Protokollieren folgender (in Anlage 1 benannter) Zustands- und Betriebsdaten: ...
> – Erkennen und Registrieren folgender (in Anlage 1 benannter) Fehlfunktionen und Betriebsstörungen: ...
> – Erstellen eines Protokolls zu Fehlfunktionen und bei Betriebsstörungen
> – Überwachen folgender (in Anlage 1 benannter) Sicherheitsfunktionen: ...

Sollen Fehlerdiagnose und Störungsbeseitigung hinzukommen, kann folgende weitere Formulierung in den Vertrag aufgenommen werden:

> Der Auftragnehmer erstellt anhand der ermittelten Daten bei einem Ausfall der Anlage sowie bei erkannten Betriebsstörungen eine Fehlerdiagnose und unterstützt den Auftraggeber telefonisch bei der Wiederinbetriebnahme oder Störungsbeseitigung der Anlage.

b.   Weitere rechtliche Aspekte des Teleservice

aa.   Der Übertragungsweg

Bei Verträgen mit Teleserviceleistungen ist zunächst wichtig, wie die Daten vom Betreiber zum Hersteller bzw. Instandhaltungsunternehmen übertragen werden, wer für welchen Teil des Übertragungsweges die Verantwortung trägt und wann der Serviceleistende

---

[476] Die Praxis zeigt, dass seitens der Betreiber nicht immer die Bereitschaft besteht, für solche Leistungen eine Vergütung entrichten zu wollen. Daher nutzen Hersteller Teleservice gelegentlich auch dazu, Serviceleistungen effektiver zu erbringen, um Kosten zu sparen, so dass die Leistungen quasi in dem normalen Servicevertrag eingepreist sind.

[477] Siehe S. 77 f.

[478] Siehe S. 79.

von seiner Leistungspflicht befreit ist[479]. Zu bedenken ist auch, wer Eigentümer der technischen Einrichtung zur Datenübertragung ist und diese instand zu halten hat, ferner wer Inhaber des Telefonanschlusses ist, soweit der Datentransfer im Telekommunikationsnetz stattfinden soll, wer die Gebühren einschließlich ggf. anfallender Kosten für die einzelnen Gesprächseinheiten gegenüber dem jeweiligen Anbieter des Übertragungsweges zahlt und wie diese im Verhältnis zwischen Instandhaltungsunternehmen und Auftraggeber verteilt werden.

In einem Vertrag für einfache Teleserviceleistungen, die im Inland über ein herkömmliches Telefonnetz erbracht werden, kann eine Regelung beispielsweise so lauten[480]:

> Der Auftraggeber beschafft im eigenen Namen und auf eigene Kosten einen Telefonanschluss und trägt dafür Sorge, dass dem Auftragnehmer für die Fernüberwachung der Anlage dieser Anschluss zur Verfügung steht. Die Kosten für den Anschluss und für die einzelnen Übertragungsvorgänge trägt der Auftraggeber.
>
> Ist die Telefonleitung oder der Telefonanschluss gestört und kann der Auftragnehmer Daten nicht oder nur unzureichend empfangen, ist er von den Leistungen gemäß Ziffer ... dieses Vertrages befreit. Dies gilt auch dann, wenn die Qualität der übertragenen Daten es nicht möglich macht, die Leistungen zu erbringen. Der Auftragnehmer ist in diesem Fall verpflichtet, den Auftraggeber über die Störung unverzüglich zu unterrichten, sobald er hiervon Kenntnis erlangt hat.

bb. Von den Parteien genutzte Software

Erbringt ein Instandhaltungsunternehmen Teleservicedienste, kommt es insbesondere bei unterstützenden Leistungen[481] zu Berührungen der jeweiligen Systeme, insbesondere der jeweils eingesetzten Software. In diesem Fall ist es technisch notwendig, dass die Systeme und jeweilige Software aufeinander abgestimmt sind. Die eingesetzten Systeme sollten in dem Vertrag oder in einer Anlage des Vertrages definiert werden.

Tatsächliche und rechtliche Schwierigkeiten ergeben sich immer dann, wenn der Betreiber bei sich Eingriffe vornimmt, insbesondere Software verändert oder wechselt. Kann der Hersteller bzw. das Instandhaltungsunternehmen wegen solcher Maßnahmen des Betreibers seine Teleserviceleistungen nicht mehr erbringen, stehen ihm ein Recht zur außerordentlichen Kündigung[482] sowie im Fall des Vertretenmüssens auch Schadenser-

---

[479] Zu den allgemeinen Anforderungen an Leistungsausschlüsse und -grenzen, die auch hier gelten, siehe S. 54 ff.

[480] Siehe als Beispiel auch die Regelung in § 4 Abs. 2 des Hardware-Wartungsvertrages des Münchener Vertragshandbuchs, 4. Auflage, Band 3, Wirtschaftsrecht, 1. Halbband, V. 3 (Altauflage).

[481] Siehe zum Support S. 143.

[482] Die Regeln zur Kündigung wegen der Veräußerung, Neuanschaffung oder Stilllegung einer Anlage (siehe S. 110 f.) gelten hier entsprechend. Der Auftraggeber hat also kein Recht zur außerordentlichen Kündigung, wenn er sein System oder seine Software ändert, es sei denn, der Vertrag enthält hierfür ein Kündigungsrecht. Dem Auftragnehmer wird man für diesen Fall nach Abhilfeverlangen ein Kündigungsrecht nach § 314 BGB einräumen müssen.

satzansprüche gemäß § 280 Abs. 1 BGB zu, mit denen u. a. unnötige Investitionen, aber auch entgangener Gewinn bis zum vorgesehenen Ablauf des Vertrages abgegolten werden[483].

Ein Vertrag sollte aus diesem Grund eine Regelung enthalten, ob und unter welchen Bedingungen er fortgilt. Hier bietet sich an, ggf. Abgeltungsansprüche für den jeweils anderen Vertragspartner zu vereinbaren, wenn dieser bei sich Investitionen getätigt hat, die verloren gehen können.

cc.   Virenschutz

Durch den bei Teleserviceleistungen möglichen unmittelbaren Zugriff des Instandhaltungsunternehmens auf die technische Einrichtung des Betreibers, ggf. in dessen Steuerung, können Viren in das jeweilige andere System gelangen. Verursacht dies eine der Vertragsparteien schuldhaft, kann die andere Partei, die davon betroffen ist, Ersatz des bei ihr entstandenen Schadens verlangen (§ 280 Abs. 1 BGB). Der Verursacher muss sich hinsichtlich des fehlenden Verschuldens insoweit entlasten, trägt also die Beweislast (§ 280 Abs. 1 S. 2 BGB).

Besteht bei Teleserviceleistungen ein solches Risiko, sollte der Vertrag eine Regelung enthalten, die die Pflicht der Vertragsparteien zur Vorsorge begründet. Diese könnte folgenden Inhalt haben, der beide Parteien in die Pflicht nimmt.

> Beide Parteien treffen nach dem jeweiligen Stand der Technik angemessene Vorkehrungen, um ein Eindringen von Viren oder anderen schädlichen Programmen in die eigene Software sowie die des jeweils anderen zu verhindern. Treten Ereignisse ein, die wegen Viren oder anderer schädlicher Programme die Teleserviceleistungen beeinträchtigen oder auf die Systeme der jeweils anderen Partei übertragen werden können, ist dem Vertragspartner unverzüglich schriftlich Mitteilung zu machen.

dd.   Modalitäten des Zugriffs und Vertraulichkeit

Bei diskontinuierlichen, also nur unregelmäßigen Teleserviceleistungen, bei denen der Hersteller oder das Instandhaltungsunternehmen im Fall einer Störung zugeschaltet wird, hat der Auftraggeber vielfach ein Interesse daran, dass sein Know-how oder seine Geschäftsgeheimnisse vertraulich behandelt werden. In der Praxis sollte daher vereinbart werden, unter welchen Voraussetzungen der Betreiber dem Hersteller bzw. dem Instandhaltungsunternehmen erlaubt, Einblick in seine Steuerung und/oder in seine Produktions-

---

[483] Wechselt das Instandhaltungsunternehmen seine Hard- oder Software, so hat es das Risiko zu tragen, nicht mehr mit der Software des Auftraggebers kompatibel zu sein. Hier sind ebenfalls das Recht zur außerordentlichen Kündigung sowie Schadensersatzansprüche denkbar, allerdings zugunsten des Auftraggebers.

prozesse zu nehmen. Die Interessen des Betreibers lassen sich u. a. dadurch schützen, dass dieser bestimmt, wann er dem Vertragspartner den Zugriff gestattet und wie dies technisch sichergestellt wird. Möglich ist z. B. die Vergabe von Passwörtern, die an Mitarbeiter des Serviceunternehmens vergeben werden, sowie die Vereinbarung besonderer Vertraulichkeit nicht nur im Verhältnis zwischen den Parteien des Teleservicevertrages, sondern zwischen dem Instandhaltungsunternehmen und dessen eigenen die Anlage betreuenden Servicemitarbeitern[484].

In gleicher Weise muss auch der Betreiber Vertraulichkeit wahren, wenn er oder sein Bedienpersonal die Möglichkeit hat, durch die Telekommunikationsverbindung (Instandhaltungs)know-how des Servicepartners zu erhalten.

ee. Datensicherung

Bei Teleserviceleistungen, die insbesondere die Unterstützung (Support) des Betreibers durch den Hersteller bzw. das Instandhaltungsunternehmen beinhalten, haben diese die Möglichkeit, auf die Daten des Auftraggebers Zugriff zu nehmen[485]. Hier können Daten verloren gehen oder verändert werden und beim Betreiber zu Nachteilen führen. Diesem entsteht ggf. eine Vermögenseinbuße, ohne dass an der Anlage selbst ein Schaden eingetreten ist. Erforderlich kann eine Sicherung der Daten nicht nur im IT-Bereich, sondern auch im Maschinen- und Anlagenbau sein[486]:

> Der Auftraggeber ist verpflichtet, die Daten des Vertragsgegenstandes in regelmäßigen Abständen sowie auf Verlangen des Auftragnehmers unmittelbar vor der Durchführung einer Fernwartung ordnungsgemäß zu sichern. Unterlässt er dies, haftet der Auftragnehmer im Rahmen von Ziffer ... des Vertrages nicht für die Wiederbeschaffung solcher Daten, die infolge nicht ordnungsgemäßer Sicherung verloren gegangen sind[487].

Bei Teleserviceleistungen, bei denen auf Daten des Auftraggebers zugegriffen wird und Datenverluste nicht ausgeschlossen werden können, empfiehlt es sich, mit dem betriebli-

---

[484] In bestimmten Fällen kommen neben allgemeinen Vertraulichkeitsverpflichtungen datenschutzrechtliche Aspekte in Betracht. Hier können auch strafrechtlich relevante Tatbestände betroffen sein (vgl. Ehmann, Strafbare Fernwartung in der Arztpraxis, CR 1991, 293 ff. m. w. N., der sich mit der Frage auseinandersetzt, ob und unter welchen Voraussetzungen die Vorschrift des § 203 Abs. 1 Nr. 1 StGB verletzt sein kann). In dem Textbeispiel bei Schneider, Handbuch des EDV-Rechts, K Rd. 218, wird dem Auftraggeber die Pflicht auferlegt, personenbezogene Daten vor dem Zugriff durch den Auftragnehmer bzw. dessen Mitarbeiter zu sichern.

[485] Dies gilt selbstverständlich auch bei Instandhaltungsverträgen ohne Teleserviceleistungen, wenn u. a. moderne Steuerungen beispielsweise von Werkzeugmaschinen zu betreuen sind.

[486] Zur Datensicherung bei der Softwarepflege: Schneider, Handbuch des EDV-Rechts, K Rd. 217 f.

[487] Eine solche Regelung ist auch in einem Formularvertrag nicht zu beanstanden, vgl. z. B. OLG Hamm CR 1997, 604 ff., das wegen der den Betreiber treffenden Schadensabwendungspflicht im Rahmen des § 254 BGB dem Betreiber einen Schadensersatzanspruch vollständig abgesprochen hat, weil dieser dem Rat des Instandhaltungsunternehmens nicht gefolgt war, einen zweiten Drucker anzuschaffen, durch den das Risiko einer erheblichen Vermögenseinbuße ausgeschlossen oder erheblich verringert worden wäre.

chen Haftpflichtversicherer zu prüfen, ob derartige Risiken versichert sind bzw. wie diese versichert werden können. Herkömmliche Haftpflichtversicherungen, die auf den Allgemeinen Haftpflichtbedingungen (AHB) basieren, bieten in der Regel keinen verlässlichen Schutz gegen solchen Schäden, da zulasten des Versicherten Ausschlusstatbestände bestehen[488].

ff.   Mängelansprüche, Haftung

Besondere Aspekte sind beim Teleservice zu Mängelansprüchen und zur Haftung insbesondere im Tatsächlichen zu beachten. So ist es in der Regel schwieriger, mittels der über Telefon übertragenen Informationen die richtige Diagnose zu treffen und z. B. einen Vorschlag zur Störungsbeseitigung zu machen. Dies ist bei der Frage zu berücksichtigen, ob die Leistung des Auftragnehmers gemäß § 633 Abs. 2 BGB mangelhaft ist bzw. ob dieser einen Mangel zu vertreten hat. Der Maßstab kann nicht der gleiche sein, der für Instandhaltungsunternehmen gilt, die Leistungen an der Anlage selbst ausführen und daher über entsprechend umfassendere Informationen verfügen.

Die kontinuierliche Überwachung von Anlagen durch Teleservice führt aber auch dazu, dass Instandhaltungsunternehmen wesentlich schneller von Abweichungen erfahren als bei einem herkömmlichen Instandhaltungsvertrag, bei dem das Unternehmen lediglich zu einem regelmäßigen Erscheinen an der Anlage verpflichtet ist, um an dieser Wartungs- oder Instandsetzungsarbeiten auszuführen. Insbesondere in den Fällen, in denen durch die Überwachung per Teleservice Betriebsstörungen oder sonstige Fehlfunktionen kontinuierlich gemeldet werden, sind Instandhaltungsunternehmen nicht nur verpflichtet, ihre Auftraggeber unverzüglich hierüber zu informieren. Die Auftragnehmer sind zudem wesentlicher schneller in der Pflicht, eventuell im Vertrag vereinbarte weiter gehende Maßnahmen zu ergreifen. Bei kontinuierlicher Fernüberwachung übernehmen sie daher in höherem Maße Betreiberrisiken als bei normalen Instandhaltungsverträgen. Das Haftungsrisiko erhöht sich dadurch entsprechend[489].

Im Rahmen von Formularverträgen können diese Aspekte bei Mängelansprüchen und bei der Haftung nicht berücksichtigt werden, da die gesetzlichen Regelungen zur Gestaltung rechtsgeschäftlicher Schuldverhältnissen durch Allgemeine Geschäftsbedingungen (§§ 305 ff. BGB) und die Rechtsprechung bestimmen, ob und in welchem Umfang gesetzliche Mängelansprüche sowie die Haftung beschränkt bzw. ausgeschlossen werden können[490]. Bei Individualverträgen[491] lassen sich dagegen Besonderheiten des Teleservices berücksichtigen.

---

[488] Vgl. zu Haftung und Versicherbarkeit S. 139.

[489] Dieser Aspekt zeigt, dass bei Teleserviceleistungen eine exakte Festlegung der Leistungsgrenzen sowie der Dokumentation ausgeführter Leistungen von besonderer Bedeutung sind, um ggf. im Nachhinein feststellen zu können, ob das Instandhaltungsunternehmen seine Leistungspflichten verletzt hat oder nicht.

[490] Siehe S. 134 ff.

[491] Siehe S. 39 f.

Teil 2:   Weitere rechtliche Aspekte des Instandhaltungsgeschäfts

Im ersten Teil ging es um vertragsrechtliche Aspekte, die bei der Instandhaltung techni-scher Einrichtungen von den Parteien bei Abschluss eines Instandhaltungsvertrages sowie bei dessen Durchführung zu beachten sind. Dieser zweite Teil beschäftigt sich mit aus-gewählten Rechtsfragen, die in der Praxis des Instandhaltungsgeschäfts immer wieder eine Rolle spielen können und von den Beteiligten beachtet werden sollten.

Zunächst werden kartellrechtliche Aspekte betrachtet. Dabei geht es in erster Linie dar-um, wann Hersteller von Maschinen und Anlagen andere Marktteilnehmer ggf. in unzu-lässiger Weise diskriminieren, sei dies dadurch, Ersatzteile nicht liefern zu wollen oder sonst die Instandhaltung nicht zu unterstützen, indem beispielsweise die Ausführung von Instandsetzungen oder die Lieferung von Servicetools oder Wartungsanweisungen dem Betreiber oder einem Wettbewerber vorenthalten wird.

Eine arbeitsrechtliche Themenstellung kann sich ergeben, wenn Betreiber technischer Einrichtungen die Instandhaltung organisatorisch neu gestalten wollen. Hier wird insbe-sondere die erstmalige Vergabe der Instandhaltung an Dritte (Outsourcing) als eine Mög-lichkeit gesehen, Kosten zu sparen, die Verfügbarkeit eigener Anlagen weiter zu erhöhen und Ausfallrisiken auszulagern (Haftung). Unter bestimmten Voraussetzungen kann es bei einer solchen Fremdvergabe, aber auch bei einer Neuvergabe eines Instandhaltungs-auftrages (Auftragsnachfolge) zu einem Betriebsübergang im Sinne des § 613a BGB kommen, der weitreichende rechtliche Folgen hat.

Ein weiteres arbeitsrechtliches Thema ist die Überlassung von Kraftfahrzeugen an Servi-cetechniker. Hier geht es zu einem um Schadens- und Aufwendungsersatzansprüche zwi-schen Arbeitgeber und Arbeitnehmer nach einem Unfall mit dem betrieblich überlassenen oder dem privaten Kraftfahrzeug. Zum anderen soll aber auch die betriebliche Gestaltung der Beziehung zwischen den Beteiligten behandelt werden (Stichwort: Überlassungsver-trag).

Bei Mietverhältnissen streiten Vermieter und Mieter gelegentlich, ob und in welchem Umfang die Instandhaltungskosten, insbesondere die Vergütung von Wartungsverträgen für haustechnische Anlagen als Bestandteil der Betriebskosten rechtlich zulässig an den Mieter weitergegeben werden dürfen.

Die jeweiligen Aspekte können und sollen hier nur kurz dargestellt werden. Auf Einzel-probleme sowie weiter gehende Streitfragen wird nur sehr eingeschränkt eingegangen. Durch entsprechende Literaturverweise können die jeweiligen Fragestellungen vertieft werden. Verzichtet wird zudem auf die Darstellung solcher rechtlichen Probleme und Fragestellungen der jeweiligen Rechtsgebiete, die bei jeder gewerblichen Tätigkeit beach-tet werden müssen und nicht spezifisch für das Instandhaltungsgeschäft sind. Weiter ge-hender Rechtsrat bei diesen zum Teil rechtlich schwierigen Sachverhalten sei empfohlen.

1.   Wettbewerbsrecht in der Instandhaltung

Betreiber technischer Einrichtungen, Hersteller und Serviceunternehmen haben sich auch in der Instandhaltung gelegentlich mit wettbewerbsrechtlichen Fragestellungen auseinanderzusetzen. Dies betrifft insbesondere die Regeln des freien Wettbewerbs: Hersteller technischer Einrichtungen müssen gegenüber Betreibern wie auch gegenüber ihren Wettbewerbern, die im Instandhaltungsgeschäft tätig sind, insbesondere das Gesetz gegen Wettbewerbsbeschränkungen (GWB) beachten. Im Mittelpunkt steht dabei das Verbot missbräuchlichen oder diskriminierenden Verhaltens (§§ 19, 20 GWB). Grundsätzlich duldet unsere Rechtsordnung zwar ein Verhalten, das andere Marktteilnehmer bei der Teilnahme am Wettbewerb benachteiligt[492]. Dies ist das Spiel freier Kräfte. Wenn aber ein Marktteilnehmer seine Marktstärke missbraucht, insbesondere andere Teilnehmer in unerlaubter Weise benachteiligt, kommt das Gesetz gegen Wettbewerbsbeschränkungen (GWB) ins Spiel. Das GWB wird zwar in der Öffentlichkeit in erster Linie bei Absprachen zwischen Wettbewerbern (Kartellen) wahrgenommen, es untersagt aber auch das missbräuchliche und diskriminierende Verhalten marktbeherrschender Unternehmen (§§ 19, 20 GWB).

Deutsches Kartellrecht wird heute z. T. vom europäischen Recht überlagert und auch verdrängt, da viele Unternehmen nicht mehr nur auf nationalen Märkten tätig sind, sondern europa- oder weltweit agieren. Ihr Marktverhalten macht damit an nationalen Grenzen nicht mehr halt. Die Art. 101, 102 AEUV („Lissabon-Vertrag", bislang: Art. 81, 82 EG-Vertrag) müssen daher von den Beteiligten immer mitbetrachtet werden[493]. Die Ausführungen dieses Abschnitts beziehen sich zwar auf das deutsche GWB. Die Rechtslage, insbesondere die zu erörternden Fragestellungen und Interessenabwägungen sind denen des europäischen Rechts jedoch vergleichbar[494].

Im Instandhaltungsgeschäft kann insbesondere § 20 GWB (Diskriminierungsverbot bzw. Verbot unbilliger Behinderung) dadurch verletzt werden, dass ein marktbeherrschender Hersteller einer technischen Einrichtung oder seine Vertriebseinheiten andere Marktteilnehmer, seien dies die Betreiber oder die Wettbewerber, die um die Instandhaltung mit dem Hersteller konkurrieren, nicht oder nicht angemessen mit Ersatzteilen beliefert (nachfolgend a.) oder in sonst unzulässiger Weise bei Instandhaltungsleistungen den Wettbewerb zwischen den Marktteilnehmern beeinträchtigt (nachfolgend b.)[495].

---

[492] Bechtold, § 20 GWB Rd. 3.

[493] In den letzten Jahren hat es in der Europäischen Gemeinschaft eine Vielzahl von Kartellverfahren gegeben, in denen gegen Unternehmen wegen Kartellabsprachen zum Teil hohe Bußgelder verhängt worden sind. Im Bereich des Missbrauchs, also des Ausnutzens einer marktbeherrschenden Stellung, haben die wiederholten Verfahren gegen Microsoft breite Aufmerksamkeit erfahren.

[494] Siehe die Ausführungen bei Schneider, Handbuch des EDV-Rechts, C Rz. 317 zu Software und Kartellrecht.

[495] Gerade im Kartellrecht verbieten sich wegen der vorzunehmenden Einzelfallabwägungen schematische Ansätze (Immenga/Mestmäcker, § 20 GWB Rd. 148). Dies ist bei den nachfolgenden Ausführungen zu beachten, soweit Fallgruppen gebildet und generalisierende Beurteilungen vorgenommen werden.

a.   Die Verpflichtung zur Lieferung von Ersatzteilen

Hersteller von Maschinen und Anlagen, die auch im Servicegeschäft tätig sind, haben in der Regel eine starke Marktposition, wenn Betreiber, aber auch andere Instandhaltungsunternehmen Ersatzteile für die technischen Einrichtungen benötigen. Viele Ersatzteile sind nur über den Hersteller oder dessen Vertriebsnetz zu beziehen, nicht jedoch über sonstige Dritte. Ist ein Hersteller bzw. sein Vertrieb marktbeherrschend im Sinne des § 19 Abs. 2 und 3 GWB, darf er seine Marktmacht weder missbrauchen (§ 19 GWB) noch Betreiber und im Instandhaltungsmarkt tätige Wettbewerber diskriminieren (§ 20 GWB). In Verbindung mit § 33 GWB führt ein Verstoß insbesondere gegen § 20 GWB zu der rechtlichen Verpflichtung, den diskriminierten Betreiber bzw. Wettbewerber zu marktüblichen Bedingungen mit Ersatzteilen zu versorgen.

Zivilrechtlich ist das wirtschaftliche Interesse vor allem des Betreibers, sich mit betriebsnotwendigen Ersatzteilen zu versorgen, nur unzureichend gesichert. Insbesondere gibt es keine generelle zivilrechtliche Vorgabe, die einen Hersteller verpflichtet, Ersatzteile für die mutmaßliche Lebensdauer der von ihm hergestellten und verkauften Anlagen vorzuhalten[496]. Zwar mag sich ein Betreiber bei dem Erwerb einer technischen Einrichtung von dem Hersteller vertraglich die Belieferung mit Ersatzteilen für eine bestimmte Zeit zusichern lassen. Hierauf wird sich der Hersteller aber allenfalls eingeschränkt einlassen[497]. Im Tatsächlichen können Betreiber die Versorgung mit Ersatzteilen ferner durch den Abschluss eines Instandhaltungsvertrages insbesondere mit dem Hersteller sicherstellen. Bei einem Vollwartungsvertrag ergibt sich dabei bereits aus dessen Leistungsumfang, dass die Ersatzteilversorgung für die Dauer des Vertrages im Grundsatz gewährleistet ist, da defekte oder verschlissene Teile – in der Regel kostenfrei – ausgetauscht werden. Bei einfachen Wartungsverträgen kann das Instandhaltungsunternehmen dazu verpflichtet sein, auf Wunsch des Betreibers auch Reparaturen auszuführen[498]. Auch wenn ein Wartungsvertrag eine solche Verpflichtung nicht enthält[499], bleibt die Versorgung mit Ersatzteilen in der Regel aber faktisch gesichert, da der Hersteller, der im Servicemarkt tätig ist, regelmäßig ein wirtschaftliches Interesse daran hat, Reparaturen an der technischen Einrichtung auszuführen.

Einen umfassenden Schutz bietet ein Instandhaltungsvertrag jedoch nicht, da dieser auch von dem Hersteller wieder gekündigt werden kann[500]. Auch missbräuchliches Verhalten durch einen marktbeherrschenden Hersteller kann allein durch die Möglichkeit des Abschlusses eines Instandhaltungsvertrages nicht ausgeräumt werden. Wettbewerbern gegenüber versagt dieser Schutz ohnehin.

---

[496] Siehe Das Ersatzteilgeschäft, VDMA Verlag GmbH, S. 11 f.; Ullrich/Ulbrich, Das Bevorraten von Ersatzteilen, BB 1995, 371 ff.; es soll jedoch die Verpflichtung bestehen, Ersatzteile für eine gewisse Zeit vorzuhalten, die sich an der durchschnittlichen Nutzungsdauer einer Maschine oder Anlage orientiert: Palandt-Heinrichs, § 242 Rd. 29 sowie Palandt-Putzo, § 433 Rd. 24, jeweils m. w. N.

[497] Vgl. hierzu auch: Ebel, Kartellrechtlicher Anspruch auf Abschluss eines EDV-Wartungsvertrages ? CR 1987, 273, 274.

[498] Siehe als Beispiel Ziffer 2.3 des AMEV-Vertragsmusters Wartung 2002 (Anhang 2).

[499] So enthält beispielsweise das Vertragsmuster des VDMA (siehe S. 42 f.) keine solche Verpflichtung.

[500] Siehe S. 96 ff. zur Kündigung von Wartungsverträgen sowie S. 61 f. zum Lifecycle von Ersatzteilen bei Vollwartungsverträgen; zu Besonderheiten bei der Softwarepflege S. 161 Fn. 542.

aa. Die Marktbeherrschung im Sinne der §§ 19, 20 GWB

Für den der Lieferung technischer Einrichtungen nachgelagerten After-Sale (Kundendienst, Instandhaltung) werden heute im Sinne des Wettbewerbsrechts jeweils spezifische, eigene Märkte angenommen[501]. Anerkannt ist dies seit langem für die Originalersatzteile von Herstellern[502], insbesondere für produktspezifische Ersatzteile (häufig ebenfalls: Originalersatzteile)[503] von Erzeugnissen eines Herstellers. Für Originalersatzteile gibt es damit einen eigenen Markt, der von dem Hauptprodukt sowie von Ersatzteilen für vergleichbare Produkte der Wettbewerber zu trennen ist[504]. Hersteller sind bezogen auf ihre Originalersatzteile sowie auf die produktspezifischen Ersatzteile marktbeherrschend im Sinne des § 19 Abs. 2 Nr. 1 GWB, wenn sie keinem oder keinem wesentlichen Wettbewerb ausgesetzt sind. Dies ist dann der Fall, wenn die weiteren Marktteilnehmer, insbesondere Betreiber sowie im Instandhaltungsgeschäft tätige Wettbewerber, nicht die Möglichkeit haben, sich anderweitig mit diesen Ersatzteilen zu versorgen und austauschbare Ersatzteile anderer Hersteller nicht zur Verfügung stehen (sog. Bedarfsmarktprinzip)[505]. In gleicher Weise sind Vertriebsgesellschaften mit diesen zugewiesenen Gebieten marktbeherrschend, wenn nur über sie Originalersatzteile des Herstellers erworben werden können.

Können sich Betreiber technischer Einrichtungen sowie sonstige Marktteilnehmer, insbesondere Wettbewerber, dagegen ohne größere Schwierigkeiten Ersatzteile bei Händlern oder sonstigen Dritten beschaffen, sind der Hersteller bzw. sein Vertrieb in dem Markt der Originalersatzteile nicht marktbeherrschend im Sinne des § 19 Abs. 2 GWB. An einer marktbeherrschenden Stellung fehlt es ferner, wenn Ersatzteile einer technischen Einrichtung austauschbar sind und der Betreiber oder das konkurrierende Instandhaltungsunternehmen nicht auf Originalersatzteile bzw. produktspezifische Ersatzteile angewiesen ist[506]. Das Verbot des Marktmissbrauchs bzw. der Diskriminierung der §§ 19, 20 GWB findet dann keine Anwendung.

---

[501]   Im Kartellrecht hat die Marktabgrenzung eine hohe Bedeutung, da erst nach der Feststellung, welches der kartellrechtlich relevante Markt ist, gefragt werden darf, ob auf diesem Markt ein bestimmtes Verhalten missbräuchlich oder diskriminierend ist. In der Instandhaltung kommen dabei als mögliche Märkte in erster Linie das Ersatzteilgeschäft, die Wartung sowie die Reparatur in Frage. Dabei können sich die jeweiligen Märkte auf die Produkte eines bestimmten Maschinentyps verschiedener Hersteller, aber auch auf die Maschinen eines konkreten Herstellers beziehen (siehe zur Marktabgrenzung auch Schneider, Handbuch des EDV-Rechts, C Rz. 314 ff., ferner Leitlinien für vertikale Beschränkungen - Mitteilung der Europäischen Kommission, Ziffer 94).

[502]   Originalersatzteile müssen nicht im Werk des Herstellers selbst gefertigt sein, um als solche bezeichnet werden zu dürfen (vgl. BGH GRUR 1963, 142 ff. – DKW-Ersatzteile). Um Originalersatzteile handelt es sich auch, wenn Ersatzteile nicht nur bei Fabrikaten eines bestimmten Herstellers, sondern auch bei Produkten anderer Hersteller Verwendung finden (vgl. BGH GRUR 1966, 211 ff. – NSU-Ölfilter).

[503]   Vgl. zu diesem Begriff KG Berlin WuW 9/1992, 755, 769, 770 (Kälteanlagen).

[504]   Vgl. u. a. BGH NJW 1973, 280, 281 (Registrierkassen); BGH NJW 1974, 141, 142 (EDV-Ersatzteile).

[505]   So BGH DB 1999, 2052, 2052 (Geräte der Feuerwehrtechnik).

[506]   Bezogen auf die Ersatzteile fehlt es im Sinne des § 19 Abs. 2 GWB bereits an einer marktbeherrschenden Stellung eines Herstellers, wenn er technische Einrichtungen aus Komponenten herstellt, die er und auch andere Marktteilnehmer am Markt frei beziehen können (vgl. den Sachverhalt in KG Berlin WuW 9/1992, 755 ff. – Kälteanlagen).

bb.   Die geschützten Marktteilnehmer

Ein im vorgenannten Sinne marktbeherrschender Marktteilnehmer (Hersteller, dessen Vertriebsgesellschaft, ggf. seine Händler) darf bezogen auf die Originalersatzteile der von ihm vertriebenen Maschinen und Anlagen andere Marktteilnehmer nicht diskriminieren. Der von §§ 19, 20 Abs. 1 GWB geschützte Kreis der anderen Marktteilnehmer wird dabei weit gezogen. Er erfasst Betreiber von Maschinen oder Anlagen[507], andere Instandhaltungsunternehmen[508], die mit dem Hersteller oder dessen Vertriebseinheiten im Instandhaltungsmarkt im Wettbewerb stehen, sowie ggf. auch Händler. Betreiber technischer Einrichtungen müssen sich dabei lediglich im weitesten Sinne wirtschaftlich betätigen, so dass auch freiberuflich Schaffende[509], nicht aber Endverbraucher[510] von § 20 GWB geschützt sind.

cc.   Die Diskriminierungstatbestände des § 20 Abs. 1 GWB

Das Diskriminierungsverbot des § 20 Abs. 1 GWB hat zwei Tatbestände. Zum einen dürfen marktbeherrschende Unternehmen andere geschützte Marktteilnehmer nicht unbillig behindern, zum anderen nicht ohne sachlich gerechtfertigten Grund ungleich behandeln. Auch wenn die beiden Tatbestandsmerkmale nicht streng getrennt werden können, sondern sich vielmehr überschneiden, soll aus Gründen der Darstellung an dieser Unterscheidung festgehalten werden[511].

(1)   Die unbillige Behinderung (§ 20 Abs. 1, 1. Alt. GWB)

Liefert ein für seine Ersatzteile marktbeherrschendes Unternehmen Betreibern bzw. in der Instandhaltung tätigen Marktteilnehmern keine Ersatzteile, sind diese hinsichtlich der Teilnahme am Wettbewerb behindert. Sie können die technische Einrichtung nicht oder nur unter erschwerten Bedingungen betreiben bzw. instand halten. Dies kann für Betreiber erhebliche wirtschaftliche Nachteile haben, da z. B. Produktionsmittel wegen fehlender Ersatzteile nicht mehr uneingeschränkt zur Verfügung stehen. Wettbewerber können ggf. vom Servicemarkt für diese Produkte ausgeschlossen sein.

Ein marktbeherrschendes Unternehmen verstößt gegen § 20 Abs. 1, 1. Alt. GWB, wenn eine solche Behinderung unbillig ist. Diese Unbilligkeit der Behinderung beurteilt sich

---

[507] So der Sachverhalt in BGH NJW 1974, 2236 f. (Schreibautomat).
[508] Siehe z. B. die Sachverhalte in BGH NJW 1973, 280, 281 (Registrierkassen) und KG Berlin WuW 9/1992, 755 ff. (Kälteanlagen); bezogen auf Händler muss dies nicht gelten: vgl. den Sachverhalt in BGH DB 1988, 1741 f.: die Vorinstanz hatte die Untersagungsverfügung der Kartellbehörde nicht auf solche Fälle erstreckt, in denen der konkurrierende Reparaturbetrieb Ersatzteile auch an Dritte abgab.
[509] In dem Fall BGH NJW 1974, 2236 (Schreibautomat) war der Kläger ein Rechtsanwalt, der einen ‚Schreibautomaten' (PC) für berufliche Zwecke erworben hatte.
[510] Immenga/Mästmäcker-Markert, § 20 GWB Rd. 90.
[511] Vgl. zum Verhältnis der Tatbestandsalternativen des § 20 Abs. 1 GWB Immenga/Mestmäcker-Markert § 20 GWB Rd. 115; ferner BGH DB 1988, 1741 f. (Reparaturbetrieb): In der Entscheidung ging es um einen einzelnen Wettbewerber, der durch einen Vertragshändler unbillig behindert wurde.

dabei unter Berücksichtigung der Zielsetzung des GWB durch eine Abwägung der Interessen der betroffenen Marktteilnehmer, also des marktbeherrschenden Herstellers sowie des die Ersatzteile nachfragenden Betreibers bzw. des im Instandhaltungsmarkt tätigen Wettbewerbers.

(a)   Die Behinderung von Betreibern technischer Einrichtungen

Weigert sich ein marktbeherrschender Hersteller, an Betreiber seiner Produkte Originalersatzteile oder produktspezifische Ersatzteile zu liefern (sog. Liefersperre), ist dies grundsätzlich unbillig im Sinne von § 20 Abs. 1, 1. Alt. GWB. In der Praxis des Instandhaltungsgeschäfts dürfte dies aber die Ausnahme sein, da Hersteller bzw. deren Vertriebsorganisation in der Regel ein wirtschaftliches Interesse daran haben, ihre Ersatzteile zu vertreiben. Von praktischer Bedeutung sind daher vielmehr solche Fälle, in denen die marktbeherrschende Stellung im Sinne des § 19 GWB missbraucht wird, indem die Ersatzteile z. B. mit einer unangemessenen Vergütungssystematik einschließlich missbräuchlich überhöhter Preise oder unbilliger Preisdifferenzierungen in den Markt gegeben werden, ferner andere unbillige Forderungen, wie beispielsweise langfristige Bezugsbindungen[512] oder Kopplungsgeschäfte wie der Abschluss von Instandhaltungsverträgen verlangt werden. Solche Geschäftspraktiken sind regelmäßig wettbewerbswidrig im Sinne der §§ 19, 20 Abs. 1, 1. Alt. GWB, da es für solche Verhaltensweisen des marktbeherrschenden Herstellers bzw. seiner Vertriebsorganisation keine billigenswerten Gründe gibt[513]. Zusätzlich kann eine Verletzung des allgemeinen Missbrauchstatbestandes des § 19 Abs. 4 Nr. 2 GWB insbesondere im Bereich der Preisgestaltung gegeben sein.

Bei einem solchermaßen missbräuchlichen bzw. diskriminierenden Verhalten ist der marktbeherrschende Hersteller verpflichtet, seine Originalersatzteile bzw. produktspezifischen Ersatzteile direkt oder über seine Vertriebsorganisation zu marktgerechten Bedingungen an die Betreiber seiner technischen Einrichtungen zu liefern (sog. Kontrahierungszwang)[514].

(b)   Die Behinderung anderer Instandhaltungsunternehmen

Hersteller können im Ersatzteilgeschäft nicht nur die Abnehmer ihrer technischen Einrichtungen, in der Regel also die Betreiber als Marktteilnehmer unbillig behindern. Gerade gegenüber Unternehmen, die als Wettbewerber im Servicegeschäft tätig sind, kann es zu Wettbewerbsverstößen kommen. Auch diesen gegenüber sind Hersteller technischer

---

[512] Vgl. BKartA WuW/E 1189 (Meto-Handpreisauszeichner): Ein Hersteller von Handauszeichnungsgeräten mit einem Marktanteil von mehr 90 % verpflichtete seine Abnehmer dazu, eine fünfjährige Bezugsbindung für Etiketten einzugehen, die deutlich teurer waren als die der Konkurrenz. Gegen Verletzungen ging er scharf vor, indem er den Kundendienst einstellte und Liefersperren verhängte.

[513] Weigert sich ein marktbeherrschendes Unternehmen, andere im Instandhaltungsgeschäft notwendige Leistungen (Reparaturen, Beistellen von Wartungsinformation oder Werkzeuge) an den bzw. für die von ihm gelieferten technischen Einrichtungen auszuführen, kann dies ebenfalls gegen § 20 Abs. 1 GWB verstoßen (siehe S. 158 ff.).

[514] Vgl. zu den Rechtsfolgen bei Verstößen im Einzelnen S. 164 f.

Einrichtungen hinsichtlich ihrer Originalersatzteile unter vergleichbaren Bedingungen wie gegenüber Betreibern marktbeherrschend im Sinne des § 19 Abs. 2 GWB[515].

Ein solchermaßen marktbeherrschender Hersteller behindert andere im Instandhaltungsmarkt tätige Unternehmen im Sinne des § 20 Abs. 1, 1. Alt. GWB dann unbillig, wenn die Belieferung mit Ersatzteilen aus leistungsfremden Gründen verweigert wird (Liefersperre)[516]. Leistungsfremd ist es dabei z. B., Wettbewerb gezielt zu unterdrücken und damit aus der marktbeherrschenden Situation missbräuchlich einen Vorteil ziehen zu wollen. Sind die Gründe für die Liefersperre dagegen leistungsbezogen, ist die Behinderung anderer Instandhaltungsunternehmen nicht unbillig und damit zulässig. Ob eine Behinderung leistungsfremd und unbillig oder leistungsbezogen und erlaubt ist, hängt von den Umständen des konkreten Einzelfalls ab. Die Interessen des Herstellers und die des Wettbewerbers müssen gegeneinander abgewogen werden. Dabei sind die auf die Freiheit des Wettbewerbs gerichtete Zielsetzung des GWB und die besonderen Gegebenheiten und Gebräuche des jeweiligen Marktes zu beachten[517].

Anhaltspunkte für eine leistungsfremde und damit unbillige Behinderung sind gegeben, wenn ein marktbeherrschendes Unternehmen mit der Liefersperre lediglich die Absicht verfolgt, Wettbewerber vom Ersatzteil- und Instandhaltungsmarkt seiner Anlagen fernzuhalten[518]. Ist dies der ausschließliche Grund, der einen marktbeherrschenden Hersteller oder seine Vertriebseinheiten veranlasst, Ersatzteile nicht an Wettbewerber zu liefern, ist die Liefersperre unbillig im Sinne des § 20 Abs. 1, 1. Alt. GWB. Verweist der Hersteller in diesem Zusammenhang nur allgemein darauf, dass wegen des hohen technischen Standards seiner Produkte die Qualifikation unabhängiger Instandhaltungsunternehmen bezweifelt werden müsse, was ggf. Auswirkungen auf seinen guten Ruf haben könne, reicht dies nicht aus, um eine Liefersperre zu rechtfertigen[519]. Dies gilt auch dann, wenn der Hersteller im Sinne der Maschinenrichtlinie der Europäischen Gemeinschaft zertifiziert ist und vorgegebene Standards nicht nur die Produktion, sondern auch den Wartungs- und Reparaturdienst betreffen[520].

Im Fall eines Verstoßes ist eine der Rechtsfolgen des wettbewerbswidrigen Verhaltens wiederum, Wettbewerber zu marktgerechten Bedingungen mit Ersatzteilen zu beliefern.

---

[515] Vgl. S. 136 f.; siehe auch BGH DB 1988, 1741, 1741 (Reparaturbetrieb); BGH DB 1999, 2052, 2053 (Geräte der Feuerwehrtechnik); siehe auch S. 152 f.

[516] BGH NJW 1973, 280, 282 (Registrierkassen); KG Berlin WuW 9/1992, 755, 772 (Kälteanlagen),

[517] Hersteller, die im Servicegeschäft tätig sind, haben bei der Belieferung ihrer eigenen Kunden, in der Regel die Betreiber ihrer Anlagen, mit denen sie z. B. keine Instandhaltungsverträge abgeschlossen haben, sowie gegenüber im Instandhaltungsmarkt tätigen Wettbewerbern auch bei der Gestaltung ihrer Ersatzteilpreise auf wettbewerbsrechtliche Aspekte Rücksicht zu nehmen, um nicht durch unbillige Preisdifferenzierungen ihre Marktstellung ausnutzen (Lieferantenpreisdifferenzierung: siehe hierzu Immenga/Mestmäcker-Markert, § 20 GWB Rd. 177).

[518] BGH NJW 1973, 280, 282 (Registrierkassen); KG Berlin WuW 9/1992, 755, 772 (Kälteanlagen); BGH DB 1988, 1741, 1742 (Reparaturbetrieb); Immenga/Mestmäcker-Markert, § 20 GWB Rd. 172 m. w. N.

[519] Siehe ausführlich zu einer solchen Interessenabwägung BGH NJW 1973, 280, 282 (Registrierkassen); so auch BGH DB 1999, 2052, 2053 (Geräte der Feuerwehrtechnik).

[520] BGH DB 1999, 2052, 2053 (Geräte der Feuerwehrtechnik).

Marktbeherrschende Hersteller technischer Einrichtungen sind allerdings nicht in jedem Fall verpflichtet, Ersatzteile an Wettbewerber abzugeben, die im Instandhaltungsgeschäft tätig sind. Sie haben vielmehr das Recht, den Absatz ihrer Erzeugnisse, zu denen auch deren Ersatzteile gehören, so zu gestalten, wie sie dies für wirtschaftlich sinnvoll halten[521]. Auch bei entsprechender Marktstärke dürfen sie daher andere Instandhaltungsunternehmen auf vorhandene Bezugsquellen, insbesondere auf eigene Lieferanten verweisen, wenn sie selbst in dem Ersatzteilmarkt nicht oder nur in sehr geringem Umfang tätig sein wollen. Da § 20 GWB nicht den Zweck verfolgt, den Wettbewerb zu fördern, gilt dies auch dann, wenn es für Wettbewerber höheren Aufwand bedeutet, Ersatzteile zu beschaffen, weil diese z. B. aus dem Ausland bezogen werden müssen[522].

Bei der Interessenabwägung muss zudem beachtet werden, dass der Normzweck des § 20 GWB nicht darin besteht, Wettbewerbsvorteile auszugleichen, die sich ein marktbeherrschendes Unternehmen wettbewerbsgerecht verschafft hat. Ein solcher Vorteil kann im Instandhaltungsgeschäft beispielsweise in einer effizienten Ersatzteillogistik bestehen, die sowohl Originalersatzteile als auch sonstige, frei beziehbare Ersatzteile erfasst. Hier darf dem marktbeherrschenden, aber tüchtigen Hersteller dieser Vorteil nicht wieder genommen werden, indem eine Liefersperre für frei beziehbare Ersatzteile als unbillig im Sinne des § 20 Abs. 1, 1. Alt GWB betrachtet wird[523]. Können sich Wettbewerber die Ersatzteile zwar beschaffen, bleibt aber der Wettbewerbsvorteil des Herstellers erhalten, weil dieser die Ersatzteile schneller verfügbar hat, muss der Wettbewerb diesen Nachteil hinnehmen[524]. Es müssen in einem solchen Fall daher weitere Umstände hinzutreten, um eine unbillige Behinderung im Sinne des § 20 Abs. 1, 1. Alt. GWB annehmen zu können.

(2) Die Ungleichbehandlung (§ 20 Abs. 1, 2. Alt. GWB)

Nicht nur die unbillige Behinderung anderer Marktteilnehmer ist nach § 20 Abs. 1 GWB verboten. Auch ein Verhalten, bei dem ein marktbeherrschendes Unternehmen einen einzelnen Marktteilnehmer anders als die übrigen Teilnehmer behandelt, ohne einen sachlich gerechtfertigten Grund hierfür zu haben, verstößt gegen § 20 Abs. 1 GWB.

So kann in der Praxis des Instandhaltungsgeschäfts z. B. ein Hersteller eine Liefersperre gegen einen einzelnen Betreiber einer technischen Einrichtung oder gegen einen seiner Wettbewerber verhängen. Der für seine Ersatzteile marktbeherrschende Hersteller liefert zwar grundsätzlich Ersatzteile zu marktgerechten Bedingungen an Betreiber oder an Dritte, diskriminiert aber einen einzelnen Betreiber oder einen bestimmten Wettbewerber, indem er diesen von der Belieferung ausnimmt. Dieses Verhalten ist zulässig, wenn das marktbeherrschende Unternehmen einen sachlich gerechtfertigten Grund für die Liefersperre hat. Ob dies der Fall ist, hängt wiederum von den konkreten Umständen des Einzelfalls ab und bedarf einer Abwägung der Interessen der Beteiligten.

---

[521] KG Berlin WuW 9/1992, 755, 772 (Kälteanlagen).

[522] KG Berlin WuW 9/1992, 755, 773 (Kälteanlagen); siehe aber auch OLG Stuttgart WuV 1/1998, 60 ff. zu Ersatzteilen für Kennzeichnungsgeräte, das im konkreten Fall die Weigerung als unbillig ansah.

[523] In einem solchen Fall wird es im Zweifel bezogen auf die frei beziehbaren Ersatzteile bereits an der Marktbeherrschung im Sinne des § 19 Abs. 2 Nr. 1 GWB fehlen.

[524] Diese Erwägungen gelten nicht für Ersatzteile, die ausschließlich über den Hersteller beschafft werden können; bei Geräten, die die Reparatur erleichtern, ist eine Weigerung nach Ansicht des OLG Stuttgart WuV 1/1998, 60 ff. nicht unbillig, wenn die Leistung mit anderen Mitteln erbracht werden kann.

Ein sachlich gerechtfertigter Grund für eine Liefersperre ist dann gegeben sein, wenn in der Person des Gesperrten, sei dies ein Betreiber oder ein im Instandhaltungsmarkt tätiger Wettbewerber besondere Gründe vorliegen. Beispiele sind vorangegangenes rufschädigendes Verhalten, andere schwerwiegende Verfehlungen oder fehlende Kreditwürdigkeit, soweit der Gesperrte nicht bereit ist, Vorauskasse zu akzeptieren, ggf. mangelnde Qualifikation bei ausreichend konkretem Risiko eine Rufschädigung. Eine solche Liefersperre darf dabei aber keine unverhältnismäßige Maßnahme sein[525].

Einen einzelnen Betreiber von der Belieferung mit Originalersatzteilen auszunehmen, ist für den marktbeherrschenden Hersteller sachlich nicht deshalb gerechtfertigt, weil der Betreiber nicht ihn, sondern einen Wettbewerber mit einer Reparatur beauftragt oder beauftragen möchte. Eine Liefersperre ist regelmäßig auch dann unzulässig, wenn der Betreiber nicht bereit ist, mit dem Hersteller einen Instandhaltungsvertrag abzuschließen, weil er dies aus grundsätzlichen Erwägungen nicht möchte oder ein anderes fachlich kompetentes Instandhaltungsunternehmen bevorzugt. Will der Hersteller einem Betreiber sein Nachfolgeprodukt verkaufen, während dieser die bisherige technische Einrichtung weiterhin nutzen möchte und daher die Lieferung des Ersatzteils verlangt, ist eine Lieferverweigerung allein aus diesem Grunde nicht zulässig[526].

Demgegenüber ist die Liefersperre eines Wettbewerbers sachlich gerechtfertigt, wenn sich dieser gegenüber dem Hersteller oder dessen Vertriebsorganisation wettbewerbswidrig verhält oder in sonstiger Weise gegen geltendes, den Hersteller schützendes Recht verstößt[527]. Eine sachliche Rechtfertigung für eine Lieferverweigerung ist ferner gegeben, wenn der Wettbewerber nachweislich nicht über die notwendige Qualifikation verfügt, um die für den Betrieb der Anlage erforderlichen Instandhaltungtätigkeiten auszuführen, so dass Rufschädigungen des Herstellers konkret und nicht lediglich abstrakt zu befürchten sind, weil sich beispielsweise Betreiber bereits bei dem Hersteller beschwert haben[528]. Auch der Vertrieb von Maschinen, Geräten oder Anlagen von Wettbewerbern des Herstellers durch einen unabhängigen Wartungsdienst kann ein sachlicher Grund für eine Liefersperre sein[529].

---

[525] Vgl. Immenga/Mästmäcker-Markert, § 20 GWB Rd. 172, 173.

[526] Sachlich gerechtfertigt kann eine unterschiedliche Behandlung auch sein, soweit sich diese auf die Bedingungen bezieht, zu denen ein marktbeherrschender Hersteller seine Ersatzteile an verschiedene Betreiber liefert. Insoweit gelten allgemein die Regeln zur Lieferantenpreisdifferenzierung (vgl. Immenga/Mestmäcker-Markert § 20 GWB Rd. 177 ff.).

[527] BGH NJW 1973, 280 ff. (Registrierkassen): Die unabhängige Wartungsfirma, die als Klägerin Lieferung von Ersatzteilen verlangte, wurde von einem ehemaligen Kundendiensttechniker der beklagten Vertriebsgesellschaft geleitet. Dieser erweckte bei seiner Werbung durch Aufkleber den Eindruck, die Firma erbringe Kundendienstleistungen für die Beklagte. Nicht ausreichend soll es dagegen sein, wenn ein Gesellschafter des Wettbewerbers sich gegenüber dem Hersteller rechtswidrig und feindselig verhält (BGH DB 1999, 2052, 2055 – Geräte der Feuerwehrtechnik).

[528] BGH GRUR 1963, 142 ff. (Originalersatzteile): Hersteller von Kraftfahrzeugen können Vertragshändler wirksam verpflichten, nur Originalersatz- und Austauschteile zu beziehen, da der Hersteller mit Blick auf das Neuwagengeschäft einen guten Ruf zu verlieren hat. Dieses Argument gilt auch gegenüber einem nicht ausreichend qualifizierten unabhängigen Kundendienstunternehmen, wenn sich eine Rufschädigung bereits konkretisiert. Das nur abstrakte Risiko einer Rufschädigung reicht dagegen nicht aus (BGH DB 1999, 2052, 2054 – Geräte der Feuerwehrtechnik).

[529] BGH NJW 1974, 141 (EDV-Ersatzteile); differenzierend Bechtold, § 20 GWB Rd. 58 m. w. N.

Eine Liefersperre gegenüber einem Wettbewerber ist dagegen sachlich nicht deshalb gerechtfertigt, weil der Wettbewerber selbst Hersteller vergleichbarer Produkte ist[530].
Marktbeherrschenden Herstellern ist es in diesem Fall zumutbar, konkurrierende Hersteller mit Ersatzteilen zu beliefern[531]. Wenn die Beteiligten zugleich Hersteller und Wettbewerber sind, kann die Verpflichtung zur Lieferung von Ersatzteilen zudem wechselsei-
tig sein, soweit beide hinsichtlich der Ersatzteile für ihre Anlagen marktbeherrschend
sind[532]. Hier darf der Wettbewerb auf dem Erstmarkt (Lieferung und Herstellung der
konkreten technischen Einrichtung) den Wettbewerb in den Folgemärkten (Ersatzteil-
und Instandhaltungsmarkt) nicht dadurch beeinträchtigen, dass im Ersatzteilmarkt marktbeherrschende Hersteller, die zugleich Serviceleistungen erbringen, sich gegenseitig nicht
mit Ersatzteilen versorgen. Die Verpflichtung bleibt allerdings beschränkt auf die Ersatzteile, die nicht anderweitig beziehbar sind[533].

b.   Andere mögliche Diskriminierungen im Instandhaltungsgeschäft

Hersteller technischer Einrichtungen können das Missbrauchsverbot des § 19 GWB oder
das Diskriminierungsverbot des § 20 GWB nicht nur verletzen, indem sie Betreiber bzw.
Wettbewerber nicht mit Originalersatzteilen beliefern. Auch die fehlende Bereitschaft,
andere Marktteilnehmer bei der Instandhaltung einer technischen Einrichtung zu unter-
stützen, kann missbräuchlich oder diskriminierend im Sinne der §§ 19, 20 GWB sein.
Wettbewerbswidriges Verhalten kann z. B. darin bestehen, dass ein Hersteller bzw. seine
Vertriebsorganisation sich weigert, eine Störung an einer Anlage zu beseitigen, weil der
Betreiber keinen Instandhaltungsvertrag mit ihm abschließen möchte. Auch die Weige-
rung, für die Instandhaltung technisch notwendige Daten und Dokumentationen oder
Servicewerkzeuge zu überlassen, kann unzulässig sein.

Wie im Ersatzeilgeschäft sind auch hier die Betreiber technischer Einrichtungen sowie
die im Instandhaltungsgeschäft tätigen Wettbewerber geschützte Marktteilnehmer im
Sinne von §§ 19, 20 GWB. Bei der Diskriminierung ist zudem wiederum zwischen der
unbilligen Behinderung (§ 20 Abs. 1, 1. Alt. GWB) und der unterschiedlichen Behandlung ohne einen sachlich gerechtfertigten Grund (§ 20 Abs. 1, 2. Alt. GWB) zu unterscheiden.

---

[530] Anders mag der Fall liegen, wenn der Wettbewerber zusätzlich auch Produkte eines anderen konkurrie-
renden Herstellers vertreibt (siehe S. 157 einschließlich Fn. 529).

[531] In der Entscheidung BGH NJW 1974, 141, 142 (EDV-Ersatzteilen) waren Zumutbarkeitserwägungen
ausschlaggebend dafür, dass der Hersteller von Buchungsmaschinen den Wettbewerber, der Konkur-
renzprodukte vertrieb, nicht beliefern musste.

[532] In Märkten, in denen auch kleinere Wettbewerber tätig sind, die neue Anlagen herstellen, liefern und
instand halten, muss es eine solche wechselseitige Lieferverpflichtung nicht in jedem Fall geben. Dies
gilt insbesondere dann, wenn kleinere Konkurrenten neue Anlagen aus am Markt verfügbaren Komponenten herstellen. Hier fehlt es den kleineren Wettbewerbern hinsichtlich der Ersatzteile der von ihnen
hergestellten Anlagen an der marktbeherrschenden Stellung (vgl. als Beispiel KG WuW 9/1992, 755 ff.:
Die in dem Markt von Kälteanlagen tätigen Handwerker stellten die Komponenten nicht selbst her, aus
denen sie Anlagen zusammenbauten, sondern kauften diese im Markt zu.).

[533] Siehe S. 156 f. sowie KG WuW 9/1992, 755, 775 (Kälteanlagen). In der Regel fehlt es hier bereits an
einer marktbeherrschenden Stellung des Herstellers.

aa.   Die Marktbeherrschung in den relevanten Märkten

Missbrauch bzw. Diskriminierung eines Marktteilnehmers bei der Instandhaltung einer technischen Einrichtung im Sinne der §§ 19, 20 Abs. 1 GWB durch einen Hersteller oder seine Vertriebsorganisation setzt wiederum dessen Marktbeherrschung in dem relevanten Markt voraus. Der relevante Markt ist hier regelmäßig der Markt für Reparatur- und Instandhaltungsleistungen, da Betreiber und sonstige Marktteilnehmer nur in diesem Markt ihren Bedarf decken können, den Betrieb der technischen Einrichtung durch Maßnahmen der Instandhaltung zu sichern[534]. Es können also bei Maschinen und Anlagen oder sonstigen technischen Einrichtungen neben den Märkten für das Hauptprodukt sowie für die Originalersatzteile weitere eigenständige Märkte angenommen werden, die sich ausschließlich auf die Instandhaltung beziehen. Diese eigenen Märkte weisen allerdings eine gewisse Nähe zum Markt für die Ersatzteile auf. Überschneidungen liegen dabei in der Natur der Sache, da für die Ausführung insbesondere von Instandsetzungsmaßnahmen im Sinne der DIN 31051 häufig Ersatzteile benötigt werden.

Das Bedarfsmarktprinzip verlangt im Instandhaltungsgeschäft bei der Abgrenzung der relevanten Märkte und deren jeweiliger Marktbeherrschung eine differenzierte Betrachtung. Geht es um technische Einrichtungen, die dergestalt austauschbar sind, dass die Instandhaltung von vielen ausgeführt werden kann, ohne dass diese über besondere Kenntnisse verfügen müssen oder Dokumentation, Werkzeuge und Ersatzteile frei zugänglich sind, ist der relevante Markt die Instandhaltung der konkreten Anlagenart. In diesem Markt ist ein einzelner Hersteller oder seine Vertriebsorganisation zumeist nicht marktbeherrschend im Sinne des § 19 Abs. 2 Nr. 1 GWB, weil es ausreichenden Wettbewerb gibt. Eine Marktbeherrschung kann sich allenfalls aus den sonstigen Tatbeständen des § 19 Abs. 2 Nr. 2 bzw. Abs. 3 GWB (z. B. Vermutung der Marktbeherrschung bei einem Marktanteil von einem Drittel) oder daraus ergeben, dass für einzelne Instandhaltungsleistungen (z. B. das Einspielen von Software für die Steuerung) spezielles Wissen oder besonderes Werkzeug erforderlich ist, über das nur der jeweilige Hersteller der konkreten Anlage verfügt[535].

Anders mag dies dagegen sein, wenn es sich um eine so spezifische technische Einrichtung handelt, dass die Instandhaltung durch den Betreiber oder Wettbewerber die Ausnahme ist, weil diesen die erforderliche Kenntnis fehlt[536]. Vergleichbar zu Originalersatzteilen bezieht sich dann der unter dem Aspekt der Bedarfsdeckung relevante Markt auf die Instandhaltung dieser technischen Einrichtung des Herstellers. Die Marktbeherr-

---

[534] Siehe S. 152 (Bedarfsmarktprinzip).

[535] Vgl. außerhalb der Instandhaltung OLG München, WuW 3/1999, S. 273 ff., wonach der Alleinimporteur von Kraftfahrzeugen bezogen auf Fahrzeugdaten gegenüber Unternehmen, die für die Händler des Herstellers EDV-Programme herstellen und pflegen, marktbeherrschend ist. Das Gericht hat nach dem Bedarfsmarktkonzept quasi die Daten für die eigenen Fahrzeuge als einen eigenen Markt betrachtet hat. Dieser Gedanke kann auf Wartungs- und Reparaturanweisungen und -hilfen übertragen werden, so dass sich der relevante Markt anders abgrenzen und sich auf eben einen solchen Teilaspekt beschränken würde. Eine Marktbeherrschung wäre dann schnell erreicht, wenn andere Marktteilnehmer keinen Zugang zu einer Dokumentation oder einem Werkzeug haben.

[536] Vgl. zur Wartung und Pflege von Hard- und Software Ebel, Kartellrechtlicher Anspruch auf Abschluss eines EDV-Wartungsvertrages ? CR 1987, 273, 274; siehe zur Marktabgrenzung im Bereich der Informationstechnologie auch Wohlgemuth, Computerwartung, S. 237 ff.

schung ergibt sich hier zumeist bereits daraus, dass der Hersteller bzw. seine Vertriebsorganisation wegen des für die Instandhaltung erforderlichen Know-hows und des sich daraus herleitenden Wissensvorsprungs im Sinne des § 19 Abs. 2 Nr. 1 GWB keinem oder keinem wesentlichen Wettbewerb ausgesetzt ist. Bei dieser Marktabgrenzung dürften im Instandhaltungsmarkt tätige Hersteller oder dessen Vertriebsorganisation zudem in dem konkreten Markt häufig über einen Marktanteil von mehr als einem Drittel verfügen, so dass die Marktbeherrschung auch nach § 19 Abs. 3 S. 1 GWB vermutet werden kann[537].

bb. Missbrauch (§ 19 GWB) und Diskriminierung (§ 20 Abs. 1 GWB)

Ist ein Hersteller direkt oder über seinen Vertrieb in dem Instandhaltungsmarkt hinsichtlich der für die Instandhaltung erforderlichen Informationen (Dokumentation) oder Werkzeuge marktbeherrschend, darf er seine Marktmacht nicht missbrauchen, insbesondere andere Marktteilnehmer bei der Ausführung von Instandhaltungsleistungen nicht unbillig behindern, ferner Marktteilnehmer nicht ohne sachlichen Grund ungleich behandeln.

So missbraucht beispielsweise ein im vorgenannten Sinne marktbeherrschender Hersteller Betreiber gegenüber seine Marktmacht, wenn er Instandhaltungsleistungen nicht zu marktgerechten Bedingungen bereitstellt, insbesondere zu solchen, die er im freien Wettbewerb so nicht erzielen würde. Führt er beispielsweise Reparaturen nur zu deutlich überhöhten Preisen aus, ist dies missbräuchlich im Sinne des § 19 GWB[538]. Dies gilt auch dann, wenn er Betreiber beim Abschluss von Instandhaltungsverträgen durch nicht erforderlich lange Laufzeiten oder sonstige Maßnahmen[539] an sich binden will. In beiden Fällen können Betreiber ihre Anlagen zu marktangemessenen Bedingungen nicht betreiben und instand halten. Ein Hersteller behindert Betreiber technischer Einrichtungen auch dann unbillig im Sinne des § 20 GWB, wenn er nur ihm zugängliche Informationen über bestimmte, für die Instandhaltung erforderliche, rechtlich nicht geschützte Daten wie z. B. elektrische Schaltpläne[540] oder Unterlagen wie Wartungs- oder Reparaturanweisungen, die er Betreibern insbesondere nach geltendem Recht bereitstellen muss[541], nicht preisgibt oder einem entsprechenden Herausgabeverlangen nicht nachkommt, um beispielsweise selbst den Auftrag für die Ausführung einer Reparatur zu erhalten.

---

[537] In diesem Sinne muss eine Marktbeherrschung des Herstellers bzw. seiner Vertriebsorganisationen auch in den Fällen angenommen werden, in denen auf dem Instandhaltungsmarkt für eine bestimmte Art von Maschinen oder Anlagen zwar freier Wettbewerb herrscht, eine einzelne Maßnahme, beispielsweise im Bereich der Steuerung aber wegen des besonderen, dafür erforderlichen Know-hows von unabhängigen Kundendienstunternehmen nicht ausgeführt werden kann (siehe die Überlegungen in der IT-Branche, ob hieraus die Verpflichtung erwachsen kann, einen Servicevertrag abschließen zu müssen: Ebel, Kartellrechtlicher Anspruch auf Abschluss eines EDV-Wartungsvertrages ? CR 1987, 273, 275 f.).

[538] Es gelten im Wesentlichen die gleichen Grundsätze wie im Geschäft mit Ersatzteilen (siehe S. 151 ff.)

[539] BKartA WuW/E 1189 (Meto-Handpreisauszeichner).

[540] Bei Software können Wartungsleistungen zumeist nicht ohne den sog. Quellcode ausgeführt werden (vgl. hierzu z. B. Wohlgemuth, Computerwartung, S. 240 ff. sowie S. 224 ff.). In solchen Fällen ist jeweils zu prüfen, ob der Hersteller aus dem Liefervertrag heraus verpflichtet sein kann, die für die Instandhaltung erforderliche Dokumentation zu liefern.

[541] So verpflichtet z. B. die Richtlinie 2006/42/EG (Maschinenrichtlinie) die Hersteller, in der Bedienungsanleitung u. a. Einrichtungs- und Wartungshinweise zu geben (Anhang 1 Ziffer 1742).

Im Fall eines Verstoßes gegen §§ 19, 20 Abs. 1 GWB ist der Hersteller bzw. seine Vertriebseinheit verpflichtet, die für den Betrieb erforderliche Instandhaltungsmaßnahme zu marktangemessenen Bedingungen bereitzustellen. Sind Betreiber für die sichere Funktion einer technischen Einrichtung auf die kontinuierliche Betreuung angewiesen, die nicht durch einzelne Instandhaltungsmaßnahmen, sondern nur durch einen Instandhaltungsvertrag sichergestellt werden kann, mag der Hersteller direkt oder über seinen Vertrieb verpflichtet sein, einen Servicevertrag mit dem Betreiber abzuschließen[542].

Sind in der Instandhaltung tätige Wettbewerber nicht in der Lage, Wartungs- und Instandsetzungsarbeiten auszuführen, und weigert sich der Hersteller, diese bei der Instandhaltung zu unterstützen, ist dies wettbewerbswidrig im Sinne des § 20 Abs. 1, 1. Alt. GWB, wenn der Wettbewerber dadurch unbillig behindert wird. Anders als im Verhältnis zu Betreibern, mit denen ein marktbeherrschender Hersteller nicht in einem Wettbewerbsverhältnis steht, muss hier allerdings berücksichtigt werden, dass es nicht Zielsetzung des § 20 GWB ist, Wettbewerb zu fördern[543]. Können also Wettbewerber die technischen Einrichtungen eines Herstellers instand halten, behindert dieser Wettbewerber nicht deshalb, weil er für die von ihm selbst hergestellten Erzeugnisse über bessere Möglichkeiten der Instandhaltung verfügt. Erleichtert beispielsweise ein Werkzeug die Wartung einer Anlage oder ist das eigene Personal besser geschult, hat der Hersteller den Vorteil wettbewerbskonform erworben. Schließt dies den Wettbewerber nicht vollständig von dem Markt aus, darf der Hersteller auch bei einer marktbeherrschenden Stellung[544] diesen Wettbewerbsvorteil für sich nutzen[545].

Eine unbillige Behinderung im Sinne des § 20 Abs. 1, 1. Alt. GWB wird man im Verhältnis zu Wettbewerbern daher nur dann annehmen können, wenn der oder die Wettbewerber nicht in der Lage sind, bestimmte Instandhaltungsmaßnahmen auszuführen, weil rechtlich nicht geschütztes Know-how des Herstellers betroffen ist, das dieser nicht preisgeben möchte, oder weil die technische Einrichtung Gestaltungsmerkmale aufweist, die die Ausführung einer Instandhaltungsmaßnahme nicht zulässt bzw. erschwert. Rechtsfolge einer solchen unbilligen Behinderung gegenüber Wettbewerbern ist wiederum in erster Linie deren Beseitigung durch Bereitstellung erforderlicher Leistungen (Unterlagen, ggf. Werkzeuge etc.) zu marktangemessenen Bedingungen, ggf. auch die Ausführung einer Instandhaltungsmaßnahme als Nachunternehmer des Wettbewerbers.

---

[542] Einen Anspruch bejahte der BGH grundsätzlich in: BGH NJW 1974, 2236, 2236 (Schreibautomat); siehe auch die Ausführungen von Ebel, Kartellrechtlicher Anspruch auf Abschluss eines EDV-Wartungsvertrages ? CR 1987, 273, 276 f.; zum Diskussionsstand bei der Softwarepflege Moritz, Der Softwarepflegevertrag – Abschlusszwang und Schutz vor Kündigung zur Unzeit, CR 1999, 541 ff. sowie Zahrnt, Abschlusszwang und Laufzeit beim Softwarepflegevertrag, CR 2000, 205 ff.; siehe auch LG Köln NJW-RR 1999, 1285 ff. sowie Schneider, EDV-Handbuch K Rz. 92 ff. (Softwarepflege); zu den Rechtsfolgen im Einzelnen S. 164 f.;

[543] Siehe S. 156.

[544] In dem Beispielsfall kann bereits an einer Marktbeherrschung gezweifelt werden. Zudem mögen andere Hersteller hinsichtlich ihrer eigenen Anlagen einen ähnlichen Wettbewerbsvorteil haben, so dass sich dies in einem Instandhaltungsmarkt für eine bestimmte Art von Anlagen, in dem Wettbewerb herrscht, wieder ausgleicht, solange Betreiber keinen Nachteil erleiden. Auch dies ist bei der im Rahmen des § 20 GWB erforderlichen Interessenabwägung zu berücksichtigen.

[545] OLG Stuttgart WuW 1/1998, 60, 61.

Im Instandhaltungsmarkt marktbeherrschende Hersteller dürfen ferner einzelne Markt-teilnehmer im Sinne des § 20 Abs. 1, 2. Alt. GWB nicht ohne einen sachlich gerechtfer-tigten Grund mittelbar oder unmittelbar unterschiedlich behandeln. Hierbei sind im We-sentlichen die Grundsätze zu beachten, die für das Ersatzteilgeschäft gelten[546].

Ein Hersteller bzw. seine Vertriebsorganisation kann im Einzelfall einen sachlich ge-rechtfertigten Grund haben, sich gegenüber dem Betreiber einer Anlage zu weigern, In-standhaltungsleistungen auszuführen oder einen Instandhaltungsvertrag abzuschließen. Dies hat die Rechtsprechung z. B. für den Fall erörtert, dass ein Dritter die technische Einrichtung umgebaut hat[547]. Ist der Umbau dagegen mit Wissen des Herstellers bzw. der Vertriebseinheit ausgeführt worden und der Betreiber zur Instandhaltung nicht in der La-ge, darf der marktbeherrschende Hersteller die Durchführung von Instandhaltungsleistun-gen nicht verweigern. Soweit dies für den Betrieb der Anlage ausnahmsweise erforderlich ist, muss er zudem mit dem Betreiber einen Instandhaltungsvertrag zu Marktbedingungen abschließen[548].

Sachlich nicht gerechtfertigt ist es dagegen regelmäßig, Instandhaltungstätigkeiten allein deswegen nicht ausführen zu wollen, weil der Betreiber herstellerfremde Zusatzgeräte an die Anlage angeschlossen hat[549]. Hier bedarf es vielmehr besonderer Gründe in den Ei-genschaften des Zusatzgerätes, die den Hersteller berechtigten, Instandhaltungsleistungen nicht auszuführen. Ein Grund kann z. B. in der konkreten Gefahr bestehen, dass der gute Ruf des Herstellers durch die Instandhaltung der mit einem fremden Zusatzgerät versehe-nen technischen Einrichtung konkret beeinträchtigt werden kann, wenn Fehlleistungen infolge des Zusatzgerätes nicht auszuschließen sind.

Ist ein Hersteller nicht bereit, mit einem Betreiber einen Instandhaltungsvertrag abzu-schließen, ist dies nicht wettbewerbswidrig im Sinne des § 20 Abs. 1, 2. Alt. GWB, wenn der Betreiber sein wirtschaftliches Interesse in anderer Weise sicherstellen kann. So ist z. B. das Angebot des Herstellers ausreichend, den Betreiber bei der Vornahme eigener Wartungsarbeiten von Fall zu Fall zu unterstützen, wenn dadurch die Anlage sicher und kontinuierlich betrieben werden kann[550].

c.   Die Koppelung von Liefer- und Instandhaltungsvertrag

Hersteller vertreiben zumeist ihre technischen Einrichtungen und sind auch in den Fol-gemärkten tätig. Dies sind insbesondere der Markt für Ersatz- und Zubehörteile sowie der Instandhaltungsmarkt. Verkauft ein marktbeherrschender Hersteller seine technischen Einrichtungen nur zusammen mit Ersatzteilen bzw. Zubehör oder nur in Verbindung mit

---

[546] Siehe S. 156 ff. für das Verhalten gegenüber Betreibern sowie Wettbewerbern.

[547] BGH NJW 1974, 2236, 2237 (Schreibautomat).

[548] In seiner Entscheidung BGH NJW 1974, 2236, 2237 (Schreibautomat) hat der BGH die Verpflichtung zum Abschluss eines Wartungsvertrages im Ergebnis allerdings verneint.

[549] Siehe allgemein zu Kopplungen Immenga/Mestmäcker-Markert § 20 GWB Rd. 200 f..

[550] Der BGH hat in der Entscheidung NJW 1974, 2236, 2237 (Schreibautomat) nicht weiter geprüft, ob sich in dem konkreten Fall trotz des Umbaus des Gerätes durch einen Dritten u. a. aus § 20 Abs. 1 GWB die Verpflichtung zur Unterstützung ergeben kann. Dies hatte der Hersteller von sich aus angeboten.

einem Kundendienstvertrag, kann dies missbräuchlich im Sinne der §§ 19, 20 Abs. 1 GWB sein, da er den Erwerber zwingt, ein weiteres, für ihn unnützes Geschäft einzugehen, will dieser das Hauptprodukt erwerben[551].

Voraussetzung für ein wettbewerbswidriges Verhalten ist zunächst auch hier die Marktbeherrschung des Herstellers im Sinne des § 19 GWB. Anders als bei den Erwägungen zu Ersatzteilen sowie Instandhaltungsleistungen[552] kommt es bei der Marktabgrenzung hier jedoch nicht auf diese dem Hauptprodukt nachgeordneten Märkte für Ersatzteile bzw. Instandhaltungsleistungen an, sondern auf den Markt des Hauptprodukts selbst. Da der Hersteller in diesem Markt mit Herstellern vergleichbarer technischer Einrichtungen im Wettbewerb steht, dürfte eine Marktbeherrschung im Sinne des § 19 Abs. 2 GWB im Erstmarkt (Markt des Hauptproduktes) seltener gegeben sein, als dies in den Folgemärkten der Ersatzteile sowie der Instandhaltung der Fall ist. Dies gilt auch für die Vermutungstatbestände des § 19 Abs. 3 GWB.

Ist ein Hersteller auf dem Markt des Hauptprodukts marktbeherrschend, besteht regelmäßig kein Grund, Kunden bei Erwerb einer technischen Einrichtung z. B. auf den Abschluss eines Instandhaltungsvertrages oder den Bezug von Zubehör bzw. Ersatzteilen zu verpflichten. Dient eine solche Koppelung lediglich der Steigerung des Umsatzes auf den nachgeordneten Märkten, missbraucht der marktbeherrschende Hersteller seine Marktmacht insbesondere gegenüber Betreibern technischer Einrichtungen im Sinne der §§ 19, 20 Abs. 1 GWB.

Die Koppelung des Verkaufs einer Anlage an den Bezug ihrer Ersatzteile bzw. an den Abschluss eines Instandhaltungsvertrages mag nicht in jedem Fall missbräuchlich sein. So können ggf. besondere Gründe für die Verwendung von Zubehör- oder Ersatzteilen des Herstellers bzw. den Abschluss eines Instandhaltungsvertrages sprechen, da anderenfalls die Funktionsfähigkeit der Anlage oder der gute Ruf des Herstellers gefährdet ist[553]. Zulässig ist es auch, dass ein Hersteller mit der Bindung an einen Instandhaltungsvertrag die Verjährungsfrist für Mängelansprüche verlängert (vgl. z. B. die für die Gebäudetechnik wichtige Regelung in § 13 Abs. 4 Nr. 2 VOB/B, die die Wahl der Verjährungsfrist allerdings dem Auftraggeber der Bauleistung überlässt).

---

[551] Immenga/Mestmäcker-Markert § 20 GWB Rd. 200 ff.
[552] Vgl. S. 152 sowie S. 159 f.
[553] Immenga/Mästmäcker-Markert, § 20 GWB Rd. 201. Die Wettbewerbswidrigkeit kann sich auch aus den Art. 101, 102 AEUV ergeben, wenn durch das Verhalten der Handel zwischen den Mitgliedstaaten beeinträchtigt wird. Anerkannt ist, dass im Sinne des europäischen Kartellrechts der Vertrieb von Bohrmaschinen mit dazugehörigen Kartuschen (Komm Abl. 1988 L 65/19, 36 – Hilti) sowie der Vertrieb von Armaturen bei Verpflichtung zur Installation derselben durch das gleiche Unternehmen (Komm Abl. 1985 L 19/17, 19 – Grohe) unzulässig ist. Insbesondere der zweite Fall, bei dem der Hersteller sein Produkt zusammen mit der Installationsdienstleistung vertrieb, zeigt Parallelen zum Servicegeschäft auf. Ein marktbeherrschendes Unternehmen, das seine Anlagen nur zusammen mit dem Abschluss eines Wartungsvertrages anbietet, kann somit nicht nur gegen § 20 Abs. 1 GWB, sondern bei einer entsprechenden Beeinträchtigung des Handels zwischen den europäischen Mitgliedstaaten auch gegen Art. 102 AEUV verstoßen.

d.   Rechtsfolgen bei Verstoß gegen §§ 19, 20 GWB

aa.   Der Unterlassungs- und Schadensersatzanspruch gemäß § 33 GWB

Ein Unternehmen, das gegen eine Vorschrift des GWB verstößt, ist betroffenen Markt-teilnehmern gegenüber zu Beseitigung des Verstoßes und zur Unterlassung weiterer Ver-stöße verpflichtet (§ 33 Abs. 1 GWB). Handelt das normverletzende Unternehmen dabei fahrlässig oder vorsätzlich, hat es gemäß § 33 Abs. 3 GWB dem Betroffenen den aus dem Verstoß entstandenen Schaden zu ersetzen.

Im Instandhaltungsgeschäft hat § 33 GWB zur Folge, dass bei einem Verstoß gegen § 20 GWB der Unterlassungsanspruch zu der Verpflichtung des marktbeherrschenden bzw. marktstarken Unternehmens führt, den unzulässig benachteiligten Marktteilnehmer zu marktangemessenen Bedingungen zu versorgen, sei dies die Lieferung von Originaler-satzteilen, die Herausgabe von Wartungs- und Reparaturhinweisen oder die ggf. vergü-tungspflichtige Weitergabe von Servicetools bzw. Ausführung von Instandhaltungslei-stungen (sog. Kontrahierungszwang[554]). Marktangemessen heißt dabei u. a., den Betrei-ber bzw. den im Instandhaltungsmarkt tätigen Wettbewerber nicht mit einem überhöhten Preis zu versorgen sowie Lieferzeiten nicht in einer Weise auszudehnen, die einer fakti-schen Liefersperre gleichkommt. Gerade im Instandhaltungsgeschäft ist Schnelligkeit bei der Lieferung von Ersatzteilen von erheblicher Bedeutung, so dass eine bewusst lange Lieferzeit wie eine Lieferverweigerung wirken kann. Bezieht sich die Diskriminierung auch auf den Einbau des Ersatzteils, führt der Unterlassungsanspruch zur Verpflichtung des Herstellers oder seiner Vertriebsgesellschaft, das Ersatzteil zu liefern und einzubauen oder jedenfalls die hierfür erforderliche Unterstützung zu leisten[555]. Die Verpflichtung zum Einbau des Ersatzteils besteht allerdings in der Regel nur gegenüber Betreibern technischer Einrichtungen, nicht dagegen gegenüber Wettbewerbern. Eine Ausnahme kann allenfalls dann in Betracht kommen, wenn der Wettbewerber nicht über die erfor-derliche Qualifikation verfügt, beispielsweise ein kompliziertes und hoch empfindliches Ersatzteil in die Steuerung einer Anlage einzubauen[556].

Der Schadensersatzanspruch, der dem betroffenen Marktteilnehmer bei fahrlässigem oder vorsätzlichem Verstoß zusteht, kann durchaus erheblich sein, wenn der Betreiber einer technischen Einrichtung diese wegen einer Liefersperre nicht betreiben kann und deswe-gen Umsatzeinbußen hinnehmen muss.

bb.   Die Befugnisse der Kartellbehörde gemäß §§ 32 ff., 81 ff. GWB

Neben diesem Unterlassungs- und Schadensersatzanspruch des durch §§ 19, 20 GWB geschützten Betreibers bzw. Wettbewerbers besteht zudem die Möglichkeit, dass die Kar-

---

[554] Bechtold, § 20 GWB Rd. 64, 66; Immenga/Mestmäcker-Markert § 20 GWB Rd. 231 ff.
[555] Vgl. S. 160 ff.; siehe zur Verpflichtung des Herstellers bzw. seiner Vertriebsorganisation, im Einzelfall auch einen Instandhaltungsvertrag abzuschließen, insbesondere S. 161 (dort auch Fn. 542 m. w. N.).
[556] Ist der Wettbewerber generell nicht ausreichend qualifiziert, kann sich hieraus ggf. wiederum eine Lie-ferverweigerung des Herstellers ergeben (S. 157).

tellbehörde das gegen §§ 19, 20 GWB verstoßende Unternehmen verpflichtet, das wettbewerbswidrige Verhalten abzustellen (§ 32 GWB). Weiterhin kann die Kartellbehörde bei einem vorsätzlichen oder fahrlässigen Verstoß gegen Vorschriften des GWB oder gegen Verfügungen der Kartellbehörde den Vorteil abschöpfen, den das Unternehmen aus dem Verstoß erzielt (§ 34 Abs. 1 GWB), soweit der Mehrerlös insbesondere nicht bereits durch Schadensersatzleistungen (§ 33 GWB) oder durch eine Geldbuße (§ 81 Abs. 1 Nr. 1 GWB) ausgeglichen worden ist (§ 34 Abs. 2 GWB). Die Höhe des Mehrerlöses kann dabei durch die Kartellbehörde geschätzt werden (§ 34 Abs. 4 GWB).

Weiterhin ist der vorsätzliche oder fahrlässige Verstoß gegen § 20 GWB ordnungswidrig nach § 81 Abs. 2 Nr. 1 GWB und kann von der Kartellbehörde mit einer Geldbuße geahndet werden[557].

---

[557] Gegen Unternehmen verhängte Geldbußen sind z. T. sehr hoch, da diese über die Grundvorschrift des § 80 Abs. 4 S. 1 GWB hinaus gemäß § 80 Abs. 4 S. 2 GWB in Abhängigkeit zum Umsatz des Unternehmens festgelegt werden und maximal zehn Prozent des Gesamtumsatzes des der Entscheidung der Kartellbehörde vorausgegangenen Geschäftsjahres betragen können.

2.   Instandhaltung und Betriebsübergang gemäß § 613a BGB

Technische Einrichtungen werden von den jeweiligen Betreibern selbst oder von Instandhaltungsunternehmen, seien diese der Hersteller oder sonstige Dritte, instand gehalten. Häufig vermischen sich Aufgaben auch, weil der Betreiber beispielsweise seine Anlagen zwar selbst wartet sowie ggf. kleinere Instandsetzungsarbeiten ausführt, schwierige Aufgaben aber dann doch z. B. dem Hersteller überlässt. Betreiber technischer Einrichtungen, insbesondere produzierende Unternehmen verfügen also in aller Regel über eigene Instandhaltungsabteilungen, vielfach heute auch in ausgelagerten, aber unternehmenszugehörigen Einheiten. Beabsichtigt der Betreiber in einem solchen Fall beispielsweise, für die Instandhaltung zukünftig ausschließlich einen Dritten einzusetzen, sei dies der Hersteller oder ein unabhängiger Servicepartner, oder weitere Tätigkeiten auf diesen zu übertragen, muss die Vorschrift des § 613a BGB zum Betriebsübergang im Auge behalten werden. Dies gilt insbesondere dann, wenn Mitarbeiter der bisher eigenen Instandhaltungsabteilung ganz oder teilweise von dem Dritten übernommen und/oder sächliche Betriebsmittel genutzt werden sollen. Eine solche Fremdvergabe bisher selbst ausgeführter Instandhaltung technischer Einrichtungen kann nämlich ein Betriebsübergang im Sinne von § 613a BGB sein. Dieser löst Rechtsfolgen aus, die von dem Instandhaltungsunternehmen und dem Betreiber, der die Instandhaltung mit eigenem Personal aufgibt, zu beachten sind.

Ein Betriebsübergang kann auch vorliegen, wenn ein Instandhaltungsunternehmen im Wettbewerb um die erneute Vergabe der Instandhaltung einem anderen Anbieter unterliegt (Auftragsnachfolge). In der Praxis ist die Neuvergabe der Instandhaltung allerdings nur in Ausnahmefällen ein Betriebsübergang. Er kommt dann in Frage, wenn bei größeren Industrieanlagen oder Gebäudeeinheiten, bei denen die Instandhaltung für eine Vielzahl von Maschinen oder Anlagen neu vergeben wird, Personal und ggf. auch vorhandenes Werkzeug sowie sonstige Betriebsmittel wie Ersatzteile etc. durch den neuen Dienstleister übernommen werden sollen. Ferner kommen im Servicebereich Betriebsübergänge im Sinne des § 613a BGB in Betracht, wenn Unternehmen sich entschließen, eine Serviceeinheit, die Dienstleistungen bei den Kunden erbringt, vollständig auf einen Dritten zu übertragen[558].

Zu Voraussetzungen und Rechtsfolgen eines solchen Betriebsübergangs gibt es umfangreiche Rechtsprechung und juristische Literatur[559], die allerdings einem raschen Wandel unterliegt. Instandhaltungsunternehmen und Betreibern von Anlagen kann daher nur empfohlen werden, in einer konkreten Situation, in der ein Betriebsübergang im Raume stehen mag, rechtlichen Rat einzuholen, da Fallgestaltungen im Tatsächlichen vielschichtig und die rechtlichen Auswirkungen erheblich sein können.

---

[558] Siehe den Sachverhalt zu BAG NZA 1/2007, VII: der Bereich ‚Field-Service', der für die Wartung von Kundengeräten verantwortlich war, ist auf ein Drittunternehmen übertragen worden.

[559] Einen guten Überblick bieten Schiefer/Worzalla, Betriebsübergang (§ 613a BGB) – Fragen über Fragen, DB 2008, S. 1566 ff.

a.   Outsourcing der Instandhaltung eigener Maschinen und Anlagen

Betreiber entschließen sich immer wieder, die Instandhaltung ihrer technischen Einrichtungen Dritten zu übertragen. Gründe hierfür mögen hohe eigene Kosten, technischer Fortschritt des Maschinenparks, der teures, spezialisiertes Personal erfordert, und der Trend sein, die eigenen Kernkompetenzen zu hinterfragen.

aa.   Voraussetzungen für einen Betriebsübergang

(1)   Die Rechtsprechung des EuGH zum Betriebsübergang

Ein Betriebsübergang im Sinne des § 613a BGB verlangt den Übergang eines Betriebs oder Betriebsteils durch Rechtsgeschäft auf einen anderen Inhaber. Betrieb oder Betriebsteil[560] ist dabei eine auf Dauer angelegte wirtschaftliche Einheit im Sinne einer organisierten Zusammenfassung von Ressourcen zur Verfolgung einer wirtschaftlichen Haupt- oder Nebentätigkeit[561]. Eine solche wirtschaftliche Einheit geht im Sinne des § 613a BGB auf einen anderen Inhaber über, wenn diese Einheit bei dem Übergang ihre Identität wahrt. Ob diese Voraussetzungen im konkreten Fall vorliegen, ist dabei jeweils durch eine Gesamtbetrachtung zu ermitteln. Wesentliche Kriterien für die dabei erforderliche Abwägung sind in den letzten Jahrzehnten durch die Rechtsprechung des EuGH zu der entsprechenden Richtlinie der Europäischen Gemeinschaft geprägt worden[562]. Diese Rechtsprechung war nicht immer konsistent und gab Anlass zur Kritik[563].

(2)   Die Bedeutung der menschlichen Arbeitskraft

In bestimmten Branchen ergeben sich Besonderheiten, wenn die Arbeitskraft ein wesentlicher Faktor ist, der die Tätigkeit und damit die wirtschaftliche Einheit im Sinne eines Betriebs oder Betriebsteils ausmacht (sog. nicht betriebsmittelgeprägte Betrieb)[564]. Die Instandhaltung produktionsrelevanter Maschinen und Anlagen in einem Industrieunter-

---

[560] Der Begriff des Betriebsteils ist weiter auszulegen als der in den §§ 4, 111 BetrVG, § 15 KSchG verwendete Begriff; vgl. die Ausführungen in BAG DB 1988, 712, 713 sowie bei Schaub-Vogelsang, Arbeitsrechts-Handbuch, § 18 I., Rd. 1. und § 118 II. 1., Rd. 13 ff.

[561] Vgl. Art. 1b Teil I der Richtlinie 98/50/EG, die die Richtlinie 77/187/EWG zusammen mit der Richtlinie 01/23/EG ergänzt.

[562] Eine Übersicht über die Rechtsprechung des BAG wie auch des EuGH bietet Küttner-Kreitner, Betriebsübergang Rd. 10.

[563] Siehe z. B. EuGH NZA 1994, 545 f. (Christel-Schmidt), EuGH NZA 2003, 1385 ff. (Abler), EuGH NZA 2006, 29 ff. (Güney-Görres); zuletzt und für die Instandhaltung ggf. nicht ohne Bedeutung EuGH NZA 2009, 251 ff. (Klarenberg). Danach ist der Fortbestand des Betriebsteils bei dem Erwerber nicht mehr zwingende Voraussetzung für einen Betriebsübergang, solange jedenfalls funktionelle Verknüpfungen übertragener Betriebsmittel fortbestehen (siehe zu den Folgen dieses Urteils auch Salamon/Hoppe, Die Maßgabe der fortbestehenden Organisationsstrukturen für den Betriebsübergang nach „Klarenberg", NZA 2010, 989 ff.).

[564] Andere Bereiche sind die Gebäudereinigung, das Bewachungsgewerbe, qualifizierte Dienstleistungen im Bereich der IT oder in einem Call-Center (siehe zu letzteren BAG DB 2009, 2554).

nehmen oder der Gebäudetechnik in einem Einkaufszentrum wird man in diesem Sinne als eine nicht betriebsmittelgeprägte Tätigkeit verstehen können, die damit den Instandhaltungsbetrieb oder den entsprechenden Betriebsteil prägen[565]. Ein Betriebsübergang im Sinne des § 613a BGB kann in solchen Fällen eines nicht betriebsmittelgeprägten Betriebes angenommen werden, wenn der neue Betriebsinhaber die betreffende Tätigkeit mit nach Zahl und Sachkunde wesentlichen Teilen des bisherigen Personals weiterführt[566].

(3)   Instandhaltungsabteilungen als wirtschaftliche Einheiten

Die Instandhaltung wird in Unternehmen häufig in einem eigenen Betriebsteil und damit in einer wirtschaftlichen Einheit im Sinne der Rechtsprechung zu § 613a BGB organisiert. Voraussetzung ist dabei, dass die Instandhaltung in dem Unternehmen als eine Einheit zusammengefasst ist. Dies betrifft insbesondere das Zusammenführen der Mitarbeiter unter eine einheitliche Leitung (Instandhaltungsabteilung), unter der diese mit Ersatzteilen, Schmierstoffen, Werkzeugen etc. Instandhaltungstätigkeiten ausüben und dabei das Ziel verfolgen, technische Einrichtungen des Unternehmens betriebsbereit zu halten. In diesem Sinne kann eine Instandhaltungsabteilung auch aus mehreren wirtschaftlichen Einheiten bestehen, wenn diese wiederum als organisatorische Untergliederungen abgrenzbar sind und verschiedene Anlagen oder Maschinen instand halten. Besteht beispielsweise in einem größeren Industrieunternehmen die Instandhaltungsabteilung aus einer Vielzahl von Mitarbeitern, die Maschinen und Anlagen betreuen, die direkt der Produktion dienen (Werkzeugmaschinen etc.), während andere Mitarbeiter die Gebäudetechnik (Förder- und Klimatechnik) sowie die sonstigen technischen Einrichtungen wie z. B. Gabelstapler, Hochregallager etc. instand halten, kann ggf. jede dieser Untergliederungen eine wirtschaftliche Einheit im Sinne des § 613a BGB sein. Gleiches mag für Informatikabteilungen gelten, die unterschiedliche IT-Anlagen betreuen. Sind dagegen die Instandhaltungstätigkeiten auf verschiedene Abteilungen verteilt und werden die Tätigkeiten dezentral erbracht, fehlt es bereits an einer wirtschaftlichen Einheit[567]. Fragen zum Betriebsübergang stellen sich beim outsourcing der Instandhaltung dann nicht.

(4)   Die Wahrung der wirtschaftlichen Einheit bei der
Fremdvergabe der Instandhaltung

Überträgt ein Unternehmen eine solche als wirtschaftliche Einheit zusammengefasste Instandhaltungsabteilung auf ein Serviceunternehmen, findet im Rechtssinne ein Betriebsübergang im Sinne des § 613a BGB statt, wenn das übernehmende Instandhaltungs-

---

[565] Ersatzteile, Schmierstoffe und Werkzeuge spielen vergleichbar zur Telefonanlage in einem Call-Center (vgl. BAG DB 2009, 2554) eine eher untergeordnete Rolle für die wirtschaftliche Wertschöpfung.

[566] EuGH NZA 1997, 433 f.; BAG NZA 1998, 251 ff.

[567] EuGH NZA 1997, 433 f.: unter wirtschaftlicher Einheit darf nicht die bloße Tätigkeit verstanden werden, so dass allein die Funktionsnachfolge grundsätzlich keinen Betriebsübergang darstellt (vgl. zur Abgrenzung Küttner-Kreitner, Betriebsübergang, Rd. 11); siehe auch BAG NZA 1998, 253, 254: ein Teilbetriebsübergang setzt voraus, dass die übernommene Einheit (Betriebsmittel, Personal etc.) bereits bei dem früheren Betriebsinhaber die Qualität eines Betriebsteil gehabt haben muss.

unternehmen funktionell entweder vollständig oder zu einem wesentlichen Teil die im abgebenden Unternehmen vorhandene Instandhaltungseinheit übernimmt und dabei deren Identität wahrt.

Ob die Fremdvergabe der Instandhaltung im konkreten Fall als ein Betriebsübergang der bisher vorhandenen Instandhaltungsabteilung gewertet werden muss, ist durch eine Gesamtbetrachtung zu ermitteln[568]. Der Weiterbeschäftigung des bisherigen Personals durch das übernehmende Instandhaltungsunternehmen kommt dabei erhebliche Bedeutung zu, da die Instandhaltung von der menschlichen Arbeitskraft geprägt ist (nicht betriebsmittelgeprägter Betrieb)[569]. Ein Betriebsübergang ist daher regelmäßig anzunehmen, wenn Mitarbeiter übernommen werden, die bei dem bisherigen Unternehmen in der Instandhaltungseinheit gearbeitet haben und ihre Tätigkeit im wesentlich ähnlich organisiert fortführen. Ist dies der Fall, weisen Tatsachen wie die Übernahme von Werkzeugen, Schmiermittel und dergleichen als weitere Kriterien auf einen Betriebsübergang im Sinne des § 613a BGB hin. Unerheblich ist dabei, dass Instandhaltungsverträge in der Regel zeitlich befristet abgeschlossen werden bzw. kündbar sind. Auch Änderungen im Ablauf der Tätigkeiten, wie beispielsweise die Wahl eines anderen Wartungsintervalls, die Verpflichtung, vor einer Reparatur ein Angebot zu erarbeiten sowie der Einsatz anderer Werkzeuge sind von untergeordneter Bedeutung. Schwerer wiegen bei der vorzunehmenden Abwägung vielmehr die Natur der Instandhaltungsleistung, die als dauerhafte Tätigkeit betrachtet werden kann[570], und die Übernahme von Fachpersonal von dem bisherigen Betriebsinhaber.

Für die Praxis ergibt sich hieraus, dass der Abschluss eines Instandhaltungsvertrages, mit dem erstmals die Instandhaltung technischer Einrichtungen eines Unternehmens übernommen wird, kein Betriebsübergang im Sinne des § 613a BGB ist, wenn das Serviceunternehmen mit eigenem Personal und eigenen Sachmitteln tätig wird[571]. Auch die Übertragung lediglich von Sachmitteln ist im Instandhaltungsgeschäft im Regelfall kein Betriebsübergang. So genügen im Maschinenbau die Übertragung verbliebener Ersatzteile[572], in der Informationstechnologie die bloße Übernahme von Programmen und Dateien[573] nicht, um einen Betriebsübergang annehmen zu können. Auch die Übernahme von Personal muss nicht notwendig zu einem Betriebsübergang führen[574]. Problematisch sind allerdings Fallgestaltungen, bei denen Mitarbeiter der bisherigen Instandhaltungseinheit im abgebenden Betrieb in anderen Bereichen des Kundendienstunternehmens eingesetzt werden und nicht mit ihrer bisherigen Tätigkeit in Berührung kommen. Verlangt der

---

[568] Siehe S. 167.
[569] Siehe S. 167 f.
[570] Gaul, Aktuelles Arbeitsrecht 1998, S. 187 für die Reinigung oder Bewachung von Objekten, die Bewirtschaftung einer Betriebskantine oder die Lohn- und Gehaltsabrechnung.
[571] BAG DB 1998, 930 f. zu der Fremdvergabe der Kundendienstabteilung einer Kaufhauskette ohne Übernahme von Personal und Sachmitteln.
[572] BAG DB 1998, 1137 = NZA 1998, 638 ff. zur Übernahme von Sicherheitseinrichtungen bei Neuvergabe eines Bewachungsauftrages; BAG EzA § 613a BGB Nr. 153 = NZA 1998, 31 ff. zur Übernahme von Mobiliar im Gaststättengewerbe.
[573] BAG NZA 1998, 253 f. zur Übernahme von DV-Programmen und Dateien bei Dienstleistungen im IT-Bereich eines seinen Geschäftsbetrieb einstellenden Unternehmens.
[574] BAG DB 1999, 537 ff. = ZIP 1999, 632 ff. u. a. zur Einführung neuer Ablauf- und Arbeitsorganisationen.

Betreiber, der Instandhaltungsleistungen erstmals fremdvergeben will, von dem Instandhaltungsunternehmen die Übernahme von Personal, um bei Auflösung seiner Instandhaltungsabteilung Sozialkosten zu sparen, ließe sich durch eine Beschäftigung in anderen Bereichen ein Betriebsübergang auf den ersten Blick vermeiden, während die übernommenen Mitarbeiter weiterhin über Beschäftigung verfügen. Nach neuerer Rechtsprechung des EuGH kommt ein Betriebsübergang allerdings auch dann in Betracht, wenn zwar die bisherige konkrete Organisation nicht beibehalten, aber die funktionelle Verknüpfung der Wechselbeziehungen und gegenseitigen Faktoren fortgeschrieben wird und der Erwerber mit diesen Faktoren derselben oder einer gleichartigen Tätigkeit nachgeht[575]. Auch bei dem Einsatz übernommener Mitarbeiter außerhalb des abgebenden Betriebes muss daher sorgfältig geprüft werden, ob ein Betriebsübergang vorliegt.

bb. Rechtsfolgen des Betriebsübergangs

Ein Betriebsübergang hat weitreichende Rechtsfolgen. Diese können und sollen hier nicht umfassend dargestellt werden. Die nachfolgenden Ausführungen dienen lediglich als Überblick.

(1) Eintritt in die Arbeitsverhältnisse

Bei einem Betriebsübergang im Sinne des § 613a BGB tritt der neue Inhaber des Betriebs oder Betriebsteils in die Rechte und Pflichten aller zum Zeitpunkt des Übergangs bestehenden Arbeitsverhältnisse ein (§ 613a Abs. 1 S. 1 BGB). Dieser Eintritt des neuen (Teil)Betriebsinhabers in die Arbeitsverhältnisse vollzieht sich kraft Gesetzes. Er findet also auch dann statt, wenn der neue und der ehemalige (Teil)Betriebsinhaber diese Rechtsfolge nicht oder nur für einen Teil der Belegschaft gewollt haben. Der Eintritt in die Arbeitsverhältnisse hat zur Folge, dass der neue Betriebsinhaber für alle arbeitsvertraglichen Ansprüche aus dem Arbeitsverhältnis haftet, ohne dass dabei die Fälligkeit und der Zeitpunkt, zu dem der Anspruch entstanden ist, eine Rolle spielen. Der Eintritt in die Arbeitsverhältnisse lässt sich auch durch Vereinbarung nicht ausschließen. Mit dem Übergang des Betriebs und dem Eintritt des neuen Inhabers in die Arbeitsverhältnisse enden zugleich die Arbeitsverhältnisse bei dem bisherigen Arbeitgeber. Der bisherige Arbeitgeber haftet den Arbeitnehmern gegenüber allerdings gemeinsam mit dem neuen Betriebsinhaber für die in § 613a Abs. 2 BGB näher bezeichneten Ansprüchen fort.

Folge dieses Eintritts in die Arbeitsverhältnisse ist ein weitreichender Bestandsschutz zugunsten übernommener Arbeitnehmer. Diese behalten ihre Entgeltansprüche aus ihren bisherigen Arbeitsverhältnissen sowie sonstige sich aus den Arbeitsverträgen ergebende Ansprüche einschließlich erworbener Anwartschaften. Betriebszeiten werden angerech-

---

[575] EuGH, NZA 2009, 251 ff.; siehe auch S. 167 Fn. 563. Diese weitere Konkretisierung des EuGH mag die Gestaltung der Auslagerung einer Instandhaltungsabteilung auf einen Dritten erschweren, wenn dabei insbesondere Personal übernommen werden soll, das dann nicht zwingend im bisherigen Tätigkeitsbereich eingesetzt wird. Die normale Einroutung ‚mitgenommener' Servicetechniker in bereits vorhandene Wartungsrouten sollte allerdings dennoch möglich sein, ohne dass es zu einem Betriebsübergang kommt.

net, Ansprüche beispielsweise aus betrieblicher Übung gehen über, auch wenn der neue Betriebsinhaber diese nicht kennt[576]. Für die im bisherigen Betrieb bestehenden Rechte und Pflichten, die sich aus Tarifverträgen sowie Betriebsvereinbarungen ergeben, wird für eine Übergangszeit Schutz gewährt. Kollektive Rechte und Pflichten im alten Betrieb werden Inhalt des Arbeitsverhältnisses zwischen dem neuen Inhaber und dem Arbeitnehmer (sog. Transformation)[577] und dürfen nicht vor Ablauf eines Jahres nach dem Zeitpunkt des Übergangs zum Nachteil des Arbeitnehmers geändert werden (§ 613a Abs. 1 S. 2 BGB)[578]. Diese Änderungssperre gilt nicht, wenn die Rechte und Pflichten bei dem neuen Inhaber durch Rechtsnormen eines anderen Tarifvertrages oder einer anderen Betriebsvereinbarung geregelt sind (§ 613a Abs. 1 S. 3 BGB). Dies betrifft auch Entgeltansprüche, die sich insoweit – auch zum Nachteil des Arbeitnehmers – ändern können.

(2) Bedeutung für das Instandhaltungsgeschäft

Auch im Instandhaltungsgeschäft müssen diese Rechtsfolgen beachtet werden. Von Bedeutung kann dies z. B. für kleinere, nicht tarifgebundene Wartungsdienste sein, die die Instandhaltung bei einem größeren Unternehmen übernehmen, das weitreichende kollektivrechtliche Verpflichtungen und ein höheres Entgeltgefüge hat. Ist bei der Ausgliederung der Instandhaltung nicht an die Vorschrift des § 613a BGB gedacht worden, treten die Rechtsfolgen des Betriebsübergangs überraschend ein. Dies mag insbesondere für das Instandhaltungsunternehmen, das Personal übernimmt, dazu führen, dass sich kalkulierte Erträge aus der Übernahme der Instandhaltung zumeist nicht verwirklichen lassen. Bestehen dagegen in dem die Instandhaltung übernehmenden Unternehmen Rechte und Pflichten aus eigenen Tarifverträgen oder Betriebsvereinbarungen, ist die Situation für den neuen Betriebsinhaber einfacher, wenn diese Tarifverträge und Betriebsvereinbarungen für beide Parteien des Arbeitsverhältnisses gelten[579]. Übernimmt also beispielsweise ein Unternehmen des Maschinenbaus bei Abschluss eines Instandhaltungsvertrages die Instandhaltungsabteilung eines produzierenden Betriebs für dessen Anlagen und sind beide Unternehmen in ihren jeweiligen Bereichen tarifgebunden, regeln sich tarifliche Ansprüche wie z. B. der Urlaub nach dem Tarifvertrag, der für das Maschinenbauunternehmen gilt, wenn dieser auf das übergegangene Arbeitsverhältnis zwischen dem neuen Betriebsinhaber und dem Arbeitnehmer Anwendung findet.

In Einzelfällen kann es Schwierigkeiten bereiten, die Arbeitsverhältnisse zu bestimmen, die von einem Betriebsübergang betroffen sind. Dies ist insbesondere bei Arbeitnehmern

---

[576] Vgl. weiterführend zu den Einzelheiten der Rechtsstellung des Erwerbers und Veräußerers Schaub-Koch, Arbeitsrechts-Handbuch, § 118 II., Rd. 5 ff. m. w. N.

[577] BGH DB 2009, 2605 ff. = NZA 2010, 41 ff., wonach die Regelung nicht einzelvertragliche in den Arbeitsvertrag transformiert werden, sondern auf kollektivrechtlicher Ebene fortgelten. Siehe zu den rechtlichen Aspekten der Fortgeltung von Kollektivvereinbarungen Schaub-Koch, Arbeitsrechts-Handbuch, § 119.

[578] Dies kann nur einvernehmlich oder durch Änderungskündigung geschehen (vgl. Küttner-Kreitner, Betriebsübergang, Rd. 58).

[579] Probleme bereiten die Fälle, in denen Tarifverträge nicht durch Allgemeinverbindlichkeitserklärung oder Mitgliedschaft in den jeweiligen Tarifvertragsparteien gelten, sondern nur einzelvertraglicher Bezugnahme (Schaub-Koch, Arbeitsrechts-Handbuch, § 119 II. 2. a), cc)).

der Fall, die nicht ausschließlich der übergegangenen Instandhaltungseinheit zugeordnet werden können, sondern auch in anderen Betriebsteilen tätig waren oder weitere Aufgaben in dem bisherigen Unternehmen hatten. Gibt es solche Überschneidungen, tritt das Instandhaltungsunternehmen nur in diejenigen Arbeitsverhältnisse ein, die überwiegend der übergegangenen Instandhaltungseinheit zugeordnet werden können. Arbeitsverhältnisse von Arbeitnehmern, die in leitender Stellung bei dem alten Inhaber tätig sind und die u. a. für eine übergegangene Instandhaltungsabteilung übergeordnete Tätigkeiten verrichtet haben, gehen dagegen regelmäßig nicht über[580].

(3)   Informationspflicht der beteiligten Arbeitgeber (§ 613a Abs. 5 BGB)

Der bisherige oder der neue Inhaber des Betriebes, im Instandhaltungsgeschäft in der Regel also der Betreiber der technischen Einrichtungen, deren Instandhaltung fremdvergeben werden soll, oder das übernehmende Instandhaltungsunternehmen, muss die betroffenen Arbeitnehmer vor dem Betriebsübergang über den (geplanten) Zeitpunkt des Übergangs, dessen Grund, dessen rechtliche, wirtschaftliche und soziale Folgen sowie hinsichtlich der für die Arbeitnehmer in Aussicht genommenen Maßnahmen unterrichten (§ 613a Abs. 5 BGB). Unterbleibt die Mitteilung oder ist diese nicht ausreichend, beginnt die Frist für das Widerspruchsrecht des betroffenen Arbeitnehmers (§ 613a Abs. 6 BGB) nicht zu laufen, sodass dieses Recht auch noch zu einem späteren Zeitpunkt ausgeübt werden kann[581].

Als Form für diese Unterrichtung ist die sog. Textform des § 126b BGB vorgeschrieben. Hierzu reicht die Unterrichtung z. B. durch Serienbrief mit eingescannter Unterschrift, Mitteilung im Intranet des Unternehmens oder e-mail aus[582].

(4)   Widerspruchsrecht des Arbeitnehmers (§ 613a Abs. 6 BGB)

Arbeitnehmer haben das Recht, innerhalb eines Monats nach der ordnungsgemäßen Unterrichtung im Sinne von § 613a Abs. 5 BGB dem Übergang ihres Arbeitsverhältnisses auf den neuen Betriebsinhaber zu widersprechen (§ 613a Abs. 6 BGB). Der neue Inhaber tritt dann trotz Betriebsübergangs im Sinne des § 613a BGB nicht in das Arbeitsverhältnis ein. Widersprechende Arbeitnehmer bleiben bei dem bisherigen Betriebsinhaber,

---

[580] BAG NZA 1998, 249 ff. = DB 1998 372 ff. zum Leiter des Finanz- und Rechnungswesens eines Unternehmens, dessen Teilbetrieb „Service" vom Konkursverwalter einem Dritten übertragen wurde.

[581] Siehe z. B. die Entscheidung in BAG NZA 1/2007 VII: in dem Fall hatte der beklagte Arbeitgeber den Bereich ‚Field Service' an einen Dritten veräußert. Die Arbeitsverhältnisse sollten dabei nach § 613a BGB von dem Dritten übernommen werden. Nach der Insolvenz des übernehmenden Unternehmens widersprach der Kläger dem Übergang seines Arbeitsverhältnisses. Das Gericht gab der Klage statt, obwohl die Widerspruchsfrist des § 613a Abs. 6 BGB verstrichen war, weil die Mitteilung nach § 613a Abs. 5 BGB wegen fehlerhafter Unterrichtung über die Haftung unzureichend gewesen sei. Bei unterbliebener oder unvollständiger Unterrichtung kann dieses Widerspruchsrecht allenfalls nach allgemeinen Regeln verwirken (Schaub-Koch, Arbeitsrechts-Handbuch, § 118 II. 5. 3. e), bb)).

[582] Küttner-Kreitner, Betriebsübergang Rd. 31.

müssen aber damit rechnen, dass ihnen ihr Arbeitsverhältnis unter den nachfolgend erläuterten Voraussetzungen gekündigt wird.

(5) Kündigungsverbot (§ 613a Abs. 4 BGB)

Arbeitsverhältnisse können wegen eines Betriebsübergangs nicht gekündigt werden
(§ 613a Abs. 4 BGB). Diese Kündigungseinschränkung zugunsten betroffener Mitarbeiter
haben alter und neuer Betriebsinhaber zu beachten. Der Kündigungsschutz des § 613a
Abs. 4 BGB gilt für alle Arbeitnehmer, also auch für solche, die nicht dem Kündigungsschutzgesetz (KSchG) unterliegen, weil ihr Arbeitsverhältnis zu diesem Zeitpunkt beispielsweise noch keine sechs Monate bestanden hat. Gleichgültig ist ferner, wer das Arbeitsverhältnis kündigt. Das Kündigungsverbot wirkt also auch dann zulasten des neuen
Betriebsinhabers, wenn der alte Arbeitgeber kündigt[583]. Dies ist im Instandhaltungsgeschäft ein wichtiger Aspekt, der für Serviceunternehmen die nicht erwünschte Folge haben kann, in Arbeitsverhältnisse einzutreten, die nach dem gemeinsamen Willen nicht
übernommen werden sollten, wenn der abgebende Betrieb zuvor einem Mitarbeiter der
Instandhaltungsabteilung kündigt und sich diese Kündigung im Nachhinein wegen des
Verbotes des § 613a Abs. 4 BGB als unwirksam erweist.

Das Verbot des § 613a Abs. 4 BGB gilt nicht nur für arbeitgeberseitige Kündigungen.
Auch Aufhebungsvereinbarungen, Befristungen oder Kündigungen von Arbeitnehmern
sind als Umgehung der zwingenden Rechtsfolgen des § 613a Abs. 4 BGB unwirksam,
wenn diese vom Arbeitgeber veranlasst sind und den Betriebsübergang ermöglichen sollen[584]. Kündigungen aus anderen Gründen, insbesondere verhaltens- oder personenbe-
dingte, aber auch betriebsbedingte Kündigungen[585] bleiben von dem Verbot unberührt
(§ 613a Abs. 4 S. 2 BGB). Ein Kündigungsverbot besteht ferner nicht für Mitarbeiter, die
von dem Recht nach § 613a Abs. 6 BGB Gebrauch machen, dem Übergang ihres Arbeitsverhältnisses zu widersprechen. Besteht für diese Mitarbeiter nach ihrem Wider-
spruch bei dem bisherigen Arbeitgeber keine Möglichkeit der Weiterbeschäftigung, kann
ihnen aus betriebsbedingten Gründen im Sinne von § 1 Abs. 2 Nr. 1 KSchG gekündigt
werden[586].

---

[583] Vgl. zu Einzelheiten im Zusammenhang mit dem Kündigungsverbot des § 613 Abs. 4 BGB Schaub-
Linck, Arbeitsrechts-Handbuch, § 134 II. 7 Rd. 47 ff.
[584] Siehe Schaub-Linck, Arbeitsrechts-Handbuch, § 122 II. 4 Rd. 6 m. w. N.
[585] Vgl. Schaub-Koch, Arbeitsrechts-Handbuch, § 118 V. 3., Rd. 88 ff; BAG NZA 1997, 148.
[586] Die allerdings bei der Kündigung zu treffende Sozialauswahl im Sinne des § 1 Abs. 3 KSchG erstreckt
sich in diesem Fall auf das gesamte Unternehmen. Bei der Sozialauswahl kann nach dem gegenwärtig
geltenden Kündigungsschutzgesetz nicht berücksichtigt werden, dass der Arbeitnehmer dem Übergang
seines Arbeitsverhältnisses widersprochen hat. In § 1 Abs. 3 KSchG sind die Kriterien für die zu treffende Sozialauswahl vielmehr abschließend genannt. Der bis zu der Neufassung des Kündigungsschutz-
gesetzes ggf. zu berücksichtigende soziale Gesichtspunkt zulasten des widersprechenden Arbeitnehmers
muss bei der Sozialauswahl daher nunmehr außer Acht gelassen werden (siehe hierzu Schaub-Linck,
Arbeitsrechts-Handbuch, § 135 III. 4. d) Rd. 21 f.

cc.   Beteiligungsrechte des Betriebsrates

Die Fremdvergabe von Instandhaltungsleistungen kann bei einer Betriebsänderung[587] im Sinne des § 111 S. 1 BetrVG betriebsverfassungsrechtliche Beteiligungsrechte nach §§ 111 ff. BetrVG auslösen. In diesem Fall ist mit dem Betriebsrat über die Betriebsänderung zu verhandeln und ggf. ein Interessenausgleich, wenn erforderlich auch ein Sozialplan abzuschließen[588].

Bei der Instandhaltung von Maschinen und Anlagen werden solche Beteiligungsrechte allerdings nur ausnahmsweise gegeben sein. Denkbar sind Beteiligungsrechte im Zusammenhang mit einem Betriebsübergang insbesondere in den Fällen, in denen die Übertragung der Instandhaltungseinheit auf einen anderen Rechtsträger im Sinne von § 111 S. 2 Nr. 3 BetrVG eine Betriebsspaltung ist. Beteiligungsrechte kommen daher z. B. in Frage, wenn die Instandhaltung von Maschinen und Anlagen fremdvergeben werden soll, deren Nutzung notwendiger Teil der Leistung des Unternehmens ist, beispielsweise bei Verkehrsbetrieben die Instandhaltung der Fahrzeuge (Busse, Straßenbahnen etc.).

Eine Betriebsänderung im Sinne des § 111 S. 2 Nr. 4 BetrVG kommt im Instandhaltungsgeschäft ggf. in Betracht, wenn durch die erstmalige Fremdvergabe die Betriebsorganisation grundlegend geändert wird. Dies kann im Facilitymanagement der Fall sein, wenn die Instandhaltung der Haustechnik, die der Facilitymanager bislang mit eigenem Personal ausgeführt hat, nunmehr vollständig an Dritte vergeben werden soll.

b.   Die Auftragsnachfolge

Im Sinne des § 613a BGB kann ein Betrieb oder ein Betriebsteil auch dann übergehen, wenn die Instandhaltung bereits von einem Dritten ausgeführt wird und ein anderes Instandhaltungsunternehmen beispielsweise nach einer gewonnenen Ausschreibung von dem Betreiber beauftragt wird, nunmehr dessen Anlagen instand zu halten. Zwar ist – ähnlich wie die bloße Funktionsnachfolge – allein der Verlust eines Auftrages an einen Mitbewerber (sog. Auftragsnachfolge) noch kein Betriebsübergang[589]. Wahrt das neue Instandhaltungsunternehmen bei der Übernahme des Auftrages jedoch die vorhandene Einheit des bisherigen Unternehmens[590], liegen wiederum die Voraussetzungen für einen Betriebsübergang vor.

In der Praxis des Instandhaltungsgeschäfts kommt ein Betriebsübergang durch Auftragsneuvergabe in der Regel nur in Betracht, wenn es um größere Einheiten geht, bei denen die Instandhaltung von technischen Einrichtungen einem anderen Instandhaltungsunternehmen übertragen werden soll. Dies können beispielsweise der Maschinenpark eines größeren Industrieunternehmens oder die haustechnischen Anlagen großer Gebäudekom-

---

[587] Siehe S. 167 Fn. 560 zum Verständnis des Begriffs des Betriebsteils im Sinne des § 613a BGB und der §§ 4, 111 BetrVG, § 15 KSchG.
[588] Siehe zu den Einzelheiten Schaub-Koch, Arbeitsrechts-Handbuch, § 118 V. 2. b) bb) Rd. 33.
[589] EuGH DB 1997 628 ff. = NZA 1997, 433 f.
[590] Siehe S. 167 f.

plexe sein. Voraussetzung ist zunächst, dass bei dem bisherigen Serviceunternehmen die Instandhaltung für das konkrete Objekt als eine wirtschaftliche Einheit zusammengefasst war. Dies ist der Fall, wenn die Mitarbeiter ständig oder ganz überwiegend nur in dem konkreten Objekt tätig und unter einer abgrenzbaren Leitung zusammengefasst waren[591]. Eine wirtschaftliche Einheit als Gegenstand eines Betriebsübergangs ist dagegen nicht gegeben, wenn das Unternehmen, das den Kunden verloren hat, die Instandhaltung durch seine Mitarbeiter im Zuge vorhandener Wartungsrouten ausgeführt hat.

Da bei der Instandhaltung von Maschinen und Anlagen der menschlichen Arbeitskraft eine wesentliche Bedeutung zukommt (sog. nicht betriebsmittelgeprägter Betrieb)[592], reicht für einen Betriebsübergang wiederum aus, dass das neue Instandhaltungsunternehmen nach Zahl und Sachkunde wesentliche Teile des in der wirtschaftlichen Einheit zusammengefassten Personals übernimmt, das bislang von dessen Vorgänger zur Instandhaltung dieser Anlagen eingesetzt worden ist und die Tätigkeit im Wesentlichen ähnlich organisiert fortführt[593]. Im Reinigungsgewerbe wird die Übernahme von 85 Prozent des Personals als ausreichend für einen Betriebsübergang angesehen[594], während dies bei der Übernahme von 75 Prozent der Mitarbeiter bei einfachen Tätigkeiten wie z. B. Hol- und Bringdienste sowie Reinigungs- und Spülarbeiten in einem Krankenhaus noch nicht der Fall sein soll[595]. Für das Instandhaltungsgeschäft mögen diese Zahlen als Anhaltspunkt dienen, da ähnlich wie im Reinigungsgewerbe die menschliche Arbeitskraft wesentliche Bedeutung hat. Andererseits wird für die Instandhaltung technischer Einrichtungen zumeist qualifiziertes Personal benötigt, so dass auch bei einem geringeren Prozentsatz übernommener Mitarbeiter ein Betriebsübergang gegeben sein dürfte. Dies kann beispielsweise in der Informationstechnologie der Fall sein, wenn die wesentlichen Know-how-Träger von dem neuen Serviceunternehmen weiterhin beschäftigt werden sollen[596].

Einem Betriebsübergang steht nicht entgegen, dass sich der Inhalt der Tätigkeit ändert, solange dies keine wesentliche Änderung der Arbeitsorganisation zur Folge hat[597]. Fallen z. B. einzelne Anlagen in der Betreuung weg oder verändert sich nur das Wartungsintervall, ist nicht allein deshalb ein Betriebsübergang ausgeschlossen. Dies gilt auch, wenn das nachfolgende Unternehmen mit dem Betreiber einen qualitativ anderen Vertrag abschließt, also beispielsweise nicht mehr aus einem Wartungsvertrag verpflichtet ist, sondern einen Vollwartungsvertrag abgeschlossen hat.

---

[591] Dies kann z. B. bei größeren Industrieunternehmen der Fall sein, wenn mehrere Servicemitarbeiter unter der Leitung eines Meisters oder Vorarbeiters des bisherigen Serviceunternehmens ausschließlich mit der Instandhaltung bestimmter Anlagen in diesem Unternehmen betraut worden waren.

[592] Siehe S. 167 f.

[593] Siehe S. 168.

[594] BAG DB 1998, 883 ff. = BB 1998, 698 f.

[595] BAG ZIP 1999, 632 ff. = DB 1999, 539 f.

[596] Vgl. BAG NZA 1998, 31 ff., wonach der Koch einer Gaststätte als ein wesentlicher Know-how-Träger zu sehen ist. In BAG NZA 1999, 706 ff. sind neben anderen Gründen u. a. die Übernahme von 12 von 23 Mitarbeitern einer Druckerei als ausreichend erachtet worden, um die Voraussetzung für einen Betriebsübergang zu erfüllen; zu weiteren Entscheidungen siehe Küttner-Kreitner, Betriebsübergang Rd. 14.

[597] Gaul, Aktuelles Arbeitsrecht 1998, S. 188

Im Instandhaltungsgeschäft ist bei der Auftragsnachfolge eine Besonderheit zu beachten, die mit der Frist zusammenhängt, in der Instandhaltungsverträge in der Regel gekündigt werden[598]. Hat das bisher die Instandhaltung ausführende Unternehmen nach Kündigung des Instandhaltungsvertrages sein für die verlorenen Anlagen in einer Einheit zusammengefasstes Instandhaltungspersonal bereits aus betriebsbedingten Gründen gekündigt und übernimmt das neue Unternehmen erst zu einem späteren Zeitpunkt dieses Personal ganz oder teilweise, findet zwar zu diesem Zeitpunkt ein Betriebsübergang statt[599]. Die von dem bisherigen Instandhaltungsunternehmen zuvor ausgesprochenen Kündigungen sind jedoch nur dann wegen des Kündigungsverbotes des § 613a Abs. 4 BGB unwirksam, wenn zum Zeitpunkt der Kündigung bereits greifbare Anhaltspunkte für einen Betriebsübergang vorlagen[600]. Ist dies nicht der Fall, weil beispielsweise das übernehmende Unternehmen zu den Arbeitnehmern, die die Instandhaltung bislang ausgeführt haben, noch keinen Kontakt aufgenommen hat, sind die Kündigungen wirksam, soweit die sonstigen Regeln des Kündigungsschutzes beachtet worden sind.

Kommt es im Fall der Auftragsnachfolge zu einem späteren Zeitpunkt zu einem Betriebsübergang, können bereits gekündigte Arbeitnehmer des Instandhaltungsunternehmens, das den Auftrag verloren hat, einen Anspruch darauf haben, bei dem neuen Unternehmen zu unveränderten Arbeitsbedingungen und unter Wahrung ihres Bestandsschutzes wieder eingestellt zu werden[601]. Dies kann insbesondere einen Sachverhalt betreffen, in dem der Betreiber seinem bisherigen Serviceleister den Instandhaltungsvertrag fristgerecht kündigt und den neuen Auftrag erst zu einem späteren Zeitpunkt nach einer Ausschreibung neu vergibt und sich nunmehr der neue Dienstleister um die Übernahme des ehemaligen Personals sowie ggf. genutzter Sachmittel bemüht.

---

[598] Siehe S. 96 ff.

[599] Siehe den Sachverhalt in BAG EzA § 613a BGB Nr. 154 = NZA 1998, 251 ff. = BB 1997, 316 f. = DB 1998, 319 f.

[600] BAG NZA 1998, 251 ff. = BB 1997, 316 f.; BAG NZA 1999, 706 ff.

[601] BAG EzA § 613a BGB Nr. 154 (S. 5) = NZA 1998, 251 ff. = BB 1997, 316 f. = DB 1998, 319 f.

3.   Die Servicefahrzeuge

Instandhaltungsunternehmen führen ihre Leistungen ganz überwiegend direkt an den zu betreuenden technischen Einrichtungen aus. Um dorthin zu gelangen, nutzen die Servicetechniker zumeist Kraftfahrzeuge, in denen sie Werkzeuge, Schmierstoffe und Ersatzteile mitführen. Diese Fahrzeuge stehen im Eigentum der Instandhaltungsunternehmen oder deren Leasinggeber, gelegentlich gehören sie auch dem Mitarbeiter selbst. Zu solchen Fahrzeugen gibt es eine Reihe vorwiegend arbeitsrechtlicher Aspekte, die die Beteiligten zu beachten haben und die hier in einem Überblick dargestellt werden sollen. Zu unterscheiden ist dabei zwischen Fahrzeugen, die der Arbeitgeber den Servicetechnikern zu betrieblichen Zwecken überlässt, und Privatfahrzeugen der Mitarbeiter, die diese zur Erfüllung ihrer arbeitsvertraglichen Pflichten einsetzen.

a.   Betrieblich überlassene Kraftfahrzeuge

Instandhaltungsunternehmen überlassen ihren Servicetechnikern Kraftfahrzeuge als ein Hilfsmittel, damit diese die vertraglichen Pflichten aus den Serviceverträgen erfüllen können, die das Unternehmen abgeschlossen hat. Ist dabei vereinbart, dass der Mitarbeiter das Fahrzeug nur für diesen betrieblichen Zweck nutzen darf, ist es ausschließlich Arbeitsmittel des Unternehmens. Wird dem Mitarbeiter auch die private Nutzung gestattet, ist die Überlassung hinsichtlich der privaten Nutzung Teil seines Arbeitsentgeltes (Sachbezug im Sinne des § 8 Abs. 2 EStG)[603]. Aus diesem Grunde, aber auch wegen weiterer Fragen treffen Arbeitgeber mit ihren Mitarbeitern regelmäßig Vereinbarungen[604], in denen wesentliche Aspekte der Überlassung des Fahrzeuges geregelt sind.

aa.   Der Verkehrsunfall

Im Zusammenhang mit Kraftfahrzeugen, die Arbeitgeber ihren Mitarbeitern überlassen, bereiten Verkehrsunfälle in der betrieblichen Praxis regelmäßig Schwierigkeiten. Dies gilt insbesondere dann, wenn mit dem überlassenen Fahrzeug ein Unfall verursacht worden ist und das Instandhaltungsunternehmen vom Servicetechniker Ersatz des am Fahrzeug entstandenen Schadens verlangt. Hier kann es um für den Mitarbeiter durchaus größere Summen gehen, da Arbeitgeber grundsätzlich nicht verpflichtet sind, für ihre Fahrzeuge eine Vollkaskoversicherung abzuschließen und die Versicherbarkeit des Risikos nur im Rahmen einer Gesamtabwägung zu berücksichtigen ist[605]. Solche Summen müssen zwar nicht existenzbedrohend für den betroffenen Arbeitnehmer sein, können aber im Einzelfall einen nicht unerheblichen Teil seiner jährlichen Arbeitsvergütung ausmachen.

---

[603] Schaub-Linck, Arbeitsrechts-Handbuch, § 68 I. 1. a) Rd. 1; zur steuerlichen Behandlung von zu dienstlichen Zwecken überlassenen Fahrzeugen, Küttner-Griese, Dienstwagen, Rd. 17 ff.

[604] Siehe hierzu die Checkliste S. 184.

[605] BAG NZA 1988, 584 f.; Schaub-Linck, Arbeitsrechts-Handbuch, § 53 II. 6. Rd. 63; siehe hierzu auch Hübsch, Arbeitnehmerhaftung bei Versicherbarkeit des Schadensrisikos und bei grober Fahrlässigkeit, BB 1998, 690 ff.

Servicetechniker sind – wie andere Mitarbeiter auch – grundsätzlich verpflichtet, ihrem Arbeitgeber die Schäden zu ersetzen, die sie im Rahmen ihrer arbeitsvertraglichen Tätigkeiten schuldhaft verursacht haben. Im Instandhaltungsgeschäft sind dies u. a. Schäden am überlassenen Fahrzeug, die bei Verkehrsunfällen auf der Fahrt zu den zu betreuenden technischen Einrichtungen entstehen. Im Rahmen des innerbetrieblichen Schadensausgleichs ist allerdings anerkannt, dass solche Schadensersatzansprüche Beschränkungen unterliegen. Dies betrifft nicht nur Tätigkeiten, die schadensträchtig sind (sog. gefahrgeneigte Arbeit), sondern gilt für alle dienstlichen Tätigkeiten von Arbeitnehmern[606]. Zudem ist der Arbeitgeber entgegen der Regelung des § 280 Abs. 1 S. 2 BGB beweispflichtig dafür, dass der Arbeitnehmer die Pflichtverletzung, die zu dem Schaden führte, zu vertreten hat (§ 619a BGB)[607].

Zu Schäden, insbesondere Unfällen im Straßenverkehr gelten die nachfolgenden Grundsätze.

(1)   Vorsatz und grobe Fahrlässigkeit

Ein Servicetechniker ist grundsätzlich verpflichtet, einen von ihm verursachten Schaden an dem ihm überlassenen Fahrzeug in vollem Umfang zu ersetzen, wenn er diesen vorsätzlich oder grob fahrlässig verursacht hat. Vorsatz bedeutet dabei, den rechtswidrigen Erfolg, hier also den Verkehrsunfall, vorhergesehen und gewollt bzw. billigend in Kauf genommen zu haben, ein im Straßenverkehr eher theoretischer Fall. Grob fahrlässig ist ein Unfall verursacht, wenn eine besonders schwere, subjektiv unentschuldbare Pflichtwidrigkeit vorliegt, der Arbeitnehmer also die im Verkehr erforderliche Sorgfalt in ungewöhnlich hohem Maße missachtet und unbeachtet gelassen hat, was jedem hätte einleuchten müssen.

Grobe Fahrlässigkeit ist bei Verkehrsunfällen regelmäßig gegeben, wenn es zu einem der nachfolgenden Verstöße gekommen ist: nicht den Verkehrsverhältnissen angepasstes, zu schnelles Fahren, Rotlichtverstoß[608], Fahren unter Alkoholeinfluss, wenn die gesetzliche Promillegrenze überschritten ist[609], Missachtung von Verkehrszeichen[610], Fahren ohne

---

[606] Siehe zu den Einzelheiten der Schadensersatzpflicht des Arbeitnehmers Schaub-Linck, Arbeitsrechts-Handbuch, § 52 IV.-VI., ferner Küttner-Griese, Arbeitnehmerhaftung. Die Schadensersatzpflicht bezieht sich nicht nur auf Schäden wegen der Teilnahme am Straßenverkehr, sondern auch auf sonstige Tätigkeiten. Dies können in der Instandhaltung z. B. Schäden an Werkzeugen, Diagnosegeräten oder Ersatzteilen sein. Soweit Servicetechniker bei den Auftraggebern des Kundendienstunternehmens oder bei Dritten im Zusammenhang mit ihrer Tätigkeit schuldhaft Schäden verursachen, haben sie unter den hier genannten Voraussetzungen gegenüber ihrem Arbeitgeber einen Anspruch auf Freistellung des von dem Dritten geltend gemachten Schadensersatzanspruchs (Küttner-Griese, Arbeitnehmerhaftung, Rd. 19; siehe auch Schaub-Linck, Arbeitsrechts-Handbuch § 52 III. 2. Rd. 73). Betriebliche Haftpflichtversicherungen sollten eine solche unmittelbare Haftung des Arbeitnehmers zu dessen Schutz einschließen.

[607] Dies galt bereits vor Einfügung des § 619a BGB (Palandt-Putzo § 619a BGB Rd. 1). An die Beweislast des Arbeitgebers sollten allerdings keine zu hohen Anforderungen gestellt werden (Schaub-Linck, Arbeitsrechts-Handbuch, § 52 I. 5. d) Rd. 31).

[608] BAG AP 21 zu § 611 BGB (Haftung des Arbeitnehmers); BAG NZA 1999, 263 ff.

[609] BAG AP 14 zu § 611 BGB (Haftung des Arbeitnehmers).

[610] BAG AP 30 zu § 611 BGB (Haftung des Arbeitnehmers).

Fahrerlaubnis, es sei denn, der Arbeitgeber hat dies angeordnet[611], fehlende Fahrpraxis, die vom Arbeitnehmer verschwiegen worden ist[612], Geschwindigkeitsüberschreitungen[613], unvorsichtiges Überholen oder Umfahren von Hindernissen[614], Vorfahrtsverletzungen[615], Übermüdung, es sei denn, diese geht auf eine Anweisung des Arbeitgebers zurück[616], Benutzung eines Mobiltelefons insbesondere dann, wenn es bei hoher Geschwindigkeit[617] oder nach einem Rotlichtverstoß zu einem Verkehrsunfall kommt[618].

Auch bei grober Fahrlässigkeit kann es allerdings zu Haftungsbegrenzungen zugunsten des Servicetechnikers kommen, wenn zwischen Verdienst und verwirklichtem Schadensrisiko ein deutliches Missverhältnis besteht[619]. Eine solche Begrenzung der Haftung orientiert sich dabei am Monatseinkommen des Mitarbeiters, wobei drei Monatsgehälter als Obergrenze der Haftung als Orientierung gelten[620].

(2) Leichteste Fahrlässigkeit

Servicetechniker sind dagegen nicht verpflichtet, einen auf einer dienstlichen Fahrt schuldhaft verursachten Schaden an dem überlassenen Fahrzeug zu ersetzen, wenn ihnen lediglich der Vorwurf sog. leichtester Fahrlässigkeit gemacht werden kann[621]. Wann der Schuldvorwurf als leicht entschuldbare Pflichtwidrigkeit in diesem Sinne gering ist, lässt sich nicht immer ohne weiteres feststellen. Von leichtester Fahrlässigkeit wird allgemein gesprochen, wenn es sich um eine geringfügige und leicht entschuldbare Pflichtverletzung handelt, die jedem Arbeitnehmer unterlaufen kann[622]. Davon sollte in der Regel ausgegangen werden, wenn lediglich die Generalnorm des § 1 StVO schuldhaft nicht beachtet worden ist und sich auch sonst kein Hinweis darauf findet, dass der Verkehrsverstoß schwer wiegt. Beispiele können daher einfache Auffahrunfälle sowie sonstige Unfälle aus dem fließenden Verkehr heraus sein, bei denen das Abstandsgebot oder vergleichbare Regeln der StVO nur geringfügig verletzt worden sind (sog. Augenblicksversagen). Der Nachweis eines schwerwiegenderen, die Haftung des Arbeitnehmers aus-

---

[611] BAG AP 1 zu § 67 VVG (Haftung des Arbeitnehmers).
[612] BAG AP 74 zu § 611 BGB (Haftung des Arbeitnehmers).
[613] BAG AP 59 zu § 611 BGB (Haftung des Arbeitnehmers).
[614] LAG Saarbrücken DB 1962, 340.
[615] BGH VersR 1972, 270, 271 (zugleich auch Fahren unter Alkoholeinfluss).
[616] BAG AP 32 zu § 611 BGB (Haftung des Arbeitnehmers).
[617] Vgl. OLG Koblenz DB 1999, 522 zur Haftung eines Geschäftsführers nach § 43 GmbH-Gesetz, der einen Unfall bei einer Geschwindigkeit von 170 km/h verursacht hat.
[618] BAG NJW 1999, 966 f., wobei der Fahrer in Unterlagen blätterte, die auf dem Beifahrersitz lagen.
[619] Siehe BAG NZA 1999, 263 ff., das zugleich feststellt, dass bei einem Schäden, der nicht erheblich über dem Bruttomonatsverdienst liegt, keine Veranlassung für eine Haftungsbegrenzung besteht.
[620] Vgl. LAG Schleswig LAGE § 611 BGB – Arbeitnehmerhaftung Nr. 7, wonach eine Begrenzung des Schadensersatzanspruches auf drei Monatsgehälter auch bei grober Fahrlässigkeit möglich ist; LAG Nürnberg LAGE § 611 BGB – Arbeitnehmerhaftung Nr. 14, das unter dem Aspekt der Existenzgefährdung zu einer Beschränkung des nach § 86 Abs. 1 VVG auf den Kaskoversicherer übergegangenen Anspruchs gekommen ist; siehe u. a. auch BAG NJW 1999, 966, 967, ferner Küttner-Griese, Arbeitnehmerhaftung, Rd. 16 sowie Dienstwagen, Rd. 7.
[621] Schaub-Linck, Arbeitsrechts-Handbuch, § 52 I. 5.b) cc) Rd. 26; Küttner-Griese, Arbeitnehmerhaftung Rd. 12.
[622] Küttner-Griese, Arbeitnehmerhaftung Rd. 13.

lösendenden Schuldvorwurfs ist für den wegen § 619a BGB beweispflichtigen Arbeitgeber zumeist nicht einfach. Hilfe bieten hier polizeiliche Ermittlungsakten, aber auch der
Inhalt eines gegen den Mitarbeiter verhängten Bußgeldbescheides, der den konkreten
Verstoß festhält, soweit diese Informationen für den Arbeitgeber zugänglich sind. Ist es
im Zusammenhang mit einem Verkehrsunfall zu einem Eintrag in das Verkehrszentralre-
gister gekommen, spricht einiges dafür, dass kein Fall leichtester Fahrlässigkeit vorlag.

(3)   Mittlere Fahrlässigkeit

Ist der Schaden an dem Fahrzeug zwar schuldhaft, aber weder leicht noch grob fahrlässig
verursacht worden, teilen sich Instandhaltungsunternehmen und Servicetechniker diesen.
Hierbei sind die Gesamtumstände einschließlich des Schadensanlasses und der Schadens-
folge sowie Kriterien wie die der Billigkeit und Zumutbarkeit, des Vorverhaltens des
Arbeitnehmers sowie seiner sozialen Verhältnisse gegeneinander abzuwägen (Gesamtabwägung)[623]. Auch hier kommt eine summenmäßige Begrenzung der Haftung in Betracht, wobei ein ganzes bzw. halbes Monatsgehalt als Maßstab genommen wird[624].

(4)   Versicherbarkeit durch den Arbeitgeber

Anerkannt ist heute, dass der Arbeitgeber sich bei einem eventuellen Schadensersatzanspruch gegen seinen Arbeitnehmer entgegenhalten lassen muss, wie er sich selbst gegen
solche Schäden versichert hat oder dies hätte tun können[625]. Daher muss der Arbeitgeber
zur Reparatur des überlassenen Fahrzeuges zunächst vorrangig eine bestehende Vollkaskoversicherung in Anspruch nehmen. Die Haftung des Servicetechnikers bleibt damit
also maximal auf den vertraglich vereinbarten Selbstbehalt der Versicherung beschränkt,
soweit dieser sich im üblichen Rahmen bewegt. Besteht kein Vollkaskoschutz, muss sich
der Arbeitgeber zudem so behandeln lassen, als wenn er eine ihm zumutbare Versicherung abgeschlossen hätte. Auch hier bleibt also ein möglicher Schadensersatzanspruch
auf die dann hypothetische und übliche Selbstbeteiligung einer Vollkaskoversicherung
beschränkt, obwohl der Arbeitgeber anerkanntermaßen nicht verpflichtet ist, für seine
Fahrzeuge eine solche Versicherung abzuschließen[626].

(5)   Betriebliche Auswirkungen

In der betrieblichen Praxis führt die Forderung des Arbeitgebers, der Arbeitnehmer müsse
einen Schaden an dem ihm überlassenen Kraftfahrzeug ersetzen, immer wieder zu Problemen. Häufig wird auch der Betriebsrat bei solchen Auseinandersetzungen bemüht. Es

---

[623] Schaub-Linck, Arbeitsrechts-Handbuch, § 52 I. 5. b) bb) Rd. 27; Küttner-Griese – Arbeitnehmerhaftung
      Rd. 13.
[624] Küttner-Griese, Arbeitnehmerhaftung Rd. 16.
[625] Siehe allgemein Schaub-Linck, Arbeitsrechts-Handbuch, § 52 II. 6. Rd. 62, 63.
[626] BAG NZA 1988, 584 f.; siehe auch Küttner-Griese, Arbeitnehmerhaftung, Rd. 17 sowie Dienstwagen
      Rd. 7: die Haftungsbeschränkung gilt auch bei geleasten Fahrzeugen auch gegenüber dem Leasinggeber.

mag für ein Unternehmen daher trotz der zusätzlichen Kostenbelastung die bessere Entscheidung sein, für die Servicefahrzeuge Vollkaskoversicherungen abzuschließen, ggf. bei Privatnutzung in Abstimmung mit den Mitbestimmungsgremien unter Beteiligung der Arbeitnehmer, zumal eben die Versicherbarkeit des Risikos bei der Arbeitnehmerhaftung heute berücksichtigt wird[627].

bb. Sonstige Aspekte bei der Überlassung von Servicefahrzeugen

Von Servicetechnikern schuldhaft verursachte Verkehrsunfälle sind regelmäßig Anlass für Streit im Zusammenhang mit zu betrieblichen Zwecken überlassenen Fahrzeugen. Daneben gibt es aber weitere Aspekte, die zumeist im Rahmen einer Überlassungsvereinbarung zwischen Arbeitgeber und Arbeitnehmer geregelt werden, um Streitigkeiten vorzubeugen und nach Möglichkeit auch eine innerbetriebliche Transparenz und Gleichbehandlung zu gewährleisten[628].

(1) Dauer der Überlassung und Rückgabe

Ist nicht ausdrücklich vereinbart, wann das überlassene Fahrzeug zurückgegeben werden muss, kommt es auf die Bedingungen an, zu denen es zur Verfügung gestellt worden ist. Instandhaltungsunternehmen können von ihren Servicetechnikern Rückgabe des Fahrzeuges in jedem Fall bei Ende des Arbeitsverhältnisses verlangen. Bei nur betrieblich überlassenem Fahrzeug kann der Arbeitgeber Rückgabe auch während des Urlaubs sowie bei Krankheit des Mitarbeiters verlangen[629], ferner bei Umsetzung beispielsweise in den Innendienst[630]. Bei Überlassung auch zur privaten Nutzung soll ein Rückgabeanspruch im Krankheitsfall jedenfalls auch nach Wegfall des Anspruchs auf Entgeltfortzahlung bestehen[631]. Ein Rückgabeanspruch besteht ferner nach Kündigung oder Aufhebungsvereinbarung bei Freistellung des Mitarbeiters bis zum Ende des Arbeitsverhältnisses, wenn keine Privatnutzung vereinbart ist. Bei Servicefahrzeugen, die als Arbeitsmittel dienen, sollte dies auch bei privater Nutzung gelten, wobei der entsprechende Vergütungsbestandteil dann in Geld abgegolten werden muss[632].

---

[627] Siehe S. 180; siehe bereits Hübsch, Arbeitnehmerhaftung bei Versicherbarkeit des Schadensrisikos und bei grober Fahrlässigkeit, BB 1998, 690 ff.

[628] Siehe Hinweise zum Regelungsinhalt S. 184. Eine Regelung, die innerbetrieblich umfassend Geltung haben soll, ist mit Sorgfalt unter Beachtung der AGB-rechtlichen Vorschriften (§ 310 Abs. 4 S. 2 BGB) und Aspekten des Gleichbehandlungsgrundsatzes sowie unter Berücksichtigung ggf. zwingender Mitbestimmung zu gestalten. Anwaltlicher Rat kann hier nur empfohlen werden.

[629] Nägele/Schmidt, Das Dienstfahrzeug, BB 1993, 1797, 1799.

[630] Ist die private Nutzung nicht einseitig widerrufbar (vgl. zu den Gestaltungsgrenzen BAG NZA 2007, 809 ff.), kann der Arbeitgeber bei einer Umsetzung, die er im Rahmen seines Direktionsrechts zulässig verfügt, die in der Überlassung des Fahrzeuges bestehende Naturalvergütung nur durch eine Änderungskündigung zurücknehmen (siehe hierzu auch: Küttner-Griese, Dienstwagen, Rd. 3).

[631] Nägele/Schmidt, Das Dienstfahrzeug, BB 1993, 1797, 1799.

[632] Küttner-Griese, Dienstwagen, Rd. 10.

Verlangt ein Instandhaltungsunternehmen nach einer Kündigung das zu betrieblichen und privaten Zwecken überlassene Fahrzeug zurück und erweist sich die Kündigung im Nachhinein als unwirksam, hat es das Fahrzeug zu Unrecht zurückerlangt. Dem Servicetechniker ist in diesem Fall der in der Überlassung auch zu privaten Zwecken liegende Sachbezug seit der Rückgabe des Fahrzeuges rechtswidrig und schuldhaft vorenthalten worden ist. Er hat daher einen Anspruch auf Ersatz desjenigen Schadens, den er dadurch erlitten hat, dass er das Fahrzeug zu Unrecht an den Arbeitgeber zurückgeben musste. Er hat diesen Schaden allerdings darzulegen und zu beweisen oder kann als pauschalierten Schadensersatzanspruch den steuerlichen Sachbezugswert verlangen[633]. Der Schadensersatzanspruch muss allerdings versteuert werden[634]. Die Grundsätze zur Nutzungsausfallentschädigung sowie die ADAC-Kostentabelle finden keine Anwendung[635].

(2) In Fahrzeuge eingebaute Sonderausstattung

Wegen der von Mitarbeitern bei der Überlassung selbst gezahlten oder selbst eingebauten Sonderausstattung kommt es gelegentlich zu Auseinandersetzungen zwischen den Beteiligten, wenn das Fahrzeug zurückgegeben wird. Arbeitnehmer können Sonderausstattungen, die sie selbst gezahlt oder eingebaut haben, bei Rückgabe des Fahrzeuges wieder ausbauen und hierüber frei verfügen, wenn dies möglich ist und der ursprüngliche Zustand des Fahrzeuges wieder hergestellt werden kann. Dies gilt z. B. für Radiogeräte, Felgen und dergleichen. Instandhaltungsunternehmen haben gegenüber den Mitarbeitern zudem einen Anspruch darauf, dass solche Sonderausstattung wieder ausgebaut wird, wenn sie selbst an dieser nicht interessiert sind.

Ist die Sonderausstattung fest in das Fahrzeug eingebaut, besteht bereits aus tatsächlichen Gründen kein Anspruch des Arbeitnehmers darauf, diese wieder ausbauen zu dürfen. Instandhaltungsunternehmen müssen die vom Servicetechniker finanzierte fest installierte Sonderausstattung zudem nicht in Geld ersetzen, da ihnen eine Werterhöhung des Fahrzeuges, an der sie kein Interesse haben, nicht aufgedrängt werden darf[636]. Fest eingebaute Sonderausstattung können z. B. ein nach Wahl des Mitarbeiters leistungsfähigerer Motor, eine Dachreling, ein Automatikgetriebe oder ein Schiebedach usw. sein.

(3) Austausch des Fahrzeuges

Will das Instandhaltungsunternehmen für seine Servicetechniker neue Fahrzeuge beschaffen, kann es frei darüber entscheiden, welches Fahrzeug, insbesondere welcher Fahrzeugtyp angeschafft werden soll, wenn den Mitarbeitern die Fahrzeuge ausschließlich zu betrieblicher Nutzung überlassen worden sind, sich aus den Arbeitsverträgen kein

---

[633] BAG DB 1996, 630 f. zum Fall tatsächlich entstandener Aufwendungen des Arbeitnehmers sowie BAG BB 1999, 1660 f. zur Schadenspauschalierung; siehe auch Küttner-Griese, Dienstwagen, Rd. 12 f. sowie nachfolgend S. 183.

[634] BAG DB 1996, 630 f.; BAG BB 1999, 1660 f.

[635] So zuvor z. B. Hessisches LAG NZA-RR 1998, 487; siehe hierzu auch BAG BB 1999, 1660 f.

[636] Nägele/Schmidt, Das Dienstfahrzeug, BB 1993, 1797, 1799.

Anspruch auf ein bestimmtes Fahrzeug ergibt und Aspekte des Arbeitsschutzes beachtet werden.

Ist die Nutzung auch zu privaten Zwecken vereinbart, kann bei dem Austausch des Fahrzeuges dagegen nicht einseitig festgelegt werden, welchen Fahrzeugtyp der Mitarbeiter zukünftig erhält, da das Fahrzeug Teil des Arbeitsentgeltes ist. In diesem Fall muss das Unternehmen dem Servicetechniker ein gleichwertiges Fahrzeug zur Verfügung stellen. Gleichwertig ist dabei auch ein vergleichbares Fahrzeug eines anderen Herstellers. Insoweit ist das Interesse des Mitarbeiters, eine bestimmte Automarke fahren zu wollen, nicht geschützt, soweit dies nicht ausdrücklich arbeitsvertraglich vereinbart ist. Gleichwertig mag im Einzelfall auch die Beschaffung eines etwas kleineren Fahrzeuges sein, wenn dieses im Wesentlichen vergleichbar mit dem bisherigen Fahrzeug ist. Dies ist bei Modellwechseln gelegentlich der Fall, wenn z. B. neuere Fahrzeuge der Kompaktklasse u. a. bei Motorisierung, Komfort, Sicherheit etc. über vergleichbare Standards älterer Mittelklassemodelle verfügen.

cc. Steuer- und sozialversicherungsrechtliche Aspekte

Wird Mitarbeitern bei der Überlassung die private Nutzung gestattet, muss der als Sachbezug gewährte Teil der Vergütung als geldwerter Vorteil versteuert werden. Dies geschieht bei Fahrzeugen, die zu mehr als 50% zu betrieblichen Zwecken eingesetzt werden – im Instandhaltungsgeschäft ist dies die Regel –, durch Pauschalierung. Der geldwerte Vorteil wird mit monatlich 1,0 % des Bruttolistenpreises einschließlich der auf Kosten des Arbeitgebers angeschafften Sonderausstattung angesetzt und versteuert (§ 8 Abs. 2 S. 2 i. V. m. § 6 Abs. 1 Nr. 4 S. 2 EStG)[637]. Bei Nutzung des Fahrzeuges zwischen Dienststätte und Wohnung sind zudem nochmals 0,03% des Listenpreises je Kalendermonat zu versteuern (§ 8 Abs. 2 S. 3 EStG)[638].

Sozialversicherungsrechtlich wird die Überlassung eines Fahrzeuges auch zur privaten Nutzung gemäß § 1 Abs. 1 Nr. 3 Sozialversicherungsentgeltverordnung nicht dem Arbeitsentgelt zugerechnet, wenn der Arbeitgeber die Überlassung pauschal versteuert. Sozialversicherungsbeiträge sind dann nicht zu entrichten.

dd. Checkliste für eine Überlassungsvereinbarung

Da die Überlassung von Fahrzeugen zumeist durch standardisierte Überlassungsvereinbarungen oder im Rahmen von Musterarbeitsverträgen geregelt wird, unterliegen diese mit der Besonderheit des § 310 Abs. 4 S. 2 BGB der Kontrolle durch die Vorschriften zur Gestaltung rechtsgeschäftlicher Schuldverhältnisse durch allgemeine Geschäftsbedingun-

---

[637] Siehe zu Einzelheiten Küttner-Thomas, Dienstwagen, Rd. 20 ff. und Schaub-Linck, Arbeitsrechts-Handbuch, § 68 II. Rd. 12. Siehe ferner die jeweils aktuellen Lohnsteuerrichtlinien.
[638] Siehe zu Einzelheiten Küttner-Thomas, Dienstwagen, Rd. 20; für den Nachweis privater Nutzung können auch Einzelnachweise geführt werden (§ 8 Abs. 2 S. 4 EStG), wobei aber ein Fahrtenbuch geführt werden muss. Zu steuerlichen und sozialversicherungsrechtlichen Fragen sei Beratung empfohlen.

gen (§§ 305 ff. BGB). Die entsprechend sorgfältige anwaltliche und steuerliche Beratung kann Instandhaltungsunternehmen hier nur nachdrücklich empfohlen werden. Die Ausführungen in diesem Abschnitt, insbesondere die nachfolgende Checkliste sollen und können daher nur erste Hinweise geben[639]:

- Genaue Bezeichnung des Fahrzeuges einschließlich Sonderausstattung/Zubehör,
- Anzahl ausgehändigter Schlüssel,
- Art der Nutzung (betrieblich und/oder privat),
- bei auch privater Nutzung eine Regelung, wer das Fahrzeug fahren darf (Ehepartner, Lebensgefährte etc.),
- Verhaltensregel zur Pflege sowie bei Reparaturen,
- Regelung zum Tanken (Tankkarte) und zu eventuellen Freikilometern im Urlaub,
- Verhalten bei Unfällen; empfehlenswert ist die Verpflichtung, einen Unfall polizeilich aufnehmen zu lassen und diesen unverzüglich im Betrieb zu melden,
- Regelung zur Herausgabe und zum Austausch des Fahrzeuges,
- ggf. Hinweis auf den Umfang des Versicherungsschutzes,
- ggf. freier Widerruf der Überlassung[640].

Zu möglichen Schadensersatzansprüchen bei Verkehrsunfällen sollte – wenn überhaupt – auf die jeweils geltende Rechtslage verwiesen werden. Da diese gegenwärtig auf Regeln zurückgeht, die die Rechtsprechung entwickelt hat und damit geltendes Recht setzt, besteht anderenfalls das Risiko, dass eine hiervon abweichende Regelung unwirksam ist[641].

b.   Zu betrieblichen Zwecken eingesetzte private Kraftfahrzeuge

Kundendienstunternehmen überlassen ihren Servicetechnikern nicht immer Firmenfahrzeuge. Diese nutzen in solchen Fällen vielmehr das eigene, private Kraftfahrzeug, um ihre arbeitsvertraglichen Pflichten zu erfüllen. Ein Grund für den Einsatz eines privaten Fahrzeuges kann darin liegen, dass das Unternehmen den Investitionsaufwand für die Anschaffung eines Fahrzeuges scheut, wenn die jährliche Fahrleistung im Einzelfall nicht besonders hoch ist. Für Mitarbeiter kann sich ein Anreiz aus der finanziellen Abgeltung ergeben, die sie erhalten, wenn sie das eigene Fahrzeug einsetzen.

---

[639] Wenn die betrieblichen Parteien dies wollen, ließe sich zum Inhalt einer Überlassungsvereinbarung eine freiwillige Betriebsvereinbarung abschließen. Hat der Betriebsrat an der Gestaltung der Überlassungsvereinbarung mitgewirkt, mag dies die Akzeptanz der Regelung bei Servicetechnikern steigern. Zu beachten ist, dass eine solche nicht zwingender Mitbestimmung unterliegende Vereinbarung keine Nachwirkung im Sinne des § 77 Abs. 6 BetrVG entfaltet, damit das Instandhaltungsunternehmen im Fall der Kündigung der Vereinbarung ohne Mitwirkung des Betriebsrates eine neue Regelung treffen kann (siehe zur Mitbestimmung auch Küttner-Griese, Dienstwagen, Rd. 15).

[640] Auch bei privater Nutzung ist dies zulässig, wenn die Überlassung und der darin enthaltene Sachbezug im Arbeitsvertrag von Anfang an unter Vorbehalt gestellt wird. Auch eine Erlassvertrag ist hinsichtlich eines übertariflichen Vergütungsbestandteils wirksam (vgl. Schaub-Linck, Arbeitsrechts-Handbuch, § 73 II. Rd. 15). Zu beachten ist aber, dass im Rahmen einer formularmäßigen Vereinbarung ein solches freies Widerrufsrecht wegen Verstoßes gegen § 308 Nr. 4 BGB unwirksam ist, wenn der sachliche Grund für einen Widerruf nicht ausreichend klar spezifiziert ist (BAG DB 2010, 1845 f. m. w. N.).

[641] Vgl. als Beispiel nur BAG 8 AZR 91/03 vom 05. Februar 2004.

aa. Die Nutzungsvereinbarung

Auch bei der Nutzung privater Fahrzeuge für betriebliche Zwecke sollten Kundendienstunternehmen und Mitarbeiter in einer Vereinbarung die wesentlichen Fragen der Nutzung des Fahrzeuges regeln. Dabei bedarf es nicht der Regelungsdichte, die bei der Überlassung von Firmenfahrzeugen notwendig ist. Folgende Aspekte aber sollten beachtet werden:

–   Verhalten bei Unfällen; auch hier sollte die Verpflichtung bestehen, den Unfall
    polizeilich aufnehmen zu lassen und diesen unverzüglich im Betrieb zu melden,
–   Verpflichtung zur Pflege des Fahrzeuges: das Fahrzeug, mit dem der
    Servicetechniker vorfährt, ist ein äußerlich sichtbares Bild des Unternehmens,
–   Verpflichtung zur Inspektion in den vom Hersteller empfohlenen Intervallen
    sowie zur Instandhaltung,
–   jederzeitige Widerrufbarkeit der Regelung; hierdurch bleibt das Unternehmen
    flexibel, will es zu einem späteren Zeitpunkt eigene Fahrzeuge einsetzen,
–   Regelung, wie die Nutzung des eigenen Fahrzeuges abgegolten wird,
–   Hinweis auf den zwingenden Abschluss einer Haftpflichtversicherung.

bb. Der Verkehrsunfall

Auch bei zu betrieblichen Zwecken genutzten Privatfahrzeugen führen Verkehrsunfälle gelegentlich zu Streitigkeiten zwischen Kundendienstunternehmen und ihren Mitarbeitern. Dabei geht es zumeist um den Schaden am Fahrzeug des Mitarbeiters sowie um den sog. Rückstufungsschaden in der Haftpflicht- und Vollkaskoversicherung.

(1) Der Schaden am eigenen Fahrzeug

Verursachen Servicetechniker bei dienstlichen Fahrten mit dem eigenen Fahrzeug einen Verkehrsunfall, möchten sie die Kosten für die Reparatur auch bei fehlendem Verschulden ihres Arbeitgebers erstattet haben, weil sie das Fahrzeug zur Erfüllung einer vertraglichen Verpflichtung ihres Arbeitgebers eingesetzt haben.

Einen Erstattungsanspruch haben Mitarbeiter als Aufwendungsersatz im Sinne von § 670 BGB unter folgenden Voraussetzungen: Das Fahrzeug muss mit Billigung oder auf Weisung des Arbeitgebers in dessen Betätigungsbereich eingesetzt worden sein. Dies ist im Instandhaltungsgeschäft bei Fahrten zu bzw. von den technischen Einrichtungen regelmäßig der Fall[642]. Der Servicetechniker darf ferner keine Gegenleistung erhalten, die über die steuerlich anerkannte Kilometerpauschale hinausgeht und die das Unfallrisiko damit angemessen ausgleichen würde. Ein solcher angemessener Ausgleich ist beispielsweise

---

[642] Einen Erstattungsanspruch hat der Arbeitnehmer, der beispielsweise ein Seminar besuchen soll, daher in
der Regel nicht, wenn der Arbeitgeber ihm freigestellt hat, welches Verkehrsmittel er wählt und der Arbeitnehmer sein eigenes Fahrzeug wegen persönlicher Erleichterung oder aus Gründen der Zeitersparnis
wählt (LAG Düsseldorf, DB 2006, 510, 511; Küttner-Griese, Aufwendungsersatz, Rd. 9).

eine vom Arbeitgeber pauschal gezahlte Abgeltung des Unfallrisikos mit einem Betrag in Höhe von monatlich brutto ca. € 200,00[643].

Weiterhin soll der Schaden für den Mitarbeiter außergewöhnlich hoch sein, also eine nicht unerhebliche Belastung darstellen[644]. Hier hat das BAG in einem Fall einen Eigenschaden von wenig mehr als € 250,00 als nicht ausreichend erachtet, um dem Mitarbeiter einen Erstattungsanspruch zuzubilligen[645]. Als Richtschnur mag hier die monatliche Nettovergütung des Mitarbeiters gelten[646]. Hat ein Mitarbeiter sein Fahrzeug vollkaskoversichert, besteht daher kein Anspruch auf Ausgleich der Selbstbeteiligung, da diese Vermögenseinbuße im Sinne der Rechtsprechung nicht außergewöhnlich hoch ist.

Ein Anspruch auf Ersatz des am eigenen Fahrzeug entstandenen Schadens ist ausgeschlossen, wenn der Servicemitarbeiter den Verkehrsunfall vorsätzlich verursacht hat. Hier können die Regeln, die von der Rechtsprechung zur Arbeitnehmerhaftung aufgestellt worden sind, jedenfalls als Richtschnur dienen, wobei zunächst auch hier vorrangig bestehender Schutz durch eine Vollkaskoversicherung ausgeschöpft werden muss. Einen Anspruch auf umfassenden Aufwendungsersatz gibt es daher bei Vorliegen der sonstigen Voraussetzungen nur bei unverschuldet oder leicht fahrlässig verursachtem Verkehrsunfall. Bei mittlerer und grober Fahrlässigkeit muss der Eigenschaden nach Billigkeitserwägungen zwischen den Beteiligten gequotet werden[647].

> Die rechtliche Begründung dafür, dass Arbeitnehmer von ihren Arbeitgeber unter den dargelegten Voraussetzungen Erstattung des am eigenen Fahrzeug entstandenen Schadens verlangen können, ergibt sich daraus, dass sich bei einem Verkehrsunfall mit dem Privatwagen des Arbeitnehmers während einer dienstlichen Fahrt ein betriebliches Risiko des Arbeitgebers verwirklicht. Würde der Arbeitgeber den Arbeitnehmer nicht für die Tätigkeit einsetzen, müsste er diese selbst verrichten. Würde er dem Mitarbeiter ein Fahrzeug zu Verfügung stellen, trägt er grundsätzlich das Risiko möglicher Schäden, mag er auch Schadensersatzansprüche gegen den Arbeitnehmer oder gegen Dritte haben. Das Risiko aus dem Geschäftsbetrieb liegt also beim Arbeitgeber, der den Mitarbeiter im seinem Betätigungsbereich beschäftigt. Nicht dem betrieblichen Betätigungsbereich zugeordnet sind dagegen Unfallfolgen während einer betrieblich veranlassten Fahrt, wenn Grund für den unverschuldeten Unfall die Verkehrsuntauglichkeit des Fahrzeuges ist[648].

---

[643] LAG Baden-Württemberg BB 1992, 568 f.; siehe auch Küttner-Griese, Aufwendungsersatz, Rd. 12, der allerdings bereits mit der steuerlich anerkannten Kilometerpauschale das Unfallrisiko abgegolten sehen will.

[644] BAG BB 1979, 783 f.; siehe auch Nägele/Schmidt, Das Dienstfahrzeug, BB 1993, 1797, 1802 ff.; das Kriterium des außergewöhnlich hohen Schadens findet sich allerdings z. B. in der Entscheidung BAG DB 1992, 630 nicht wieder; siehe demgegenüber Schaub-Linck, Arbeitsrechts-Handbuch, § 54 II. 1. Rd. 2.

[645] BAG BB 1979, 783 f.

[646] siehe S. 179 mit Hinweis in Fn. 620 auf LAG Nürnberg LAGE § 611 BGB – Arbeitnehmerhaftung Nr. 14.

[647] Siehe S. 178 ff.; auch bei grober Fahrlässigkeit sollte der Aufwendungsersatzanspruch begrenzt werden; siehe auch: Küttner-Griese, Aufwendungsersatz, Rd. 15, 16 mit Hinweisen auch zur Versicherbarkeit durch den Arbeitnehmer und eventuellen sich daraus ergebenen Folgen.

[648] LAG Düsseldorf, DB 2006, 510 f. zu nicht erkennbarer mangelhafter Bereifung des kurz zuvor durch den Arbeitnehmer gebraucht gekauften Fahrzeuges.

(2)   Der Rückstufungsschaden in der Haftpflicht- und Vollkaskoversicherung

Neben Schäden am eigenen Fahrzeug können Servicetechniker bei Verkehrsunfällen weitere Vermögenseinbußen erleiden. Hierbei handelt es sich in erster Linie um den finanziellen Nachteil, der durch den Verlust des Schadensfreiheitsrabatts nach Regulierung eines Verkehrsunfalls entsteht. Einen solchen sog. Rückstufungsschaden hat der Arbeitgeber nicht zu ersetzen, wenn als Gegenleistung für die Nutzung des Fahrzeuges die steuerlich anerkannte Kilometerpauschale gezahlt wird und weitere arbeitsvertragliche Zusagen nicht bestehen[649]. Servicetechniker erhalten mit der Kilometerpauschale den durchschnittlichen Aufwand für ihr Fahrzeug erstattet, soweit es für betriebliche Zwecke genutzt wird. Fahren sie unfallfrei und vermindern durch einen günstigen Schadensfreiheitsrabatt ihre Kosten, kommt ihnen die Pauschalierung nach Maßgabe der steuerlich anerkannten Kilometerpauschale zugute. Bei weniger gutem Schadensfreiheitsrabatt haben sie entsprechend das Risiko einer höheren Belastung zu tragen, das ihnen aus einem Verkehrsunfall entsteht.

cc.   Die Gegenleistung für die Nutzung des privaten Kraftfahrzeuges

Für die Nutzung privater Fahrzeuge ist zwischen Kundendienstunternehmen und Servicetechniker eine Regelung zu treffen, wie diese Nutzung abgegolten werden soll. Weit verbreitet ist dabei der Rückgriff auf die steuerlich anerkannte Kilometerpauschale. Eine weitere Möglichkeit ist die Erstattung der konkreten Kosten, die sich für die dienstlichen Fahrten als Teil der Gesamtkosten des Fahrzeuges ergeben[650].

c.   Die Erstattung von Verteidigerkosten, Geldstrafen und Geldbußen

Servicetechniker verlangen von ihrem Arbeitgeber mitunter die Erstattung gezahlter Bußgelder oder Geldstrafen, die gegen sie nach einem Verkehrsunfall oder bei einem Verstoß gegen die Straßenverkehrsordnung verhängt worden sind. Bei einem Verkehrsunfall möchten sie zudem die Kosten ersetzt haben, die sie für einen Rechtsanwalt aufgewendet haben, um sich in einem Ermittlungs- oder Strafverfahren angemessen verteidigen zu können.

aa.   Die Erstattung von Verteidigerkosten

Mitarbeiter können die Erstattung von Verteidigerkosten als Aufwendungen unter den Voraussetzungen des § 670 BGB von ihrem Arbeitgeber verlangen. Dies setzt insbesondere voraus, dass die Aufwendungen dem Betätigungsbereich des Arbeitgebers zuzurechnen sind. Das BAG hat dies z. B. angenommen, wenn ein Berufskraftfahrer – für

---

[649] BGH NZA 1993, 262 f. = BB 1992, 2363 f.; siehe auch Schaub-Linck, Arbeitsrechts-Handbuch, § 54 II. 2. Rd. 7 sowie Nägele/Schmidt, Das Dienstfahrzeug, BB 1993, 1797, 1804, 1805.

[650] Zu Einzelheiten siehe Küttner-Thomas, Dienstreise, Rd. 39.

Servicetechniker gilt dies in gleicher Weise – auf einer Dienstfahrt in einen Verkehrsunfall verwickelt worden ist, den Unfall unverschuldet verursacht hat und der gegen ihn erhobene Tatvorwurf schwer wiegt. Dies ist z. B. bei dem Vorwurf fahrlässiger Tötung[651] oder Körperverletzung der Fall.

Einschränkungen unterliegt ein solcher Erstattungsanspruch, wenn der Unfall verschuldet verursacht worden ist (§ 254 BGB)[652]. Ein Mitverschulden an dem Verkehrsunfall ist entsprechend zu berücksichtigen, wobei grobe Fahrlässigkeit in der Regel und Vorsatz in jedem Fall zum Ausschluss des Erstattungsanspruches führt. Dies ergibt sich aus der Umkehr des Grundsatzes, dass Mitarbeiter bei grober Fahrlässigkeit sowie bei Vorsatz Schäden, die dem Arbeitgeber entstanden sind, grundsätzlich ersetzen müssen[653].

Erstattungsfähig sind nur notwendige Kosten der Verteidigung. Dies sind diejenigen Kosten, die sich aus dem Gesetz über die Vergütung der Rechtsanwälte und Rechtsanwältinnen (RVG) ergeben[654]. Für darüber hinausgehende Honorare, bei denen z. B. auf der Basis von Stunden abgerechnet wird[655], besteht nur Anspruch auf Erstattung, wenn besondere Umstände dies ausnahmsweise rechtfertigen.

bb. Geldstrafen und Geldbußen

Eine Geldstrafe, die gegen einen Servicetechniker beispielsweise wegen fahrlässiger Körperverletzung im Straßenverkehr verhängt worden ist, muss das Unternehmen nicht erstatten. Strafen sind nach dem Verständnis unserer Rechtsordnung persönlicher Natur, für die der Verurteilte selbst aufzukommen hat. Er hat daher keinen Anspruch darauf, dass sein Arbeitgeber ihm die Geldstrafe erstattet. Eine freiwillige Zahlung ist aber möglich[656], da der Tatbestand der Strafvollstreckungsvereitelung im Sinne von § 258 Abs. 2 StGB durch eine solche Zahlung nicht erfüllt wird[657].

Für eine von einem Servicetechniker begangene Ordnungswidrigkeit, die zu einer Geldbuße geführt hat, gelten diese Grundsätze ebenfalls. Auch eine Geldbuße muss das Unternehmen nicht übernehmen, kann dies aber wiederum[658].

---

[651] BAG NJW 1995, 2372: Vorwurf der fahrlässigen Tötung mit Einstellung im Sinne von § 170 Abs. 2 StPO wegen Unvermeidbarkeit des Unfalls.

[652] Siehe hierzu BAG NJW 1995, 2372, 2373; Schaub-Linck, Arbeitsrechts-Handbuch, § 54 II. 3. Rd. 8.

[653] Siehe zu den Grundsätzen im Einzelnen S. 178 ff.

[654] BAG NJW 1995, 2372, 2373.

[655] BAG NJW 1995, 2372, 2373: In der Regel dürfte die Erstattungspflicht nur im Rahmen der Mittelgebühren des RVG gegeben sein.

[656] Holle/Friedhofen, Die Abwälzung von Geldstrafen und Geldbußen auf den Arbeitgeber, NZA 1992, 145, 152; Abreden, dass der Arbeitgeber solche Geldbußen übernimmt (Stichwort insbesondere: Verstoß gegen Lenk- und Ruhezeiten von LKW-Fahrern), sind dagegen sittenwidrig (Küttner-Griese, Aufwendungsersatz, Rd. 19, 20).

[657] BGH NJW 1991, 990, 992.

[658] Im Zweifel ist die Erstattung einer Geldstrafe oder -buße wiederum Entgelt. Entsprechend sind die Regelungen zum Steuer- und Sozialversicherungsrecht wiederum zu beachten.

4. Betriebskosten bei Mietverträgen und die Instandhaltungsvergütung

Haustechnische Einrichtungen wie Heizungs- und Warmwasserversorgungsanlagen, Aufzüge, Klima- und Alarmanlagen, Rolltore etc. bedürfen der regelmäßigen Instandhaltung. Eigentümer lassen diese Leistungen in der Regel durch eine Fachfirma ausführen. Haben sie mit dieser einen Instandhaltungsvertrag abgeschlossen haben, zählt dessen Vergütung zu den Bewirtschaftungskosten des Gebäudes[659]. An diesen Kosten werden Mieter heute regelmäßig beteiligt (sog. zweite Miete). Gelegentlich kommt es zum Streit darüber, ob und in welchem Umfang der Mieter diese Kosten[660] ganz oder anteilig tragen muss.

Nach dem gesetzlichen Leitbild ist der Vermieter gemäß § 535 Abs. 1 S. 2 BGB dazu verpflichtet, die Mietsache während der Mietzeit in einem zu dem vertraglichen Gebrauch geeigneten Zustand zu erhalten. Der Mieter hat für den Gebrauch der Mietsache gemäß § 535 Abs. 2 BGB den Mietzins zu zahlen. Dem Vermieter entstehende Bewirtschaftungskosten, insbesondere Betriebskosten, zu denen auch die Vergütung von Instandhaltungsverträgen zählen, sind von dem Mieter nur dann zu tragen, wenn die gesetzlichen Vorschriften dies zulassen und der Mietvertrag den Mieter durch eine hinreichend genaue vertragliche Regelung hierzu verpflichtet[661]. Der Gesetzgeber macht zudem für die Weitergabe von Betriebskosten an den Mieter in §§ 556 f. BGB Vorgaben, die bei der Gestaltung von Mietverträgen über Wohnraum berücksichtigt werden müssen.

a. Gewerbe- und Geschäftsraummiete

Bei Mietverhältnissen über Gewerbe- und Geschäftsräume sind die Vertragsparteien zunächst frei, wie sie die Betriebs- und sonstigen Bewirtschaftungskosten des Mietobjektes verteilen. Insbesondere gilt § 556 BGB nicht (§ 578 Abs. 2 S. 1 BGB), auch wenn hinsichtlich der Begrifflichkeiten auf ihn zurückgegriffen wird[662]. Dieser höhere Freiheitsgrad gilt sowohl allgemein für die Weitergabe der Instandhaltungslast als auch für den Umfang der Kosten und Kostenarten, die an den Mieter weitergegeben werden können sowie für die Verteilung auf mehrere gewerbliche Mietparteien. Zu beachten sind dabei allerdings die allgemeinen vertragsrechtlichen Grenzen, die sich aus den Vorschriften zur

---

[659] Siehe zum Begriff Betriebskosten die Legaldefinition des § 556 BGB Abs. 1 S. 2 sowie im Übrigen zu den Begriffen Bewirtschaftungskosten und Nebenkosten Schmidt/Futterer-Eisenschmid, § 535 BGB Rd. 589 ff. und § 556 Rd. 91 ff.; ferner Sternel, IV 1 ff.

[660] Im Mietrecht werden die Begriffe Instandhaltung und Instandsetzung nicht im Sinne der DIN 31051 verstanden, insbesondere wird die Hierarchie, nach der die Instandhaltung der Oberbegriff ist, unter den sich u. a. Wartung und Instandsetzung unterordnen, nicht nachvollzogen (siehe § 1 Abs. 2 Nr. 1 BetrKVO sowie z. B. Palandt-Weidenkaff, § 535 Rd. 38; Schmidt/Futterer-Langenberg, § 538 BGB Rd. 24 ff., wonach der mietrechtliche Instandhaltungsbegriff eher als Wartung im Sinne der DIN 31051 zu verstehen ist; in den Begrifflichkeiten wiederum etwas anders Sternel, V 10 ff.).

[661] Sternel, V 123 ff.

[662] Sternel, V 2.

Gestaltung rechtsgeschäftlicher Schuldverhältnisse durch Allgemeine Geschäftsbedingungen (§§ 305 ff. BGB) sowie aus sonstigen Vorschriften (u. a. § 138 BGB) ergeben[663].

Die Parteien eines gewerblichen Mietverhältnisses können daher vereinbaren, dass der Mieter die Instandhaltungslast beispielsweise der Heizungsanlage zu tragen hat[664], indem er z. B. im eigenen Namen einen Servicevertrag mit dem Hersteller oder einem Dritten abschließt. Verbleibt die Instandhaltungslast beim Vermieter, kann der Mietvertrag wirksam regeln, dass der Mieter die Vergütung eines einfachen Wartungsvertrages zu tragen hat. Aber auch die Vergütung eines Vollwartungsvertrages, der im Sinne der DIN 31051 auch die mit der pauschalen Vergütung abgegoltene Instandsetzung (Reparatur) defekter oder verschlissener Teile zum Inhalt hat, kann bei entsprechender Vereinbarung in dem Mietvertrag an den gewerblichen Mieter weitergegeben werden. Auch in Formularmietverträgen sollte eine hinreichend exakte Regelung nicht an § 307 BGB scheitern[665].

b. Wohnraummiete

Bei Mietverhältnissen über Wohnraum können die Mietparteien wirksam vereinbaren, dass der Mieter die Betriebskosten zu tragen (§ 556 Abs. 1 S. 1 BGB). In diesem Fall regelt sich die Kostentragungslast für die Betriebskosten nach der BetrKV[666].

Die Vorgaben in § 556 BGB zeigen bei der Wohnraummiete aber auch die Grenzen auf, bis zu denen in Mietverträgen Kosten weitergegeben werden können. Anders als bei gewerblichen Mietverhältnissen können Mieter nicht verpflichtet werden, über die Betriebskosten hinaus auch solche Kosten zu tragen, die im mietrechtlichen Sinne die Erhaltung des Mietobjektes betreffen (Instandhaltung und Instandsetzung im Sinne des § 1 Abs. 2 Nr. 2 BetrKV). Dies betrifft insbesondere Kosten für Instandsetzungsmaßnahmen wie Reparaturen an dem Mietobjekt einschließlich dessen technische Einrichtungen und Anlagen[667]. Für Instandhaltungsverträge haustechnischer Anlagen heißt dies, dass insbe-

---

[663] Auch bei gewerblichen Mietverhältnissen ist eine grenzenlose Weitergabe von Kosten nicht zulässig und scheitert bei Formularmietverträgen an § 307 BGB (BGH XII ZR 158/01); siehe zu Einzelheiten bei der Weitergabe der mietrechtlich verstandenen Instandsetzung und Instandhaltung Sternel, II 181 ff. (Formularklausel-ABC).

[664] Vgl. ausführlich Schmidt/Futterer-Langenberg, § 538 BGB Rd. 24, 25 ff. mit Hinweisen auf die geltende Rechtsprechung und die gegen diese von der Literatur ins Feld geführten Argumente.

[665] Grenzen wird man dort ziehen müssen, wo über die Instandhaltung hinaus die Kosten einer Generalüberholung oder Modernisierung an den gewerblichen Mieter weitergeben werden sollen. Solche Kosten muss der Vermieter aus dem Ertrag des Gebäudes erwirtschaften und in die Miete einsteuern.

[666] Daneben kennt das Gesetz bei preisgebundenem Wohnraum zu Betriebskosten die Vorschriften der §§ 2, 3, 20 ff. Neubaumietenverordnung in Verbindung mit der Anlage 3 der 2. Berechnungsverordnung. Die Vorschrift des § 556 BGB hat im Zuge der Mietrechtsreform 2001 dieses Verständnis aufgenommen und mit der aus der Anlage 3 der 2. Berechnungsverordnung entwickelten Betriebskostenverordnung die Rechtsgrundlage für die Umlage von Betriebskosten geschaffen.

[667] Vgl. Schmidt/Futterer-Langenberg, § 538 BGB Rd. 52 ff., Palandt-Weidenkaff, § 535 BGB Rd. 32 ff., 44 ff., Sternel, II 195 ff. jeweils m. w. N. zu den Voraussetzungen und Grenzen, in denen Instandsetzungskosten in Formularmietverträgen an Mieter weitergegeben werden können. Zulässig ist dies nur in Bagatellfällen unter Beachtung bestimmter Höchstgrenzen (gegenwärtige Praxis: € 75 bis max. € 100 je Einzelfall bei max. 6 bis 8% der Jahresnettomiete). Die Instandhaltungslast selbst darf nicht auf den Mieter übertragen werden (vgl. statt vieler Paldandt-Weidenkaff, § 535 BGB Rd. 44).

sondere bei Vollwartungsverträgen, bei denen das Serviceunternehmen auch zur Instandsetzung, also zur Reparatur einschließlich des Austausches verschlissener oder sonst defekter Bauteile verpflichtet ist, die Kosten für den Reparatur- bzw. Instandsetzungsanteil entsprechend herausgerechnet werden müssen. In der Praxis führt dies in der Regel zu einem angemessenen Abzug zugunsten des Mieters[668].

aa.   Aufzüge

Betriebskosten im Sinne der Betriebskostenverordnung sind u. a. die Kosten des Betriebes von Personen- oder Lastenaufzügen (§ 2 Nr. 7 BetrKV). Hierzu zählen der Betriebsstrom, die Beaufsichtigung, Bedienung, Überwachung und Pflege der Anlage, die regelmäßige Prüfung der Betriebsbereitschaft und -sicherheit einschließlich der Einstellung durch eine Fachkraft sowie die Kosten der Reinigung. Insbesondere zur regelmäßigen Prüfung der Betriebsbereitschaft und -sicherheit einschließlich der Einstellung bedienen sich die Eigentümer in der Regel des Herstellers der Anlage oder eines Dritten und verpflichten diesen über einen Wartungsvertrag.

(1)   Einfache Wartungsverträge

Die Kosten eines Wartungsvertrages können vollständig an den/die Mieter weitergegeben werden, wenn der Vertrag lediglich Inspektions- und Wartungstätigkeiten im Sinne der DIN 31051 zum Inhalt hat[669]. Zu den umlagefähigen Betriebskosten solcher Wartungsverträge zählen auch Entgelt- und Materialkosten, die bei dem Austausch von Kleinteilen im Zuge der Wartung[670] oder bei einem Entstörungseinsatz anfallen, da solche Kosten nicht der Instandsetzung einer Aufzugsanlage, sondern dem Betrieb zuzurechnen sind[671]. Verpflichtet also beispielsweise ein Wartungsvertrag das Kundendienstunternehmen, Kleinteile bis zu einem bestimmten Wert[672] ohne zusätzliche Vergütung auszutauschen, kann die Vergütung vollständig auf die Mieter umgelegt werden. Dies sollte auch bei Entstörungen, bei denen keine Ersatzteile oder allenfalls Kleinteile ausgewechselt werden, gelten, wenn der Einsatz außerhalb der regelmäßigen Wartungen ausgeführt wird, ohne dass hierfür eine gesonderte Vergütung zu entrichten ist.

---

[668]   Schmidt/Futterer-Langenberg, § 556 BGB Rd. 98.

[669]   Die in der Betriebskostenverordnung insoweit genannten Tätigkeiten decken sich zum Teil mit den Betreiberpflichten aus § 12 Abs. 3 BetrSichV (vgl. hierzu S. 21 ff. sowie Schmidt/Fütterer-Langenberg, § 556 Rd. 135).

[670]   Die Praxis kennt Verträge, bei denen Kleinteile bis zu einem bestimmten Wert kostenfrei ausgetauscht werden, soweit dies im Zuge der Wartung geschieht. So verpflichtet Ziffer 2.2 des AMEV-Vertragsmusters Wartung 2006 den Auftragnehmer in diesem Sinne und bestimmt in Ziffer 5.1, dass Klein-/Ersatzteile bis zu einem Nettowert von insgesamt € 25 je Wartung und Anlage mit der Vergütungspauschale abgegolten sind (Anhang 2).

[671]   Dies ist streitig. Siehe u. a. Schmidt/Fütterer-Langenberg, § 556 BGB Rd. 138 sowie AG München WM 1978, 87, 88, das Störungseinsätze zu Kosten der Instandhaltung im Sinne des § 1 Abs. 2 Nr. 2 BetrKVO und nicht zu den Betriebskosten zählt, ferner AG Bruchsal WuM 1988, 62, 63, LG Hamburg NZM 2001, 806 f. sowie LG Duisburg, WuM 2004, 717 f.

[672]   Ein Wert von € 50 bis 75 pro Wartung sollte als zulässige Grenze betrachtet werden.

Vermieter müssen zudem das Gebot der Wirtschaftlichkeit des § 556 Abs. 3 S. 1, 2. Halbsatz BGB beachten. Der Leistungsinhalt eines Wartungsvertrages muss daher an die konkreten Nutzungsverhältnisse des Aufzuges angepasst sein. Dies gilt insbesondere für die Häufigkeit der Wartungsintervalle. Ist z. B. für eine Aufzugsanlage in einem Gebäude mit sieben Stockwerken und fünf Mietparteien eine monatliche Wartung vorgesehen, handelt es sich um ein unnötig kurzes Wartungsintervall[673]. Hier wäre es ausreichend, wenn der Aufzug alle zwei oder drei Monate gewartet werden würde[674]. Der Vermieter muss daher in einem solchen Fall bei der Umlage der Kosten des Wartungsvertrages zugunsten der Mieter einen entsprechenden Abzug machen oder mit dem Instandhaltungsunternehmen ein anderes Wartungsintervall vereinbaren.

(2) Vollwartungsverträge

Bei Vollwartungsverträgen, die neben der Wartung auch die mit der Vergütung abgegoltene Instandsetzung im Sinne der DIN 31051 zum Inhalt haben, dürfen die Kosten für die Instandsetzung bei der Umlage nicht berücksichtigt werden. Diese sind keine Betriebkosten im Sinne der BetrKV. Die Instandsetzungskosten sind vielmehr anteilig abzuziehen, wobei dies geschätzt werden darf[675]. Unterschiedlich bewertet wird dabei, in welchem Verhältnis Wartung und Instandsetzung zueinander stehen. Dieses Verhältnis reicht von 80% der Kosten eines Vollwartungsvertrages als umlagefähige Inspektions- und Wartungskosten [676] bis zu deutlich geringeren Ansätzen von 50%[677].

Der Vermieter muss dabei den Betriebskostenanteil eines Vollwartungsvertrages und damit das Umlageverhältnis darlegen und ggf. beweisen[678], jedenfalls aber muss er, ggf. mit Unterstützung seines Servicepartners eine nachvollziehbare Grundlage für eine Schätzung zu schaffen[679].

(3) Notrufeinrichtungen

Aufzüge sind heute vielfach über Telefon an einen Notdienst angeschlossen. Kundendienstunternehmen oder Notrufzentralen nehmen dabei Notrufe aus dem Aufzug entge-

---

[673] Schmidt/Futterer-Langenberg, § 560 BGB Rd. 94; AG Köln WuM 1987, 274, 275.

[674] Hilfreich sind hier die Empfehlungen der VDI 3810 Blatt 6, Anhang A.

[675] Schmidt/Futterer-Langenberg, § 556 Rd. 137; AG Hamburg WuM 1987, 274, 275.

[676] LG Berlin, Das Grundeigentum, 1987, 827; LG Berlin, Das Grundeigentum, 1987, 89; LG Berlin, Das Grundeigentum, 1990, 665; AG Charlottenburg Az. 9 C 435/97 (unveröffentlicht).

[677] AG Bruchsal WuM 1988, 62, 63 (umlagefähiger Betriebskostenanteil: 60%); AG München WuM 1978, 87, 88 (50%); AG Rheinbach WuM 1988, 220 (50 %); LG Essen WuM 1991, 702 (50%); LG Aachen DWW 1993, 42 (60%); AG Leipzig Az. 50 C 11340/00 vom 08. Juli 2002 (70%); LG Duisburg WuM 2004, 717 f. (50 bis 60%). In dem Fall des LG Essen war der Vermieter nicht in der Lage, darzulegen und zu beweisen, dass der Anteil für die Instandsetzung geringer als 50% war. Aus diesem Grunde ist das Gericht mangels anderer Erkenntnisse den Entscheidungen des AG München und des AG Rheinbach gefolgt und hat im Rahmen der Schätzung einen Abzug von 50% angenommen.

[678] LG Berlin, Das Grundeigentum, 1999, 777.

[679] Siehe Schmidt/Futterer-Langenberg, § 556 Rd. 137.

gen und veranlassen die Befreiung eingeschlossener Personen[680]. Die Kosten für den Betrieb von Notrufeinrichtungen, deren Pflege und die Kosten für das Vorhalten eines Bereitschaftsdienstes für Noteinsätze sind Betriebskosten eines Aufzugs im Sinne der § 2 Nr. 7 BetrKV. Sie können auf die Mieter umgelegt werden[681].

(4)   Unterstützung gesetzlich vorgeschriebener Prüfungen

Aufzugsanlagen müssen durch zugelassene Überwachungsstellen regelmäßig geprüft werden (§ 15 BetrSichV). Hierzu ist häufig Unterstützung von Fachkräften des Kundendienstunternehmens erforderlich, das die Anlage im Service betreut. Die Prüfkosten sowie in diesem Zusammenhang anfallende Kosten für Prüfgewichte wie auch die Kosten für eine beigestellte Fachkraft des Servicepartners sind Betriebskosten des Aufzugs im Sinne des § 2 Nr. 7 BetrKV und damit unter den weiteren Voraussetzungen der §§ 556 f. BGB vom Mieter zu tragen[682].

(5)   Störungsbeseitigungen

Kosten für den Einsatz eines Störungsdienstes sind gleichfalls Betriebskosten eines Aufzugs, soweit zur Wiederinbetriebnahme lediglich Wartungsarbeiten ausgeführt[683] oder Kleinteile gewechselt werden müssen[684]. Enthält ein Wartungsvertrag die Verpflichtung, im Zuge der Wartung ohne zusätzliche Vergütung Kleinteile auszutauschen oder Entstörungen vorzunehmen, bei denen keine Ersatzteile im Sinne einer Reparatur ausgetauscht oder allenfalls Kleinteile gewechselt werden, ist dieser Anteil den Betriebskosten der Aufzugsanlage zuzurechnen und kann an die Mieter weitergereicht werden[685]. Es handelt sich dabei um Entstörungen des Aufzugs, die in der Regel dessen Betrieb entspringen, insbesondere dessen unsachgemäßer Nutzung. Sie haben in diesem Sinne mit einer (werkstattmäßigen) Reparatur oder einer Instandsetzung nichts zu tun.

---

[680] Für neu in den Verkehr gebrachte Aufzugsanlagen sind Notrufeinrichtungen gesetzlich vorgeschrieben. § 12 Abs. 4 BetrSichV verpflichtet den Betreiber einer Aufzugsanlage entsprechend.

[681] AG Hamburg WuM 1987, 127 f.; LG Gera WuM 2001, 615 f., wonach auch der Mietzins für eine zur Miete überlassene Notrufeinrichtung umlagefähig ist (anders: Sternel, V 53, der Leasingkosten als Kapitalersatzkosten nicht berücksichtigen will).

[682] Schmidt/Futterer-Langenberg, § 556 BGB Rd. 134; stellt das Serviceunternehmen die Fachkraft im Rahmen eines Vollwartungsvertrages ohne gesonderte Kosten bei, ist dies entsprechend bei dem Umlageschlüssel zugunsten der umlagefähigen Betriebskosten zu berücksichtigen.

[683] Schmidt/Futterer-Langenberg, § 556 BGB Rd. 138; a. A. AG Bruchsal WuM 1988, 62; LG Hamburg NZM 2001, 806 f.

[684] Dies ist streitig. Siehe u. a. Schmidt/Futterer-Langenberg, § 556 Rd. 138; Sternel, V 50 m. w. N.; LG Berlin, Das Grundeigentum 1987, 827; das LG unterschied zwischen der nicht umlagefähigen Reparatur im Sinne einer werkstattmäßigen Bearbeitung sowie der dem Betrieb der Aufzugsanlage zuzuordnenden Störungsbeseitigung, die mit Bordmitteln des Servicetechnikers durchgeführt werden kann. Siehe dagegen die neueren Entscheidungen auf S. 191 Fn. 671.

[685] Siehe LG Berlin, Das Grundeigentum 1987, 827 zu einem Vollwartungsvertrag; so auch LG Hamburg WuM 1978, 242; a. A.: LG Hamburg NZM 2001, 806 f.; LG Duisburg, WuM 2004, 717 f.

(6)   Abrechnungsmaßstab

Die umlagefähigen Betriebskosten sind gemäß § 556a Abs. 1 S. 1 BGB nach dem Anteil der Wohnfläche umzulegen, soweit die Parteien nichts anderes vereinbart haben oder sonstige Vorschriften keine anderen Vorgaben machen. Ob bei einem Aufzug das Erdgeschoss von der Umlage ausgenommen werden kann (vgl. zu preisgebundenem Wohnraum § 24 Abs. 2 S. 2 NMV[686]), war lange streitig. Die Ausnahme in § 24 Abs. 2 NMV wurde zum Teil als Verpflichtung verstanden, wenn Mieter des Erdgeschosses den Aufzug aus tatsächlichen Gründen nicht nutzen können, weil beispielsweise der Keller nicht angefahren wird und der Dachboden als nutzbarer Raum nicht zur Verfügung steht[687]. Der BGH hat mittlerweile entschieden, dass der Mieter einer Erdgeschosswohnung durch die Beteiligung an den Aufzugskosten auch in einem Formularmietvertrag nicht unangemessen benachteiligt wird[688].

Nicht zulässig ist es dagegen, die Kosten nur auf die jeweils vermieteten Mieteinheiten eines Gebäudes zu verteilen[689]. Dies gilt auch dann, wenn in dem Mietvertrag vereinbart ist, die Kosten nach billigem Ermessen umzulegen[690].

bb.   Heizungs- und Warmwasserversorgungsanlagen

Für zentrale Heizungs- und Warmwasserversorgungsanlagen bestimmt die Verordnung über Heizkostenabrechnung, die sog. Heizkostenverordnung (HeizkV), in ihrem Anwendungsbereich, welche Betriebskosten an Mieter weiterzugeben sind. Gemäß § 1 Abs. 1 der HeizkV gilt die Verordnung für sämtliche Mietobjekte, die über eine zentrale Heizungs- und Warmwasserversorgungsanlage verfügen. Nach § 7 HeizkV sind umlagefähige Betriebskosten neben den Kosten für den Brennstoff die Kosten für die Überwachung und Pflege, die Einstellung durch einen Fachmann, die regelmäßige Prüfung der Betriebsbereitschaft und -sicherheit sowie die Reinigung. Außerhalb des Geltungsbereichs der HeizkV ist die Weitergabe der Kosten nach Maßgabe der jeweils getroffenen Vereinbarung gemäß §§ 556, 556a BGB in Verbindung mit § 2 Nr. 4 und 5 BetrKV möglich.

(1)   Einfache Wartungsverträge

Zu den Betriebskosten der Überwachung, Pflege und Reinigung von Heizungs- und Warmwasserversorgungsanlagen zählen wie bei Aufzügen die Kosten eines einfachen

---

[686] Die NMV gilt für den Altbestand im sozialen Wohnbaurecht (§ 50 WoFG).

[687] So AG Hamburg NJW-RR 1987, 912; können Mieter den Aufzug tatsächlich nutzen, weil auf dem Dachboden ein Wasch- und Trockenraum ist, müssen sie die Betriebskosten für die Aufzugsanlage auch dann tragen, wenn sie von dieser Nutzungsmöglichkeit keinen Gebrauch machen (LG Köln WuM 1978, 207, 208; vgl. auch OLG Düsseldorf NJW-RR 1986, 95, 96 bei einer WEG).

[688] BGH VIII ZR 103/06.

[689] Grundlegend: BGH VIII ZR 159/05; im Regelfall kann der Vermieter zudem keine Änderung des Verteilungsschlüssels wegen des Leerstandes von Wohnungen verlangen.

[690] LG Köln WuM 1978, 207, 208.

Wartungsvertrages[691]. Betriebskosten sind zudem Kosten für Entstörungen und Kleinreparaturen, die bei der Wartung üblicherweise anfallen. Dies betrifft z. B. den Austausch von Filtereinsätzen oder Düsen[692]. Enthalten Wartungsverträge die Verpflichtung, solche Kleinreparaturen auszuführen und sind die Kosten mit der Vergütung abgegolten, zählt die gesamte Vergütung zu den umlagefähigen Betriebskosten der Anlage[693].

(2) Vollwartungsverträge

Ist für eine zentrale Heizungs- und Warmwasserversorgungsanlage ein Vollwartungsvertrag abgeschlossen worden, muss aus der Vergütung derjenige Anteil herausgerechnet werden, der auf die Instandsetzung entfällt. Nur bei dem verbleibenden Teil der Vergütung handelt es sich um Betriebskosten, die im Sinne des § 7 der HeizkV bzw. nach § 556 Abs. 1 BGB in Verbindung mit § 2 Nr. 4 und 5 BetrKV umlegbar sind. Die für Aufzüge geltenden Regeln finden entsprechende Anwendung[694]. Von welchem umlagefähigen Wartungsanteil dabei auszugehen ist, hängt davon ab, ob zwischen Wartung und Instandsetzung das gleiche Verhältnis wie bei Aufzugsanlagen angenommen werden kann. Mangels anderer Anhaltspunkte erscheint auch hier ein geschätzter Abschlag von ca. 30 % als angemessen und interessengerecht[695].

(3) Umlagemaßstab

Der Maßstab für die Umlage von Kosten einer zentralen Heizungs- und Warmwasserversorgungsanlage bestimmt sich nach §§ 7 ff. HeizkV bzw. § 556a Abs. 1 S. 2 BGB. Dabei werden die Gesamtkosten zu einem Teil nach dem tatsächlichen Verbrauch des jeweiligen Mieters, zum anderen Teil nach der Wohn- bzw. Nutzfläche umgelegt.

cc. Maschinelle Wascheinrichtungen

Gemäß § 2 Nr. 16 BetrKV sind bei Einrichtungen der Wäschepflege umlagefähige Betriebskosten die Kosten des Betriebsstromes, der Überwachung, Pflege und Reinigung, ferner die Kosten der regelmäßigen Prüfung ihrer Betriebsbereitschaft und -sicherheit sowie die Kosten der Wasserversorgung. Soweit Leistungen im Rahmen von Inspektions- oder Wartungsverträgen erbracht werden, können diese Kosten an die Mieter weitergegeben werden. Reparaturkosten bleiben auch hier außer Betracht.

---

[691] Schmidt/Futterer-Lammel, § 7 HeizkV Rd. 29.
[692] Schmidt/Futterer-Lammel, § 7 HeizkV Rd. 28; LG Hamburg WuM 1978, 242; bei Aufzügen geht die neuere Rechtsprechung von nicht umlagefähigen Instandhaltungskosten aus (siehe S. 191 Fn. 671).
[693] Siehe S. 191 f. zu Aufzugsanlagen.
[694] Sternel, V 16; Schmidt/Futterer-Lammel, § 7 HeizkV Rd. 29.
[695] LG Berlin, Das Grundeigentum, 1990, 665 (80%); AG Charlottenburg, Das Grundeigentum, 1991, 883 (80%); der Vermieter muss den Umlagemaßstab darzulegen und beweisen. Hierzu sollen die betriebswirtschaftliche Kalkulation des Wartungsunternehmens oder Feststellungen eines Sachverständigen herangezogen werden (Schmidt/Futterer-Lammel, § 7 HeizkV Rd. 29, Fn. 35).

dd. Sonstige Anlagen

Auch die Vergütungen von Instandhaltungsverträgen für sonstige Anlagen und Einrichtungen eines Gebäudes sind Betriebskosten (sonstige Betriebskosten im Sinne des § 2 Nr. 17 BetrKV). Solche Anlagen und Einrichtungen können Blitzschutz-, Brandmelde-, Lüftungs- und Klimaanlagen, Schließanlagen, Rolltore oder Schranken, aber auch Alarmanlagen sein. Die für Aufzüge sowie Heizungs- und Warmwasserversorgungsanlagen erläuterten Grundsätze sollten entsprechende Anwendung finden. Kosten einfacher Wartungsverträge sind daher umlagefähige Betriebskosten. Bei Verträgen mit weiter reichenden Instandsetzungspflichten muss dagegen ein entsprechender Abzug von der Vergütung vorgenommen werden. Der Maßstab für die Umlage bestimmt sich mangels anderer Vereinbarung im Zweifel nach dem Anteil der Wohnfläche (§ 556a Abs. 1 S. 1 BGB)[696].

---

[696] Siehe Näheres zu weiteren Anlagen bei Schmidt/Futterer-Langenberg, § 556 Rd. 210 ff.

Wartungsvertrag

zwischen   _____

                        _____

                        _____

                        - nachfolgend Auftraggeber genannt -

und   _____

                        _____

                        _____

                        - nachfolgend Auftragnehmer genannt –

Standort   _____
Fabriknummer   _____
Kundennummer _____
Herstellungsjahr _____

Der Auftragnehmer verpflichtet sich, die oben bezeichneten ....-Anlage (im Folgenden Vertragsgegenstand genannt) zu den Bedingungen dieses Vertrages regelmäßig zu
warten.

1.   Leistungen des Auftragnehmers[697]

a.   Inspektion

Der Auftragnehmer prüft im Rahmen der regelmäßigen Wartungsarbeiten folgende Einrichtungen des Vertragsgegenstandes:

–
–
–
–

---

[697] Soweit es für die technische Einrichtung eine Leistungsbeschreibung gibt, also z. B. das VDMA Ein-
heitsblatt 24186 (S. 29 Fn. 36, S. 51), mag diese dem Vertrag als Anlage beigefügt werden. Das vorlie-
gende Muster ist für einfache technische Einrichtungen gedacht, die eine detaillierte Leistungsbeschreibung nicht zwingend erfordern. Es kann aber bei Bedarf um eine solche erweitert werden. Für komple-
xere Maschinen und Anlagen sei eine Orientierung an dem Vertragsmuster des VDMA (siehe S. 42 f.)
sowie dem Muster in Heft 101 der Heidelberger Mustervertäge, Ulbrich/Ullrich, Der technische Servi-
ce- und Kundendienstvertrag, empfohlen.

b.   Wartung

-   Der Auftragnehmer ölt ...
-   Der Auftragnehmer schmiert ...
-   Der Auftragnehmer stellt nach ...
-   Der Auftragnehmer usw.

c.   Störungsbeseitigung

Der Auftragnehmer beseitigt kleinere Störungen, die er im Zuge der regelmäßigen Inspektions- und Wartungsarbeiten feststellt oder die ihm der Auftraggeber zuvor meldet, soweit diese den Inspektions- und Wartungsaufwand nur unwesentlich erhöhen.

Sonstige Tätigkeiten, insbesondere solche, die der Instandsetzung des Vertragsgegenstandes dienen, sind nicht Gegenstand dieses Vertrages.

d.   Leistungsausschlüsse

Zum Leistungsumfang des Auftragnehmers gehören nicht solche Maßnahmen der Instandhaltung, die auf unsachgemäße Benutzung, äußere Gewalt wie Vandalismus oder Fehlbedienung oder sonstige nicht vorhersehbare Einwirkungen zurückzuführen sind, ferner nicht auf die Verbesserung des Vertragsgegenstandes und die Beseitigung von Schwachstellen.

Der Auftragnehmer ist in diesen Fällen verpflichtet, die erforderlichen Instandhaltungsmaßnahmen auszuführen, wenn der Auftraggeber ihm einen gesonderten Auftrag erteilt und sein Betrieb hierauf eingerichtet ist. Der Auftragnehmer soll dem Auftraggeber zuvor ein Angebot vorlegen, aus dem sich der Umfang der Leistung sowie dessen Vergütung ergibt, wenn dies erforderlich ist oder von dem Auftraggeber verlangt wird.

Störungsbeseitigungen außerhalb der regelmäßigen Inspektions- und Wartungsarbeiten führt der Arbeitnehmer nach Aufforderung des Auftraggebers durch. Diese Leistungen werden nach den jeweils geltenden Verrechnungssätzen des Auftragnehmers verrechnet.

e.   Änderung gesetzlicher oder sonstiger Vorschriften

Ändern sich gesetzliche oder sonstige Vorschriften oder werden neue Vorschriften eingeführt, die für die Errichtung, den Betrieb oder die Instandhaltung des Vertragsgegenstandes gelten und wirkt sich dies auf den Leistungsumfang des Vertrages aus, ist der Auftragnehmer auf Verlangen des Auftraggebers verpflichtet, seine Leistung entsprechend anzupassen, soweit er hierzu technisch und personell in der Lage ist.

Die Parteien haben eine neue Vergütung zu vereinbaren, soweit sich aus den zuvor genannten Gründen der Aufwand des Auftragnehmers für die Instandhaltung ändert. Erzielen die Parteien hierüber innerhalb von drei Monaten keine Einigung, ist jede Vertragspartei berechtigt, den Vertrag mit einer Frist von drei Monaten zu kündigen.

f.   Leistungszeit

Der Auftragnehmer führt die in diesem Vertrag vereinbarten Leistungen nach Bedarf aus. Der Bedarf ergibt sich aus dem Grad der Beanspruchung des Vertragsgegenstandes. Dabei muss eine Wartung alle ... Kopien/Fahrten etc., spätestens jedoch alle ... Monate/Wochen durchgeführt werden.

Die Leistungen werden in Abstimmung mit dem Auftraggeber in der Zeit von ... bis ... ausgeführt.

2.   Pflichten des Auftraggebers

a.   Betreiberpflichten

Der Auftraggeber hat eine von ihm beauftragte Person in die Bedienung des Vertragsgegenstandes einzuweisen. Er führt ferner notwendige Kontrollen und sonstige Maßnahmen durch, die nach dem Gesetz, nach sonstigen Vorschriften oder aufgrund der technischen Dokumentation des Vertragsgegenstandes vorschrieben sind.

b.   Mitteilungs- und Auskunftspflichten

Bauliche Veränderungen, die die Funktion des Vertragsgegenstandes beeinträchtigen oder verändern können, beabsichtigte Erweiterungen, Verlegungen und Teilerneuerungen des Vertragsgegenstandes sind dem Auftragnehmer rechtzeitig mitzuteilen. Der Auftraggeber ist ferner verpflichtet, alle ihm bekannt gewordenen Störungen und Schäden sowie Änderungen der Betriebsbedingungen unverzüglich zu melden und zu dokumentieren. Der Auftraggeber hat dem Auftragnehmer zudem die Auskünfte über den Vertragsgegenstand und seine Betriebsbedingungen zu erteilen, die zur Ausführung der Leistungen notwendig sind.

c.   Sonstige Pflichten

Der Auftraggeber hat dem Auftragnehmer zur Ausführung der Leistungen dieses Vertrages Zutritt zu dem Vertragsgegenstand zu gewähren. Soweit dies für Leistungen des Auftragnehmers erforderlich ist, hat der Auftraggeber für die Dauer der Tätigkeiten des Auftragnehmers Personal zur Verfügung zu stellen sowie die Stromzufuhr kostenfrei zu gewährleisten.

3.   Wartungsvergütung

a.   Jährlicher Netto-Vertragspreis

Für die Leistungen gemäß Ziffer 1 a. bis c. dieses Vertrages erhält der Auftragnehmer eine monatliche/jährliche/etc. Vergütung in Höhe von:

EURO   _____

in Worten: _____

zuzüglich der jeweils gültigen gesetzlichen Umsatzsteuer.

Mit der Vergütung sind die Leistungen zu Ziffer 1 a. bis c. dieses Vertrages einschließlich aller Nebenkosten abgegolten.

b.   Zahlungsweise

Der Auftragnehmer legt zum Jahresbeginn für das laufende Kalenderjahr Rechnung. Der Auftraggeber hat die Vergütung nach seiner Wahl mit ... Prozent Skonto innerhalb von vierzehn Tagen nach Rechnungserhalt oder ohne Abzug jeweils zur Mitte eines jeden Quartals zu zahlen.

c.   Preisanpassung

Preisbasis für die vereinbarte Vergütung ist der Zeitpunkt des Vertragsabschlusses/das Jahr ... . Mit der vereinbarten Vergütung sind sämtliche Kosten abgegolten, die erforderlich sind, um die vertragliche Leistung zu erbringen. Dies sind insbesondere Material-, Entgelt- und Entgeltnebenkosten, gesetzliche Abgaben und Steuern sowie Wegekosten. Das Verhältnis zwischen Materialkosten, Entgelt- und Entgeltnebenkosten sowie fixen bzw. sonstigen Kosten beträgt 20%:20%:60%.

Ändert sich oder ändern sich nach Vertragsschluss Material- und/oder Entgelt- und Entgeltnebenkosten, können beide Vertragsparteien verlangen, dass die Vergütung angepasst wird. Die Vergütung ist entsprechend der Auswirkung der Veränderung der jeweiligen Kostenart oder -arten auf die Vergütung erhöhend oder mindernd anzupassen. Änderungen der fixen bzw. sonstigen Kosten lassen die Vergütung unverändert.

Der Auftraggeber hat eine Preisanpassung unter Erläuterung von Kostenerhöhungen und/oder -minderungen zu darzulegen. Er ist zudem verpflichtet, den Auftragnehmer auf Kostenänderungen hinzuweisen.

Die Veränderung der Vergütung kann erstmals in dem auf den Vertragsabschluss folgenden Jahr verlangt werden. Sie tritt einen Monat nach dem schriftlichen Verlangen in Kraft und wirkt nicht zurück.

d.   Zurückbehaltungsrechte

Kommt der Auftraggeber seinen Zahlungsverpflichtungen aus diesem Vertrag nicht nach, ist der Auftragnehmer berechtigt, seine Leistungen so lange auszusetzen, bis der Auftraggeber sämtliche fälligen Rechnungen dieses Vertrages ausgeglichen hat.

4.   Laufzeit

Der Vertrag wird für die Dauer von zwei[698] Jahren abgeschlossen. Er verlängert sich jeweils um ein weiteres Jahr, wenn er nicht spätestens drei Monaten vor dessen Ablauf schriftlich gekündigt wird.

Der Beginn der vertraglichen Pflichten ist der ...[699].

5.   Mängelansprüche

Führt der Auftragnehmer die ihm übertragenen Leistungen nicht vollständig oder nicht wie geschuldet aus, hat er diese nach seiner Wahl unentgeltlich nachzuholen oder nachzubessern (Nacherfüllung).

Kommt der Auftragnehmer dieser Verpflichtung nicht nach, kann der Auftraggeber die Vergütung herabsetzen. Nach fruchtlosem Ablauf einer dem Auftragnehmer gesetzten angemessenen Frist zur Nacherfüllung kann der Auftraggeber den Mangel auf Kosten des Auftragnehmers selbst oder durch einen Dritten beseitigen oder den Vertrag fristlos kündigen. Einer Fristsetzung bedarf es in den Fällen nicht, in denen diese nach dem Gesetz nicht erforderlich ist.

Weiter gehende Ansprüche, insbesondere solche auf Schadensersatz wegen mangelhafter Leistung sind ausgeschlossen, es sei denn, der Auftragnehmer hat gemäß nachfolgender Ziffer 6 (Haftung) einzustehen.

6.   Haftung

Der Auftragnehmer beseitigt alle an dem Vertragsgegenstand schuldhaft verursachten Schäden.

Weitere Ansprüche wegen der Verletzung vertraglicher Pflichten, insbesondere Ansprüche auf Ersatz solcher Schäden, die nicht an dem Vertragsgegenstand entstanden sind, stehen dem Auftraggeber – gleich aus welchem Rechtsgrund – nur zu

- bei vorsätzlicher oder grob fahrlässiger Pflichtverletzung,
- bei schuldhafter Verletzung einer vertragswesentlichen Pflicht,
- bei schuldhafter Verletzung von Leben, Körper oder der Gesundheit,
- bei arglistigem Verschweigen von Mängeln,
- im Rahmen einer Garantiezusage,
- wenn nach dem Produkthaftungsgesetz gehaftet wird.

---

[698] siehe S. 101 f. zur Laufzeit von Instandhaltungsverträgen im geschäftlichen Verkehr
[699] siehe zum Beginn der Erstlaufzeit S. 97 f. Hierzu wird in dem Muster eine Regelung vorgeschlagen, die nicht mit der Auffassung der Rechtsprechung konform geht.

7.   Schlussbestimmungen

Frühere Vereinbarungen werden durch den Abschluss dieses Vertrages aufgehoben. Vertragsänderungen und Nebenabreden bedürfen der Schriftform.

Dieser Vertrag unterliegt deutschem Recht.

Gerichtsstand ist der Sitz des Auftragnehmers, soweit der Auftraggeber Kaufmann ist.

Teil B - Vertragsmuster Wartung und Inspektion
Vertrag
für
Wartung und Inspektion
von technischen Anlagen und Einrichtungen

Für:

Gebäude:

Betreiber der Anlage/n:

Nutzer der Anlage/n:

Bauverwaltende Stelle:

Zwischen:

vertreten durch:

vertreten durch:

(-nachstehend Auftraggeber genannt-)

und der Firma:

(-nachstehend Auftragnehmer genannt-)

wird folgender Vertrag geschlossen:

1

1.   Gegenstand des Vertrages

Gegenstand des Vertrages sind Wartung und Inspektion -nachstehend als Wartung bezeichnet-, sowie kleine Instandsetzungsarbeiten an den technischen Anlagen und Einrichtungen -nachstehend als Anlagen bezeichnet-, die in der/den Bestandsliste/n vom ▨ aufgeführt sind.

Die Bestandsliste/n ist/sind Vertragsbestandteil (siehe Nr. 13, Anhang 1).

Im Anhang 1 sind Art, Standort, Baujahr und technische Daten der technischen Anlage/n und Einrichtung/en so genau und umfassend anzugeben, dass der Leistungsgegenstand eindeutig beurteilt werden kann.

2.   Leistungen des Auftragnehmers

2.1   Dem Auftragnehmer werden die in der/den Arbeitskarte/n vom ▨ beschriebenen Leistungen übertragen.

Die Arbeitskarte/n ist/sind Vertragsbestandteil (siehe Nr.13, Anhang 2).

Die Arbeitskarten enthalten eine Auflistung üblicher Wartungs- und Inspektionsarbeiten.

Soweit dies wegen der Eigenart der Anlage notwendig ist, kann das Ermitteln des Leistungsumfanges durch Auswahl aus der Arbeitskarte - nötigenfalls durch Änderungen oder Ergänzungen - den Bietern überlassen werden.

Soweit die Arbeitskarte mehrere mögliche Fristen vorsieht, ist die Frist nach den Erfordernissen der Anlage in der Arbeitskarte zu bestimmen. Soweit es wegen der Eigenart der Anlage notwendig ist, kann den Bietern die Bestimmung der Frist überlassen werden.

In die Arbeitskarte sind auch die Stoffe und Teile aufzunehmen, die für die Wartungsleistungen benötigt werden, und nicht Hilfsmittel im Sinne der Nr. 3.2 sind.

Mehrausfertigungen der endgültigen Arbeitskarte/n, die Bestandteil des Vertrages werden, sind vor Ort als Checkliste zu verwenden und gemäß Nr. 4.1 mit Erledigungsvermerken zu versehen.

2.2   Der Auftragnehmer ist verpflichtet, im Zusammenhang mit der Wartung diejenigen Instandsetzungsarbeiten auszuführen, die zur Wiederherstellung des Sollzustandes unerlässlich sind, nicht ohnehin in der Arbeitskarte erfasst sind und den normalerweise zu erwartenden Zeitaufwand für die Wartung nicht erhöhen.

2.3   Andere Instandsetzungsarbeiten hat der Auftragnehmer auf Anforderung in angemessener Frist auszuführen. Hierfür ist ein gesonderter Vertrag zu schließen. Auf Übertragung dieser Leistungen besteht kein Rechtsanspruch.

Hinweis: Erläuterungen zum Vertrag (eingerückt und Kursiv-Schrift) sind nicht Vertragsbestandteil.

2.4   Der Auftragnehmer ist -auch außerhalb der regelmäßigen Wartungstermine-verpflichtet, Störungen, die die Anlagensicherheit beeinträchtigen oder die Gebäudenutzung gefährden, nach Aufforderung zu beseitigen. Er hat die Arbeiten unverzüglich

☐   innerhalb der betriebsüblichen Arbeitszeit,

☐   auch außerhalb der betriebsüblichen Arbeitszeit (z.B. nachts und an Sonn-und Feiertagen) und zwar ▬▬▬▬▬▬▬▬▬▬
▬▬▬▬▬▬▬▬▬▬▬▬▬auszuführen.

Da der geforderte Umfang der Einsatzbereitschaft die Kosten wesentlich beeinflusst, ist -soweit möglich- zu vereinbaren, dass Störungen innerhalb der betriebsüblichen Arbeitszeit zu beseitigen sind.
Ist zu erwarten, dass die Störungsbeseitigung erhebliche Kosten verursacht und kann eine Unterbrechung des Betriebes der Anlage hingenommen werden, ist der Auftragnehmer zunächst nur aufzufordern, die Ursachen der Störung zu ermitteln und die voraussichtlichen Kosten für die Beseitigung anzugeben.

3.   Pflichten des Auftragnehmers

3.1   Der Auftragnehmer hat die Leistungen so auszuführen, dass die Sicherheit der Anlagen erhalten bleibt. Die Betriebsbereitschaft ist während der Leistungserbringung aufrecht zu erhalten, soweit dies möglich ist.
Die gesetzlichen Bestimmungen, insbesondere die Unfallverhütungsvorschriften sowie die allgemein anerkannten Regeln der Technik sind zu beachten.
Der Auftragnehmer hat die Leistung mit seinem Betrieb zu erbringen. Er darf Teile der Leistung mit Zustimmung des Auftraggebers an Nachunternehmer übertragen. Er ist verpflichtet, entsprechend qualifizierte Fachkräfte einzusetzen.

Die aus Rechtsvorschriften sich ergebenden Pflichten des Betreibers werden durch den Abschluss eines Wartungsvertrages nicht eingeschränkt.

3.2   Der Auftragnehmer ist verpflichtet, alle zur Erbringung der Leistungen benötigten Hilfs-mittel (z.B. Messgeräte und Werkzeuge) und Hilfsstoffe (z.B. Schmier- und Reinigungsmittel) zu stellen bzw. zu liefern.

3.3   Erkennt oder vermutet der Auftragnehmer Mängel oder Schäden, die die Sicherheit oder Betriebsbereitschaft einer Anlage gefährden können, hat er unverzüglich folgende Stelle

▬▬▬▬▬▬▬▬▬▬▬▬▬▬▬▬▬▬▬▬
(Anschrift, Telefon)

zu benachrichtigen und erforderlichenfalls die Außerbetriebnahme der Anlage zu veranlassen.

☐ *Zutreffendes vom Auftraggeber ankreuzen*

3

Er hat mündliche Benachrichtigungen schriftlich zu bestätigen. Auf andere Mängel oder Schäden, die nicht unverzüglich beseitigt werden müssen und deren Beseitigung nicht zu den in den Nummern 2.1 und 2.2 beschriebenen Leistungen gehören, hat der Auftragnehmer den Auftraggeber unverzüglich schriftlich hinzuweisen.

3.4   Erkennt der Auftragnehmer, dass wegen Änderung der Nutzung, von gesetzlichen Bestimmungen bzw. allgemein anerkannten Regeln der Technik oder aufgrund der nach einer mehrjährigen Betriebsdauer gesammelten Erfahrungen andere Wartungsintervalle notwendig werden, hat er den Auftraggeber darauf hinzuweisen.

4. Ausführung der Leistung

4.1   Der Auftragnehmer hat die ausgeführten Leistungen in der Arbeitskarte und den in diesem Zusammenhang festgestellten allgemeinen Anlagenzustand einschließlich etwaiger in absehbarer Zeit notwendig werdender Instandsetzungsleistungen sowie die gegebenenfalls ausgewechselten Teile in einem Arbeitsbericht zu dokumentieren.

4.2   Bei den besonders zu vergütenden Leistungen nach Nr. 2.4 sind außerdem Zeitaufwand, Namen und Lohn- bzw. Berufsgruppen (z.B. Monteur) des eingesetzten Personals sowie verwendete Hilfs- und Betriebsstoffe anzugeben.

4.3   Als Beauftragter des Auftraggebers bestätigt

     Herr/Frau

     die Durchführung der Arbeiten.

     Die Bestätigung erstreckt sich nicht auf die fachgerechte Ausführung.

4.4   Der Zeitpunkt der Durchführung der Wartungsarbeiten ist mit dem Beauftragten des Auftraggebers rechtzeitig vor Beginn abzustimmen.

4.5   Die Wartung ist

     ☐ innerhalb der betriebsüblichen Arbeitszeit,

     ☐ zu folgenden Zeiten

     durchzuführen.

☐ *Zutreffendes vom Auftraggeber ankreuzen*

4

5.   Vergütung

5.1   Für die in der/den Bestandsliste/n aufgeführte/n Anlage/n wird/werden nachstehende jährliche Vergütung/en[1] unter Zugrundelegung des zum Zeitpunkt des Entstehens der Steuer geltenden Umsatzsteuersatzes vereinbart:

Für		von		€[2]
Für		von		€[2]
Für		von		€[2]
Für		von		€[2]
Summe			0	€[2]
+ Umsatzsteuer	%			€[2]
Gesamtbetrag				€[2]

Mit dieser Vergütung sind abgegolten:

- Die Wartung nach Nr. 2.1,

- die Instandsetzung nach Nr. 2.2 mit Lieferung benötigter Klein-/Ersatzteile bis zum Nettowert von insgesamt 25 € je Wartung und Anlage (Ersatzteile mit einem Nettowert über 25 € je Teil werden gesondert vergütet),

- die Kosten für die in Nr. 3.2 bezeichneten Hilfsmittel und -stoffe,

- die Kosten von entsprechend der Arbeitskarte zu liefernden Materialien,

- die Kosten für die entsprechend den gesetzlichen Bestimmungen vorzunehmen- de Entsorgung von ausgetauschten Teilen, Hilfs-/Betriebsstoffen, Abfällen und Verpackungen,

- alle sich aus den Leistungen nach Nr. 2.1 und 2.2 ergebenden Nebenkosten, z.B. Fahrt- und Transportkosten, Auslösungen, Tage- und Übernachtungsgelder, Schmutz- und Erschwerniszulagen, Überstunden sowie Sonn- und Feiertagszuschläge.

5.2   Leistungen nach Nr. 2.4 werden wie folgt vergütet (Netto):

Stundenverrechnungssatz: Obermonteur   €[2]

Monteur   €[2]

Helfer   €[2]

Zuschlag für Leistungen außerhalb der betriebsübli-chen Arbeitszeit   %[2]

Fahrtkosten (An- und Abfahrt):   €/Auftrag[2]

1) Getrennte jährliche Vergütungen sind nur zu vereinbaren, wenn in einem Vertrag mehrere unterschiedli-che Anlagen zusammengefasst werden.
2) vom Bieter einzusetzen

5

5.3 Die Vergütung nach Nr. 5.1 ist ausschließlich der Umsatzsteuer für die Dauer von 12 Monaten von dem für die Angebotsabgabe festgesetzten Termin Festpreis.

☐ Eine Anpassung der Vergütung aus Nr. 5.1 erfolgt während der Vertragslaufzeit nicht.

☐ Ändert sich nach Ablauf dieser Frist der maßgebende Lohn, so kann auf Verlangen jedes Vertragspartners die jährliche Vergütung nach folgender Preisgleitklausel angepasst werden.

$$K_n = K \bullet \left(P_A + P_L \bullet \frac{L_n}{L} \right)$$

Dabei bedeuten:

K = Vergütung - ohne Umsatzsteuer - bei Vertragsangebot

K_n = neue Vergütung

$P_A = 0,\boxed{}^{2)}$ = Allgemeinkostenanteil

$P_L = 0,\boxed{}^{2)}$ = Lohnkostenanteil ($P_A + P_L = 1$)

L = $\boxed{}^{2)}$ €/Std. = Lohn der maßgebenden Lohngruppe bei Vertragsangebot

L_n = neuer Lohn der maßgebenden Lohngruppe

Maßgebender Tarifvertrag ▨

▨

▨ ²⁾

(bei tariflosem Zustand gelten die maßgebenden orts- oder gewerbeüblichen Betriebsvereinbarungen)

Maßgebende Lohngruppe ▨ ²⁾

(z.B. für die Eisen-, Metall- und Elektroindustrie der Monatsgrundlohn, Lohn eines Facharbeiters der Lohngruppe 7 im summarischen System)

Die Anpassung erfolgt im Folgemonat nach Erbringung des Nachweises der Änderung des maßgebenden Lohnes durch den Auftragnehmer.

5.4 Der Nettowert von im Zusammenhang mit Leistungen nach Nr. 2.4 oder 5.1 benötigten Ersatzteilen wird anhand von Listenpreisen ermittelt.

☐ *Zutreffendes vom Auftraggeber ankreuzen*

6

5.5   Bei Mängelhaftung des Auftragnehmers aus der Errichtung der Anlage/n wird für zur Erfüllung dieser Pflicht erbrachte Leistungen keine Vergütung gewährt.

5.6   Die Vergütung wird gezahlt:

☐   jährlich nach erfolgter Leistungserbringung

☐   in Teilbeträgen halbjährlich nach erfolgter Leistungserbringung

☐   ▓▓▓

6.   Mängelansprüche

Die Verjährungsfrist für Mängelansprüche aus diesem Vertrag beträgt **1 Jahr**.

7.   Haftung

7.1   Werden im Zusammenhang mit der Erbringung von vereinbarten Leistungen Schäden an den Anlagen verursacht, hat der Auftragnehmer die Schäden unverzüglich zu beseitigen, wenn ihn oder seine Erfüllungsgehilfen Verschulden trifft.

Werden im Zusammenhang mit der Erbringung von vereinbarten Leistungen andere Schäden verursacht, hat der Auftragnehmer in vollem Umfang Ersatz zu leisten, wenn ihn oder seine Erfüllungsgehilfen Vorsatz oder grobe Fahrlässigkeit trifft.

Im Falle leichter Fahrlässigkeit ist die Haftung begrenzt für

- Sachschäden auf   500.000 € je Schadensfall,
  höchstens aber   1.000.000 € insgesamt

- Vermögensschäden auf   ▓▓▓▓▓▓▓ € je Schadensfall,
  höchstens aber   500.000 € insgesamt.

7.2   Der Auftragnehmer hat eine Haftpflichtversicherung abzuschließen, die Sach-, Vermögens- und Personenschäden in nachfolgender Höhe abdeckt und die auf Verlangen nachzuweisen ist.

- Sachschäden   ▓▓▓▓▓▓▓ €

- Vermögensschäden   ▓▓▓▓▓▓▓ €

- Personenschäden   ▓▓▓▓▓▓▓ €

Der Auftragnehmer haftet nicht, wenn er nachweist, dass er den Schaden nicht schuldhaft herbeigeführt hat.

Eine übliche Deckungssumme der Versicherer sieht für Sachschäden mindestens 1.000.000 €, für Vermögensschäden mindestens 100.000 € und für Personenschäden mindestens 2.000.000 € vor.

☐ *Zutreffendes vom Auftraggeber ankreuzen*

8.   Vertragslaufzeit, Kündigung und Leistungsänderungen

8.1   Die Laufzeit des Vertrages beginnt

☐   am [   ]

☐ an dem der förmlichen Abnahme der Bauleistung nach VOB/B § 12
       folgenden Tag
       und beträgt [   ] Jahre.

☐   Eine Verlängerung der Laufzeit des Vertrages jeweils um ein weiteres Jahr
       gilt als vereinbart, wenn der Vertrag nicht spätestens 3 Monate vor Ablauf der
       Laufzeit schriftlich gekündigt wird.

☐   Eine Verlängerung der Laufzeit des Vertrages ist nicht vorgesehen.

8.2   Fristlose Kündigung ist nur aus wichtigem Grund möglich. Als wichtiger Grund gilt
insbesondere, wenn:

- der Vertrag zur Erstellung der Anlage vorzeitig beendet worden ist,

- die in der/den Bestandsliste/n aufgeführten Anlage/n verkauft oder nicht nur
vorübergehend außer Betrieb genommen werden sollen,

- die in der/den Bestandsliste/n aufgeführten Anlage/n aus rechtlichen Gründen
von Dritten gewartet werden müssen,

- der Auftragnehmer seine Leistung nicht oder nicht vertragsgemäß erbracht hat
(§ 323 BGB),

- der Betrieb des Auftragnehmers infolge wesentlicher Änderungen der Anlage/n
nicht mehr auf die dann erforderlichen Wartungs- und Instandsetzungsarbeiten
eingerichtet ist,

über das Vermögen des Auftragnehmers das Insolvenzverfahren oder ein
vergleichbares gesetzliches Verfahren eröffnet oder die Eröffnung beantragt oder
dieser Antrag mangels Masse abgelehnt worden ist oder die ordnungsgemäße
Abwicklung des Vertrages dadurch in Frage gestellt ist oder dass er seine
Zahlungen nicht nur vorübergehend einstellt.

8.3   Wird ein Teil der in der/den Bestandsliste/n aufgeführten Anlagen nicht nur
vorübergehend außer Betrieb genommen, ist eine angemessene Herabsetzung der
Vergütung zu vereinbaren.

☐ *Zutreffendes vom Auftraggeber ankreuzen*

8

8.4   Werden die in der/n Bestandsliste/n aufgeführten Anlagen oder Teile davon vorübergehend außer Betrieb gesetzt, entfallen für diesen Zeitraum Leistungs- und Vergütungspflicht in entsprechendem Umfang.

Die Absicht, Anlagen außer Betrieb zu setzen, ist dem Auftragnehmer möglichst frühzeitig mitzuteilen. Dabei ist die voraussichtliche Dauer der vorübergehenden Außerbetriebsetzung anzuzeigen.
Für die bei der Außerbetriebsetzung und Wiederinbetriebnahme gegebenenfalls erforderlichen Leistungen sind ergänzende Vereinbarungen zu treffen.

8.5   Werden die in der Bestandsliste aufgeführten Anlagen wesentlich geändert, kann eine entsprechende Änderung der Leistungs- und Vergütungspflicht verlangt werden.

9.   Pflichten des Auftraggebers

9.1   Der Auftraggeber hat dem Auftragnehmer zur Durchführung seiner Leistung die vorhandenen Einrichtungen, Versorgungsanschlüsse und Betriebsstoffe (z.B. Strom, Wasser, Brennstoffe) kostenlos zur Verfügung zu stellen und Zutritt zu den Anlagen und Versorgungsanschlüssen zu verschaffen.

9.2   Der Auftraggeber stellt folgende Arbeitskräfte[3]

Die Pflichten des Auftragnehmers nach Nr. 3 bleiben unberührt.

10.   Gerichtsstand

Liegen die Voraussetzungen für eine Gerichtsstandvereinbarung nach § 38 Zivilprozessordnung vor, richtet sich der Gerichtsstand für Streitigkeiten aus dem Vertrag nach dem Sitz der für die Prozessvertretung des Auftraggebers zuständigen Stelle.

11.   Schriftform und salvatorische Klausel

11.1   Änderungen und Ergänzungen dieses Vertrages sowie den Vertrag betreffende Mitteilungen bedürfen der Schriftform, wenn sie bedeutsam für die weitere Vertragsabwicklung sind (z.B. Preisanpassungen, Leistungsänderungen, Wechsel von Ansprechpersonen).

[3] *Nur bei Bedarf ausfüllen, sonst streichen*

11.2 Durch die etwaige Ungültigkeit einer oder mehrerer Bestimmungen dieses Vertrages wird die Gültigkeit der übrigen Bestimmungen nicht berührt. Wenn und soweit eine der Bestimmungen dieses Vertrages gegen zwingende gesetzliche Vorschriften verstoßen sollte, sind die Vertragspartner verpflichtet, diese durch eine Vereinbarung zu ersetzen, die den gewollten Zweck wirtschaftlich gleichwertig erreicht.

12. Anhang zum Vertrag

Die Bestandsliste/n (Anhang 1) und die Arbeitskarte/n (Anhang 2) für folgende Anlagenarten sind Vertragsbestandteil:

☐ KG 410   Abwasser-, Wasser-, Gasanlagen

☐ KG 420   Wärmeversorgungsanlagen

☐ KG 430   Lufttechnische Anlagen (ohne Kälteanlagen)

☐ KG 435   Kälteanlagen

☐ KG 441   Hoch- und Mittelspannungsanlagen

☐ KG 442   Eigenstromversorgungsanlagen

☐ KG 443   Niederspannungsschaltanlagen

☐ KG 473   Druckluftversorgungsanlagen

☐ KG 480   Gebäudeautomation/MSR- Anlagen

☐ Sonstige Anlagen: _____

☐ Sonstige Anlagen: _____

☐ Sonstige Anlagen: _____

Für den Auftraggeber: Für den Auftragnehmer:

_____, den _____   _____, den _____

_____   _____
Name/Unterschrift   Name/Unterschrift

☐ *Zutreffendes vom Auftraggeber ankreuzen*

10

VERTRAG

für

Instandhaltung

von technischen Anlagen und Einrichtungen

Für:..

Gebäude:..

Nutzer der Anlage/n:..

Betreiber der Anlage/n:..

Bauverwaltende Stelle:...

Zwischen..

vertreten durch:..

vertreten durch:..
                        - nachstehend Auftraggeber genannt -

und der Firma:..

....

....
                        - nachstehend Auftragnehmer genannt -

wird folgender Vertrag geschlossen:

1

1.   Gegenstand des Vertrages

Der Auftragnehmer übernimmt die Instandhaltung - ausgenommen Verbesserungen - nach DIN 31051 (Wartung, Inspektion und Instandsetzung), sowie weitere vereinbarte bzw. sonstige Leistungen (siehe Nr. 2.1 bzw. Nr. 2.2)
an den technischen Anlagen und Einrichtungen - nachstehend als Anlagen
bezeichnet -, die in der/den Bestandsliste/n

vom .... [1] aufgeführt sind.

Die Bestandsliste/n (Anhang 1) ist/sind Vertragsbestandteil.

*In der Bestandsliste sind Art, Standort, Baujahr, Nutzung, technische
Daten der Anlage/n so umfassend anzugeben, dass der Leistungsgegenstand eindeutig beurteilt werden kann.*

---

[1] Zutreffendes ergänzen

2.   Leistungen des Auftragnehmers

2.1

Die Leistungen des Auftragnehmers umfassen nach Art und Umfang alle Maßnahmen nach Nummern 2.1.1 bis 2.1.3 sowie 2.2, die im Rahmen der Instandhaltung für einen sicheren, funktionstüchtigen und wirtschaftlichen Betrieb der Anlage/n erforderlich sind.

Für die Wirtschaftlichkeit gilt die Verantwortung des Auftragnehmers, jedoch nur insoweit, wie sie im Rahmen der Instandhaltung übernommen werden kann.

Andere Einflussfaktoren (Auslegung der Anlage zu Vertragsbeginn, Art und Umfang des Betriebes) liegen außerhalb des Einflussbereiches des Auftragnehmers und damit auch außerhalb seiner Verantwortung. Es kann daher im Rahmen des Instandhaltungsvertrages nicht verlangt werden, dass der Auftragnehmer an den Anlagen technische Verbesserungen zur Erhöhung der Wirtschaftlichkeit ohne besondere Vergütung durchführt.

Die aus Rechtsvorschriften sich ergebenden Pflichten des Betreibers werden durch den Abschluss eines Instandhaltungsvertrages nicht eingeschränkt.

Der Auftragnehmer bestimmt den Umfang der Maßnahmen im Einzelnen, soweit nachfolgend keine anderslautenden Regelungen getroffen worden sind.

Erweisen sich die vom Auftragnehmer vorgesehenen Maßnahmen als unzureichend, so hat er sie ohne Anspruch auf Mehrvergütung anzupassen. Es sei denn, der Auftragnehmer weist nach, dass unvorhersehbare Umstände wie wesentliche Nutzungsänderungen, außergewöhnliche Umwelteinflüsse eine Änderung des Leistungsumfanges erfordern.

Trotz des vorstehenden Grundsatzes sollte sich der Auftraggeber bei der Einholung von Instandhaltungsangeboten den beabsichtigten Leistungsumfang in branchenüblicher Detaillierung angeben lassen, um die Angemessenheit des Preises beurteilen zu können. Dies gilt insbesondere dann, wenn die Instandhaltung mit der Errichtung einer Anlage dem Wettbewerb unterstellt wird oder wenn für die Instandhaltung einer vorhandenen Anlage mehrere Angebote eingeholt werden.

3

Hinweis: Erläuterungen zum Vertrag (eingerückt und Kursivschrift) sind nicht Vertragsbestandteil.

Sofern Arbeitskarten in der AMEV - Empfehlung „Wartung 2006" vorliegen, werden diese als Grundlage zur Beurteilung empfohlen.

Die Berücksichtigung von betriebsspezifischen Sonderbedingungen und von Maßnahmen der Instandhaltung, die aus den Instandhaltungszielen und der Instandhaltungsstrategie des Auftraggebers resultieren, bedarf besonderer Vereinbarungen.

Besondere Regelungen sind auch zu treffen, wenn bereits bei Vertragsbeginn erkennbar ist, dass außergewöhnliche Umwelteinflüsse zu einem erhöhten Instandhaltungsaufwand führen können.

2.1.1

Die Wartung umfasst zur Erhaltung des einwandfreien Zustandes und der Funktion der Anlage/n regelmäßig erforderliche Maßnahmen nach einer Arbeitsanweisung des Auftragnehmers einschließlich Beseitigen von betriebsbedingten Verunreinigungen an den Anlagen selbst (Maßnahmen zur Verzögerung des Abbaus des vorhandenen Abnutzungsvorrates).

Besondere Regelungen sind zu treffen, wenn auch Betriebsräume, Kanäle, Schächte usw. im Rahmen dieses Vertrages zu reinigen sind.

Weitere Vereinbarungen: ....[1]

....

....

....

....

....

....

2.1.2

Die Inspektion umfasst das regelmäßige Überprüfen der Anlagen auf einwandfreien Zustand und richtige Funktion (Maßnahmen zur Feststellung und
Beurteilung des Istzustandes einer Betrachtungseinheit einschließlich der
Bestimmung der Ursachen der Abnutzung und dem Ableiten der notwendigen Konsequenzen für eine künftige Nutzung).

Weitere Vereinbarungen: ....[1]

....

....

....

2.1.3

Die Instandsetzung umfasst das Beseitigen von Störungen und Mängeln,
das Liefern aller erforderlichen Ersatzteile und das Erneuern oder Ausbessern aller abgenutzten oder schadhaften Anlagenteile (Maßnahmen zur
Rückführung einer Betrachtungseinheit in den funktionsfähigem Zustand,
mit Ausnahme von Verbesserungen).

Weitere Vereinbarungen: ....[1]

....

....

....

Falls es zur Aufrechterhaltung wichtiger Funktionen nötig ist, für die
Dauer der Instandsetzung ein geeignetes Ersatzgerät zu stellen, so
ist dies besonders zu vereinbaren.

2.2

Zu den Leistungen des Auftragnehmers gehören ferner
- die Vorbereitung und Unterstützung der gesetzlich vorgeschriebenen sicherheitstechnischen Prüfungen durch anerkannte Sachverständige,

5

- die Bescheinigung von aufgrund öffentlich-rechtlicher Bestimmungen (z.B. Landesbauordnung, Geräte- und Produktsicherheitsgesetz, Bundes-Immisionsschutzgesetz, Arbeitsstättenverordnung, Betriebssicherheitsverordnung, Unfallverhütungsvorschriften) sowie allgemein anerkannter Regeln der Technik (z.B. DIN, VDE) durch Sachkundige des Auftragnehmers durchzuführenden sicherheitstechnischen Prüfungen.

Weitere Vereinbarungen: ....[1]

....

....

....

2.3

Die Leistungen des Auftragnehmers nach Nr. 2.1 umfassen nicht:

2.3.1

Grundüberholung von Anlagen

2.3.2

Anpassungen oder Änderungen aufgrund von Vorgaben neuer oder geänderter gesetzlicher Bestimmungen

2.3.3

Lieferung und Einbau zusätzlicher Einrichtungen und Teile

2.3.4

Schönheitsreparaturen

2.3.5

Beseitigung der durch äußere Gewalt, andere unvorhersehbare Einwirkungen oder unsachgemäße Bedienung verursachten Schäden

Der Auftragnehmer hat diese Leistungen nach besonderer Auftragserteilung in angemessener Frist, in Notfällen unverzüglich zu erbringen. In der Regel ist vorher auf der Grundlage einer gemeinsamen Begehung ein detailliertes Angebot vorzulegen.

Der Auftrag für Leistungen nach Nr. 2.3.5 gilt als erteilt,

wenn ....[1]

....

Hier ist eine Regelung zu treffen, damit unter Nr. 2.3.5 fallende Leistungen mit geringem Aufwand in mittelbarem Zusammenhang mit den Leistungen aus diesem Vertrag ausgeführt werden könnte.

Leistungen mit geringem Aufwand sind festzulegen, in der Regel durch eine Betragsgrenze je Wartung und Anlage.

7

3.   Pflichten des Auftragnehmers

3.1

Der Auftragnehmer hat die gesetzlichen Bestimmungen insbesondere die Unfallverhütungsvorschriften sowie die allgemein anerkannten Regeln der Technik, zu beachten.

3.2

Der Auftragnehmer hat die Leistung mit seinem Betrieb zu erbringen. Er darf Teile der Leistung mit Zustimmung des Auftraggebers an Nachunternehmer übertragen. Er ist verpflichtet entsprechend qualifizierte Fachkräfte einzusetzen.

3.3

Der Auftragnehmer ist verpflichtet, alle zur Erbringung der Leistungen benötigten Hilfsmittel (z.B. Messgeräte, Diagnosegeräte, Belastungsgewichte und Werkzeuge) und Hilfsstoffe (z.B. Schmier- und Reinigungsmittel) zu stellen bzw. zu liefern.
Ausgenommen hiervon sind die vom Auftraggeber nach Nr. 8.2 beigestellten Hilfsmittel und Hilfsstoffe.

3.4

Es dürfen nur Originalersatzteile (neue Teile oder Austauschteile) oder gleichwertige Teile verwendet werden. Ausgebaute Teile werden Eigentum des Auftragnehmers.

3.5

Erkennt der Auftragnehmer außerhalb seines Leistungsbereiches Mängel oder Schäden, die die Betriebsbereitschaft oder Sicherheit der Anlage gefährden können, hat er unverzüglich folgende Stelle

....[1]

(Anschrift, Telefon)

zu benachrichtigen und erforderlichenfalls die Außerbetriebnahme der Anlage zu veranlassen.

Die Benachrichtigungspflicht gilt auch für Mängel oder Schäden, die die Betriebsbereitschaft oder Sicherheit einer Anlage gefährden, aber nicht umgehend behoben werden können.

Der Auftragnehmer hat mündliche Benachrichtigungen schriftlich zu bestätigen.

3.6

Der Auftragnehmer hat den Auftraggeber schriftlich über Maßnahmen zu benachrichtigen, die aufgrund Änderungen der Nutzung, von gesetzlichen Bestimmungen bzw. allgemein anerkannten Regeln der Technik erforderlich werden. Der Auftragnehmer soll den Auftraggeber auch über wesentliche technische Weiterentwicklungen informieren.

3.7

Der Auftragnehmer hat für jede Anlage ein Instandhaltungsbuch nach Maßgabe der Nr. 4.3 zu führen. Das Instandhaltungsbuch ist am Einsatzort aufzubewahren.

9

4. Ausführung der Leistung

4.1

Der Auftragnehmer hat seine Leistungen (ausgenommen Störungsbeseitigung)

☐ innerhalb der beim Auftragnehmer betriebsüblichen Arbeitszeit

☐ zu folgenden Zeiten ....

....

....

durchzuführen.

Der Zeitpunkt der Durchführung der Instandhaltungsarbeiten ist mit folgender Stelle

....

....

....

rechtzeitig vor Beginn abzustimmen.

☐ Zutreffendes ankreuzen

4.2   Störungsbeseitigungen sind nach Aufforderung unverzüglich

☐ innerhalb der beim Auftragnehmer betriebsüblichen Arbeitszeit

☐ auch außerhalb der betriebsüblichen Arbeitszeit (z.B. nachts, an Sonn-/Feiertagen)

durchzuführen.

Da der geforderte Umfang der Einsatzbereitschaft die Kosten wesentlich beeinflusst, ist - soweit möglich - zu vereinbaren, dass Störungen innerhalb der betriebsüblichen Arbeitszeit zu beseitigen sind.

Selbst dann, wenn eine Störungsbeseitigung auch außerhalb der betriebsüblichen Arbeitszeit vereinbart worden ist, sollte der Auftraggeber im Einzelfall stets prüfen, ob eine sofortige Abhilfe gefordert werden muss, da Überstunden, Sonn- und Feiertagszuschläge gesondert zu vergüten sind.

Dem Auftragnehmer ist in diesen Fällen die Betriebszeit der Anlage mitzuteilen.

4.3

Im Instandhaltungsbuch sind stichpunktartig Angaben zu machen über durchgeführte Arbeiten, eingesetzte Ersatzteile sowie wesentliche Mängel und Schäden.
Außerdem sind folgende Mess- und Einstellwerte einzutragen:

....[1)]

....

....

....

....

☐ Zutreffendes ankreuzen

5.   Vergütung

5.1

Für die dem Auftragnehmer übertragenen Leistungen an den in der/den Be-standsliste/n aufgeführte/n Anlage/n) wird/werden nachstehende jährliche Vergütung/en[2] unter Zugrundelegung des zum Zeitpunkt des Entstehens der Steuer geltenden Umsatzsteuersatzes vereinbart:

Für ....   von ....€[3]

Für ....   von ....€[3]

Für ....   von ....€[3]

Für ....   von ....€[3]

            Summe   ....0..........€[3]

            + Umsatzsteuer   .... %   ....€[3]

            Gesamtbetrag   ....0..........€[3]

5.1.1

Mit dieser Vergütung sind abgegolten

- die Leistungen nach Nr. 2.1 und 2.2,

- die Kosten für die in Nr. 3.3 bezeichneten Hilfsmittel und Hilfsstoffe, soweit nachstehend keine Ausnahmen vereinbart sind.

Mit dieser Vergütung sind ferner alle sich aus den Leistungen nach Nr. 2.1 und 2.2 ergebenden Nebenkosten, wie Fahrt- und Transportkosten, Auslö-sungen, Tage- und Übernachtungsgelder, Zuschläge für Leistungen nach Nr. 4.1 außerhalb der betriebsüblichen Arbeitszeiten, Schmutz- und Erschwer-niszuschläge abgegolten.

---

2) Getrennte jährliche Vergütungen sind nur zu vereinbaren, wenn in einem Vertrag mehrere unterschied-
    liche Anlagen zusammengefasst sind

3) vom Bieter einzusetzen

5.1.2

Mit der Vergütung sind nicht abgegolten

- die Leistungen nach Nr. 2.3,

- Zuschläge für Leistungen nach Nr. 4.2, soweit sie außerhalb der betriebsüblichen Arbeitszeiten anfallen,

- die Lieferung folgender Hilfsstoffe:

.... [1]

....

Hier sind Regelungen zu treffen, wenn bestimmte Hilfsstoffe wie Hydrauliköl, Motoröl, Filter wegen hoher Kosten außerhalb der Pauschalen gesondert vergütet werden sollen.

13

5.2

Leistungen nach Nr. 5.1.2 werden wie folgt vergütet (Netto):

Stundenverrechnungssatz:

      Obermonteur   .... €[3]

      Monteur   .... €[3]

      Helfer   .... €[3]

      Zuschlag für Leistungen außerhalb
      der betrieblichen Arbeitszeit   .... %

Fahrtkosten (An- und Abfahrt):   .... €/Auftrag[3]

Hilfsstoffe (Listenpreis):

für .... von ....€/ .... [3]

für .... von ....€/ .... [3]

für .... von ....€/ .... [3]

für .... von ....€/ .... [3]

für .... von ....€/ .... [3]

5.3

Die Vergütung nach Nr. 5.1 ist ausschließlich der Umsatzsteuer für eine Vertragslaufzeit von 2 Jahren Festpreis.

Ändert sich nach Ablauf dieser Frist der maßgebende Lohn oder der Materialindex, so kann auf Verlangen jedes Vertragspartners die Jahrespauschale nach folgender Preisgleitklausel angepasst werden.

$$ K_n = K \bullet \left(P_A + P_L \bullet \frac{L_n}{L} + P_L \bullet \frac{M_n}{M} \right) $$

Dabei bedeuten:

K = Vergütung - ohne Umsatzsteuer - bei Vertragsangebot

K_n = neue Vergütung

P_A = 0,............... [3] = Allgemeinkostenanteil

P_L = 0,............... [3] = Lohnkostenanteil

P_M = 0,............... [3] = Materialanteil $(P_A + P_L + P_M = 1)$

L = ... [3] €/Std = Lohn der maßgebenden Lohngruppe bei
                          Vertragsangebot

L_n = neuer Lohn der maßgebenden Lohngruppe

M = ... [3] = Materialindex bei Vertragsangebot;
                          statistisches Basisjahr: .... [3]

M_n = neuer Materialindex

15

Maßgebender Tarifvertrag ....

....

.... [3]

(bei tariflosem Zustand gelten die maßgebenden orts- oder gewerbeüblichen Betriebsver-einbarungen)

Maßgebende Lohngruppe. .... [3]

(z.B. für die Eisen, Metall- und Elektroindustrie der Monatsgrundlohn, Lohn eines Fachar-beiters der Lohngruppe 7 im summarischen System)

Unter Materialindex ist zu verstehen der Index der Erzeugerpreise gewerblicher Produkte

(Inlandsabsatz) des Statistischen Bundesamtes für ....

> *Da Instandhaltungsverträge für längere Laufzeiten abgeschlossen werden, ist die jährliche Vergütung mit Hilfe der Materialgleitklausel fortzuschreiben. Falls deren Grundlagen sich während der Vertragslaufzeit ändern (z.B. Änderung des statistischen Basisjahres oder Wegfall eines Index), kann der Materialindexvon Auftraggeber und Auftragnehmer einvernehm-lich wie folgt angepasst werden.*
> *Bei Änderung des statistischen Basisjahres (ungefähr alle fünf Jahre) wird der Materialindex im Bezugsjahr fortgeschrieben. Er wird durch einen umbasierten Materialindex ersetzt, der ebenfalls für das Bezugsjahr gilt, allerdings auf der Grundlage des neuen statistischen Basisjahres. Der umbasierte Materialindex im Bezugsjahr muss in gleicher Weise mit dem aktuellen statistischen Basisjahr verkettet sein wie der neue Materialindex.*
> *Entfällt der bisher verwendete Materialindex, so ist ein als Ersatz geeigneter Materialindex zu wählen. Der Ersatz-Index kann mit dem bisherigen Index verkettet werden.*
> *Weitergehende Informationen enthält die Webseite des Statistischen Bundesamtes (www.statistik-bund.de) im „Statistik-Shop" unter den Suchbegriffen „Erzeugerpreise" und „kostenloser Download".*

> *Der Materialindex und seine Bezeichnung ist den Übersichten des Statistischen Bundesamtes zu entnehmen (z.B. Fachserie 17 Reihe 2).*

Die Anpassung erfolgt im Folgemonat nach Erbringung des Nachweises der Änderung des maßgebenden Lohnes bzw. Materialindexes durch den Auftragnehmer.

5.4

Soweit der Auftragnehmer für Sach- und Rechtsmängel aus der Errichtung der Anlage/n haftet, wird für zur Erfüllung dieser Pflicht erbrachte Leistungen keine Vergütung gewährt.

5.5

Die Vergütung wird gezahlt:

☐ jährlich nach erfolgter Leistungserbringung

☐ in Teilbeträgen halbjährlich nach erfolgter Leistungserbringung

☐ .... [1)]

6.   Mängelansprüche

Die Verjährungsfrist für Mängelansprüche aus diesem Vertrag beträgt **1 Jahr.**

☐ Zutreffendes ankreuzen

7.   Haftung

Werden im Zusammenhang mit der Erbringung der vereinbarten Leistungen Schäden an den Anlagen verursacht, hat der Auftragnehmer die Schäden zu beseitigen, wenn ihn oder seine Erfüllungsgehilfen Verschulden trifft.

Werden im Zusammenhang mit den vereinbarten Leistungen andere Schäden verursacht, hat der Auftragnehmer in vollem Umfang Ersatz zu leisten, wenn ihn oder seine Erfüllungsgehilfen Vorsatz oder grobe Fahrlässigkeit trifft.

Im Falle leichter Fahrlässigkeit ist die Haftung begrenzt für
- Sachschäden auf   500.000 € je Schadensfall,
  höchstens aber   1.000.000 € insgesamt
- Vermögensschäden auf   .... € je Schadensfall,
  höchstens aber   500.000 € insgesamt.

Für Personenschäden haftet der Auftragnehmer unbegrenzt.

Der Auftragnehmer hat hierfür eine Haftpflichtversicherung abzuschließen und auf Verlangen nachzuweisen.

Nach der Rechtsprechung hat der Auftraggeber nachzuweisen, dass der Auftragnehmer den Schaden verursacht hat.
Der Auftragnehmer haftet nicht, wenn er nachweist, dass er den Schaden nicht schuldhaft herbeigeführt hat.

8.   Vertragslaufzeit, Kündigung und Leistungsänderungen

8.1

Die Laufzeit des Vertrages beginnt am .... und beträgt
.... Jahre.

☐ Eine Verlängerung der Laufzeit des Vertrages jeweils um ein weiteres
Jahr gilt als vereinbart, wenn der Vertrag nicht spätestens 3 Monate vor
Ablauf der Laufzeit schriftlich gekündigt wird.

☐ Eine Verlängerung der Laufzeit des Vertrages ist nicht vorgesehen.

*Der Vertrag sollte für eine Laufzeit von 4 Jahren abgeschlossen
werden. Die Laufzeit einer Vertragsverlängerung darf in der Regel 3
Jahre nicht überschreiten.*

8.2

Fristlose Kündigung ist nur aus wichtigem Grund möglich. Als wichtiger
Grund gilt insbesondere, wenn:

- die in der/n Bestandsliste/n aufgeführten Anlage/n verkauft, nicht nur vorübergehend außer Betrieb genommen oder wesentlich umgebaut werden
sollen,

- die in der/den Bestandsliste/n aufgeführten Anlage/n aus rechtlichen Gründen von Dritten instandgehalten werden müssen,

- der Auftragnehmer seine Leistung nicht oder nicht vertragsgemäß erbracht
hat (§ 323 BGB),

- der Betrieb des Aufragnehmers infolge wesentlicher Änderungen der An-
lage/n nicht mehr auf die dann erforderlichen Instandhaltungsarbeiten eingerichtet ist,

- über das Vermögen des Auftragnehmers das Insolvenzverfahren oder ein
vergleichbares gesetzliches Verfahren eröffnet oder die Eröffnung beantragt oder dieser Antrag mangels Masse abgelehnt worden ist oder die
ordnungsgemäße Abwicklung des Vertrages dadurch in Frage gestellt ist,
dass er seine Zahlungen nicht nur vorübergehend einstellt.

☐ Zutreffendes ankreuzen

19

8.3

Wird ein Teil der in der/den Bestandsliste/n aufgeführten Anlagen nicht nur vorübergehend außer Betrieb genommen, ist eine angemessene Herabsetzung der Vergütung zu vereinbaren.

8.4

Werden in der/n Bestandsliste/n aufgeführte Anlagen oder Teile davon vorübergehend außer Betrieb gesetzt, entfallen für diesen Zeitraum Leistungs- und Vergütungspflicht in entsprechendem Umfang.

Die Absicht, Anlagen, außer Betrieb zu setzen, ist dem Auftragnehmer möglichst frühzeitig schriftlich mitzuteilen. Dabei ist die voraussichtliche Dauer der vorübergehenden Außerbetriebsetzung anzuzeigen.
Für die bei der Außerbetriebnahme und Wiederinbetriebnahme gegebenenfalls erforderlichen Leistungen sind ergänzende Vereinbarungen zu treffen.

8.5

Werden die in der/den Bestandsliste/n aufgeführten Anlagen oder deren Nutzung wesentlich geändert, kann eine entsprechende Änderung der Leistungs- und Vergütungspflicht verlangt werden.

8.6

Auf Verlangen eines Vertragspartners ist zum Ende des Vertrages in Verbindung mit dem letzten Inspektions-/Wartungsdienst eine gemeinsame Inspektion der Anlage/n durchzuführen. Hierüber ist anschließend ein Protokoll zu erstellen. Jeder Vertragspartner trägt die ihm durch diese Inspektion entstandenen Kosten selbst.

9.   Pflichten des Auftraggebers

9.1

Der Auftraggeber hat dem Auftragnehmer zur Durchführung seiner Leistung die vorhandenen Einrichtungen, Versorgungsanschlüsse und Betriebsstoffe (z.B. Strom, Wasser, Brennstoffe) kostenlos zur Verfügung zu stellen und Zutritt zu den Anlagen und Versorgungsanschlüssen zu verschaffen.

9.2

Der Auftraggeber stellt folgende

Arbeitskräfte: .... [4]

....

....

....

Hilfsmittel: .... [4]

....

....

....

Hilfsstoffe: .... [4]

....

....

....

---

[4] Nur bei Bedarf ausfüllen, sonst streichen

Es mag aus Sicht des Auftraggebers besondere Gründe geben, Hilfsmittel und Hilfsstoffe wie Hydrauliköl, Motoröl, Filter selbst zu stellen. In diesen Fällen sind Abstimmungen zwischen den Vertragspartnern über die Qualität der beigestellten Stoffe sowie über den Aufwand oder die Möglichkeit einer Entsorgung zu führen.

Die Pflichten des Auftragnehmers nach Nr. 3 bleiben unberührt.

9.3

Dem Auftraggeber obliegt die Auftragsvergabe an den Sachverständigen für gesetzlich vorgeschriebene sicherheitstechnische Prüfungen.

9.4

Der Auftraggeber wird dem Auftragnehmer alle erkannten außergewöhnlichen Betriebs-verhältnisse mitteilen.

10.   Ausführung von Leistungen durch Dritte

Beabsichtigt der Auftraggeber Leistungen nach Nr. 2.3 an einen Dritten zu vergeben, so hat er den Auftragnehmer zu verständigen.

Der Auftragnehmer hat dann zu erklären, ob oder unter welchen Vorausset-zungen er den Instandhaltungsvertrag fortzusetzen bereit ist.

Ist der Auftragnehmer nicht bereit, den Instandhaltungsvertrag unverändert fortzusetzen und kommt es zu keinem Einvernehmen über die Änderung, so ist jede Vertragspartei zur fristlosen Kündigung berechtigt.

Die Einschaltung eines Dritten hat erhebliche Auswirkungen auf die Rechte und Mähten der Vertragsparteien. In. derartigen Fällen erscheint es unumgänglich besondere Vereinbarungen zu treffen .z.B. über

- Umfang der Vertragsleistungen während der Tätigkeit des Dritten,
- Pflicht zur Störungsbeseitigung während der Tätigkeit des Dritten,
- Haftung während der Tätigkeit des Dritten,
- Revision der Anlage mit oder ohne zusätzliche Vergiftung nach der Tätigkeit des Dritten,
- Gewährleistung nach der Tätigkeit des Dritten.

11.   Gerichtsstand

Liegen die Voraussetzungen für eine Gerichtsstandsvereinbarung nach § 38 Zivilprozessordnung vor, richtet sich der Gerichtsstand für Streitigkeiten aus dem Vertrag nach dem Sitz der für die Prozessvertretung des Auftraggebers zuständigen Stelle.

23

12.   Schriftform und salvatorische Klausel

12.1

Änderungen und Ergänzungen dieses Vertrages sowie den Vertrag betreffende Mitteilungen bedürfen der Schriftform, wenn sie bedeutsam für die weitere Vertragsabwicklung sind (z.B. Preisanpassungen, Leistungsänderungen, Wechsel von Ansprechpersonen).

12.2

Durch die etwaige Ungültigkeit einer oder mehrerer Bestimmungen dieses Vertrages wird die Gültigkeit der übrigen Bestimmungen nicht berührt. Wenn und soweit eine der Bestimmungen diese Vertrages gegen zwingende gesetzliche Vorschriften verstoßen sollte, sind die Vertragspartner verpflichtet, diese durch eine Vereinbarung zu ersetzen, die den gewollten Zweck wirtschaftlich gleichwertig erreicht.

Für den Auftraggeber: Für den Auftragnehmer:

........................, den ...., den ....

....
Name/Unterschrift   Name/Unterschrift

Stichwortverzeichnis